普 通 高 等 教 育 教 材

环境工程设计基础

郝飞麟　毛玉琴　潘欣荣　编

化学工业出版社

·北 京·

内容简介

《环境工程设计基础》秉持理论与实践深度融合的编写理念，以工程设计问题为主线，系统梳理并组织相关知识，着重强化实践应用。全书分为 11 章，内容包括环境工程与环境工程设计、厂址选择、总平面布置、污染源源强的计算及物料衡算、反应器基本理论、环境工程工艺流程及设计、车间设备与管线的布置设计、工程材料及容器的选择与设计、环保工程设备的选择与设计、环境工程设计基本内容及结构，以及初学者在工程设计中的局限与易犯的错误。

为帮助读者高效掌握相关知识，本书在每章伊始，依据知识目标、能力目标、素质目标三个层次设定学习目标，使读者明晰学习方向与重点；同时运用思维导图，直观呈现各知识点间的逻辑关联，强化知识体系的系统性与连贯性，便于读者深度理解和灵活运用。本书含丰富的例题、练习题以提高读者对知识的掌握程度。同时配套丰富的数字资源（以二维码形式呈现），以增强学习的互动性。

本书可作为高等院校环境工程专业教学用书，也可作为相关专业及行业有关人员的参考书。

图书在版编目（CIP）数据

环境工程设计基础 / 郝飞麟，毛玉琴，潘欣荣编. 北京：化学工业出版社，2025. 8. —（普通高等教育教材）. — ISBN 978-7-122-48918-0

Ⅰ. X505

中国国家版本馆 CIP 数据核字第 2025TR9078 号

责任编辑：周家羽　王文峡　　装帧设计：韩　飞
责任校对：李雨函

出版发行：化学工业出版社
（北京市东城区青年湖南街 13 号　邮政编码 100011）
印　　装：北京科印技术咨询服务有限公司数码印刷分部
787mm×1092mm　1/16　印张 12½　字数 302 千字
2026 年 1 月北京第 1 版第 1 次印刷

购书咨询：010-64518888　　售后服务：010-64518899
网　　址：http://www.cip.com.cn
凡购买本书，如有缺损质量问题，本社销售中心负责调换。

定　　价：39.80 元

前言

当前，人们的生存环境正面临严峻的挑战，如资源过度开采、生物多样性丧失、气候变化和空气污染等。联合国环境规划署发布的《2024 年全球资源展望》报告指出，过去 50 年，地球自然资源开采量增加了 2 倍，预计到 2060 年资源开采量将增加 60%，这将严重破坏全球气候和生物多样性，影响生存环境改善的实现。生态文明思想为应对这些挑战提供了理论指导和实践路径，党的二十大精神进一步强调了生态文明建设的重要性。在这样的时代背景下，编写《环境工程设计基础》一书，旨在为环境工程初学者和从业者提供一套系统、科学的设计方法和理论指导，帮助他们更好地理解和应用生态文明思想，落实党的二十大精神，推动环境工程设计的科学化、规范化。

本教材是在充分融合编者多年实际教学与工程设计经验的基础上，参考国内外专业理论和行业实践，紧密围绕社会对环境工程领域应用型人才的需求编写的。本书以工程设计的专业视角为立足点，依据工程设计所必备的知识体系与能力架构来组织内容，着重强化应用能力的培养，旨在引导读者构建识别、分析以及初步解决复杂环境工程问题的系统性思路，提供较为有效的解决方法，并规范工作程序。

本教材系统介绍了环境工程设计的关键环节与核心知识。全书共计 11 章，内容围绕环境工程与环境工程设计、厂址选择、总平面布置、污染源源强的计算及物料衡算、反应器基本理论、环境工程工艺流程及设计、车间设备与管线的布置设计、工程材料及容器的选择与设计、环保工程设备的选择与设计、环境工程设计基本内容及结构，以及初学者在工程设计中的局限与易犯的错误展开。为了帮助读者实现高效学习与知识结构构建，本书在每章起始部分，基于知识目标、能力目标以及素质目标这三个递进且互补的层次，明确设定了详细的学习目标。同时，借助思维导图这一可视化工具，直观地展现了各知识点之间的内在逻辑关联，使读者可以深入理解各知识点的内涵与外延。为使本书的内容更易被掌握和贴近工程设计实践，本书编写了较多的设计思考题以供练习。同时，提供了丰富的数字化资源，以增强学习的互动性。

本教材由郝飞麟（浙江树人学院）编写第 1 章、第 10 章和第 11 章，毛玉琴（浙江树人学院）编写第 2 章、第 3 章、第 4 章和第 9 章，潘欣荣（浙江树人学院）编写第 5 章、第 6 章、第 7 章和第 8 章。全书由郝飞麟统稿。感谢浙江树人学院各级领导对本教材编写的关心和支持，感谢化学工业出版社各位领导和编辑对本教材编写的关心和指导。

本教材力争达到满足环境工程相关专业人才培养的需要，由于编者水平有限，书中难免存在不足之处，恳请专家和读者批评指正。

编者

2025 年 4 月

目录

第 1 章　环境工程与环境工程设计　001

第 2 章　厂址选择　030

第3章 总平面布置 041

第4章 污染源源强的计算及物料衡算 058

第5章 反应器基本理论 077

第 6 章 环境工程工艺流程及设计 094

第 7 章 车间设备与管线的布置设计 112

第 8 章 工程材料及容器的选择与设计 122

第 9 章 环保工程设备的选择与设计 135

第 10 章 环境工程设计基本内容及结构 164

第 11 章 初学者在工程设计中的局限与易犯的错误 182

参考文献 189

二维码资源目录

第1章

环境工程与环境工程设计

内容提要

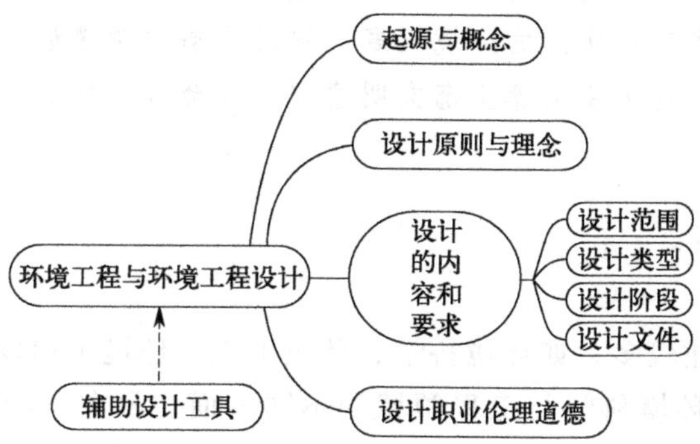

学习目标

知识目标

掌握环境工程设计的内涵和特点；
理解和掌握环境工程设计的原则和理念；
掌握环境工程设计的范围，以及环境工程项目各阶段设计服务的主要内容和特点；
掌握工程设计文件的基本内容和要求；
了解设计中经常使用的一些辅助软件。

能力目标

能根据环境工程不同的设计阶段，制订正确的设计范围、内容、设计文件提纲。

素质目标

培养家国情怀，弘扬并践行生态文明思想。

导读

生态文明建设与环境工程

生态文明是人类文明发展到一定阶段的产物，是对传统文明形态的超越，尤其是对工业文明的辩证反思与超越。其思想起源可以追溯到古代哲学思想，如儒家的“天人合一”理念，强调人与自然的和谐共生。在现代社会，生态文明的概念最早由美国学者罗依·莫里森于1995年在其著作《生态民主》中明确提出。随后，生态文明逐渐成为全球关注的焦点，尤其是在应对全球生态环境问题的背景下，生态文明建设成为人类社会可持续发展的必然选择。

在我国，生态文明建设被提升到国家战略高度。党的十八大以来，生态文明建设被纳入中国特色社会主义事业“五位一体”总体布局，成为关系中华民族永续发展的根本大计。2023年7月，全国生态环境保护大会进一步强调了生态文明建设的重要性，明确了生态文明建设的理论创新与实践探索。生态文明建设是关乎中华民族永续发展的根本大计，是实现经济社会可持续发展的重要基础。面对资源约束趋紧、环境污染、生态系统退化的严峻形势，只有大力推进生态文明建设，才能破解发展难题，实现经济发展与环境保护的双赢。生态文明建设的核心理念是“绿水青山就是金山银山”，这一理念深刻揭示了经济发展与环境保护之间的辩证关系，即两者相辅相成、相互促进。保护生态环境就是保护生产力，改善生态环境就是发展生产力，要将生态优势转化为经济优势，实现经济发展与环境保护的良性循环。

环境工程与生态文明建设之间存在着紧密的内在联系，环境工程是实现生态文明建设的重要技术手段和实践路径，而生态文明建设则是环境工程发展的目标和方向。生态文明建设强调人与自然的和谐共生，注重经济、社会与生态的协调发展，其核心理念是通过可持续的方式满足人类需求，同时保护和修复自然生态系统。环境工程则是一门综合应用科学原理和工程技术手段，以解决环境污染、生态破坏等问题的学科，其目标是通过技术创新和工程实践，减少人类活动对生态环境的负面影响，促进资源的高效利用和循环再生。

在生态文明建设的背景下，环境工程的作用更加凸显。通过环境工程的技术手段，可以实现对城市和农村生态环境的有效治理和修复，如水污染控制、大气污染控制、土壤修复等。同时，环境工程还为生态文明建设提供了重要的技术支持和保障，例如通过绿色基础设施建设、资源循环利用技术等，推动城市和乡村的可持续发展。同时，环境工程与生态文明建设的融合体现在教育和人才培养方面。生态文明建设需要大量具备环境工程专业知识和技能的人才，他们能够运用科学的方法和工程技术解决实际的环境问题，推动生态文明建设的实施。因此，环境工程在培养专业技能的同时，也需要培养生态文明意识和社会责任感。

1.1 环境工程学科的起源

在环境科学和工程实践中，涉及的专业表述较多，如环境科学、环境工程、环境工程设计和处理工艺设计等，这些术语限定并突出了环境科学与工程领域的不同方面。早在1870年，人们便首次认识到改善卫生基础设施对提高人类健康的重要性。当时，污水通常直接排放至河流中，并以稀释的方式进行处理。1914年，英国学者Ardern和Lockett发现，如果污水在沉淀池中曝气几个小时，会导致污水对氧气的需求减少，这项技术被命名为活性污泥法（ASP），其现在仍是生活污水和工业废水最常用的好氧废水处理工艺之一。大约在同一时期，美国许多城市的生产生活用水都主要从地表水源（如河流、湖泊和水库）抽取。其产生的污水由单独的管网收集，去除可见的悬浮杂质后可直接排放回地表水体，这一做法导致当时美国许多城市流行起了伤寒。因此，为了保护人类健康，人们逐渐意识到在排放到水体之前对污（废）水进行进一步处理的必要性，环境工程学科开始出现。

一般认为，环境工程学科始于20世纪中叶，较其他工程学科形成较晚。1970年之前，只有卫生工程师、环境保护工程师的说法，到了20世纪80年代，经过工程技术培训的卫生工程师们在美国开始被称为环境工程师。随着现代社会的不断发展，人类活动对地球生物圈造成的污染负荷日益增加，与此同时，快速城市化过程不仅导致液体和固体废物的激增，也加快了自然资源消耗，尤其是水资源的消耗。在此背景下，环境工程逐渐获得重视。在21世纪，环境工程学科作为环境保护科学技术发展的核心和源泉，对“绿色科技”“绿色产业”的形成和发展、促进人类从工业文明的转型等都起着极其重要的作用，环境工程学科逐渐成为21世纪的重要学科之一。

1.1.1 环境科学的概念

科学是系统化的知识，它来源于识别和发现问题、收集数据、通过观察和实验的探索、分析与研究等过程。相较于生物学、化学和物理学（以及微生物学、有机化学、核物理学等分支学科）只专注于自然科学的某一特定方面，广义上的环境科学涵盖了自然科学的所有领域。环境科学是研究在人类活动的影响下，环境质量的变化规律和环境变化对人类生存的影响，以及保护和改善环境质量的理论、技术和方法。

1.1.2 环境工程的概念

与纯粹的科学家的工作内容相比，工程学科呈现出显著差异。纯粹的科学家专注于达成科学目标，追求所研究对象的理论规律，并由此构建远超实际工业环境控制程度的理想实验室，且常常不考虑现实客观条件的限制。而工程学科则侧重于运用基础科学的成果，结合实际工作环境，筛选合适的基础学科成果，并整合多个学科，在合理时间内产出实用、有益且具经济效益的成果（涵盖结构、设备、产品、单元、系统及工艺过程）。

二维码 1-1：城市污水处理与回用工程概况

环境工程是一门应用数学、科学和工程原理知识，利用物质和能源的特性解决环境卫生问题的系统工程。具体的措施和方法包括：提供安全、可靠、充足的公共供水；正确处置或回收废水和固体废物；设置足够的城市和农村地区的排水系统等，以确保适当的卫生条件；控制水、土壤和大气污染等，并控制这些解决方案造成的社会和环境影响。此外，环境工程还关注公共卫生领域的工程问题，例如控制节肢动物引起的疾病的传播，消除工业健康危害，在城市、农村等地配置适宜的卫生设施，以及审视技术进步对环境的影响等。

环境科学和环境工程之间的区别与联系实际上是科学和工程的区别与联系。传统的观念认为，科学家发现问题的规律，工程师使其发挥作用。从教育的角度来看，环境工程专业是以环境科学为基础的。环境科学，尤其是定量环境科学，为环境工程师设计环境问题的解决方案提供了基础理论。正如斯图亚特·霍尔（古典主义者和哲学家）所言，工程师群体是那些更“底层”的人，他们利用基础科学的成果，他们的职业立足于其他学科的科学基础。但要注意，虽然在工程中使用英语或数学，但工程学绝不是数学或英语的一个分支。

科学是试图理解自然现象的活动。这项活动并不像科学家或哲学家们所认为的那样“教条”和“死板”，也可能不会遵循他们所认为的理所当然的科学方法，但它是解释和预测自然现象的体系。应用科学是将科学原理应用于自然现象，以解决现实世界中一些问题的体系。工程科学是将科学原理应用于工程产品的研究，例如热力学的理论是为了解释蒸汽机而出现的，它是在没有科学支持的情况下发展的。这就是工程师应用科学的方式——将科学原理应用于实际工作，创造出人工制品、设施而非自然物。工程师所从事的工作是一种与前面所有表述完全不同的概念，是想象和创造一种全新的人工制品的过程，它能安全、经济、可靠地实现特定目标，这个过程可能利用了数学和科学原理。

在现实世界中，更多的情况是：环境科学家和环境工程师的任务和途径是相同的。例如，20 世纪初，人们建造了一座大坝用来为发电厂提供冷却用水，但未考虑大坝对河流中氧气的影响及鱼类生存的能力，也没有考虑鲑鱼在河中的迁徙。为了解决这个问题，环境工程师和环境科学家设计了一种鱼梯，不仅为鱼提供了绕过大坝的途径，还为水体充气以增加溶解氧。在这个项目中，环境科学家提供了鱼类可以通过的水深和台阶高度的知识，环境工程师则确定了旁路的结构要求，以允许足够的水在大坝周围流动，从而提供所需的深度。另一个例子是如何解决暴雨将街道上的金属和有机污染物带入河流从而对城市造成污染的问题。虽然可以通过建造污水处理厂解决问题，但人们最终选择构建一个湿地缓冲系统来解决。在这个项目中，穿过湿地的渠道坡度由环境工程师设计，环境科学家和环境工程师共同确定由河床提供石灰石以中和 pH 值并去除金属。通过设计陆流系统解决高速公路服务区的污染问题也是一个科学与工程合作解决实际问题的典型案例。环境科学家在高速公路休息区发现因化粪池系统超载引发环境污染，认为与其建造更大的化粪池系统或传统的污水处理厂，不如选择采用公路中央分隔带的湿地系统作为解决方案。环境工程师则设计了将废水从休息区转移至中央分隔带的工程系统。湿地系统的坡度及其长度由环境科学家和工程师共同确定，而草地则由环境科学家选定。在上述每一个例子中，环境工程师和环境科学家都有贡献。这就要求每个人都必须熟悉对方的要求，才能提出可接受的解决方案。

目前，以研究为导向的本科生学位培养在为研究生阶段奠定科学基础方面表现较为出色，然而在满足工业界需求方面却显得不太“适应”。特别是部分研究型的大学，在了解业界需求、愿意满足这些需求以及具备满足这些需求的能力方面，存在着较大的脱节。有人指出，有些大学过于将研究成果视为衡量成功的标准，而忽视了其核心使命——培养能够满足工业和经济发展需求的毕业生。因此，学生们常常在毕业后惊讶地发现，他们在大学所学的所谓“正确的工程”知识，与实际工作中所需的内容相去甚远。

1.1.3 设计

设计是创造性的活动，其本质是解决现实问题，创造新事物或改善现有事物。它涉及多个学科的知识，通过综合运用科学、技术、艺术等方法和手段，将创新理念转化为具有实用性和美观性的产品、系统、服务或环境。设计能力是人类通过学习和实践获得的能力。设计师通过学习和实践获得设计能力，依据特定标准选择合适的方案，并将其意图精确地传达给实施者，以实现预期目标，同时须全面考虑资源利用、方案适用性及安全性等多方面因素。

设计师不应忽视这样一个事实：各种设计本质上是相同的过程，无论是设计工厂、污水处理厂、工业制品还是其他。设计师们在现实世界中发现了问题，有人愿意投入资源来解决这些问题；设计师们构想了解决问题的方案，然后依据一定标准选择了一个方案，并向将要实施该方案的建造者提供详细描述。其中每个环节都缺一不可，如果设计师们忽略了最后一个环节，将会导致设计无法准确实施，他们将无法得知设计是否能如愿以偿地发挥作用。

此外，所有设计师都需要考虑设计对资源的影响、设计方案符合预期用途的可能性，以及没有完全按照预期使用的情况下设计的安全性。工程师比设计师对他们的决策要求更加严格一点，因为工程师的设计选择几乎总是涉及非常大的资金投入，而且可能会产生生死攸关的影响。

1.1.4 环境工程设计

> Engineering problems are under-defined, there are many solutions, good, bad and indifferent. The art is to arrive at a good solution. This is a creative activity, involving imagination, intuition and deliberate choice. —Ove Arup
>
> （译：工程问题往往是未被充分定义的，存在众多解决方案，包括好的、坏的以及中庸的。其关键在于找到一个优质的解决方案。这是一项富有创造性的活动，涉及想象力、直觉以及经过深思熟虑的选择。）

环境工程设计运用数学、工程技术和科学，对环境进行改造和优化，旨在实现人类活动与自然环境的和谐共生。其核心是通过合理的设计和规划，减少人类活动对环境的负面影响，保护和改善生态环境，提高人类生活质量。环境工程设计具有系统性、综合性、实用性和创新性等特点，须综合考虑环境、社会、经济等多方面的因素，实现环境效益、社会效益和经济效益的统一。其主要目标包括减少污染物排放、降低能源消耗、合理利用资源等，同时对受损环境进行生态修复，如土壤修复、水体净化等。环境工程设计应遵循可持续发展的原则，具备长远规划的视野，考虑项目的长期影响。和所有设计师一样，环境工程设计师必须想出尽可能多的解决问题的可能方法，并在其中做出选择。环境工程设计师与服装设计师的不同之处在于，环境工程设计师有更多的工具帮助他们在各个选项之间进行选择。同时，与所有设计师一样，环境工程设计师可能的解决方案往往是他们所看到的类似问题的方法。初学者不如专家的原因之一是，初学者缺乏许多解决问题的方法的知识，更重要的是，他们没有尝试过并发现其不足的方法。而环境工程设计师需要确保他们做出了正确的选择。

Henry Petroski 曾举例讨论了避免工程设计失败的一些建议。需要注意的是，这些失败的例子并不是因为在设计时选取了错误的参数，而是因为设计师忽略了设计中使用的模型只是对客观世界的近似模拟这一事实，他们只适用于相当理想的环境。Billy Vaughn Koen 指出“一切都是启发式的”。在数学、自然科学或工程中没有放之四海而皆准的绝对真理，只有近似、有一定概率和可行的方法。工程师可能比数学家和科学家更清楚这些问题，因为他们的解决方案必须奏效。

1.1.5　环境工程工艺设计

很多行业将工艺设计称为流程设计，其是指环境工程师选择、规划出一套技术上可行、安全和经济的单元和步骤，并将污染物回收、分解或转化为污染程度轻或无污染的物质的过程。这种过程所涉及的步骤包括热量、质量、动量传递，包括独立或组合的物理、生物、化学反应过程。其流程是由执行特定功能的单元组成，这些单元的功能可以是将污染物分离，将污染物提供给微生物以供其新陈代谢，将固体中的水分进行分离，混合多个物料流以实现质量均匀性，分离多组分物料流或将反应器进料转化为产物并进行随后的分离的过程。

工艺设计是环境工程设计中最核心的部分 [如图 1-1(a)]，在工艺设计的基础上，环境工程师带领其他领域的工程师组成项目团队，通过深入协作，共同完成环境工程的项目设计工作。例如，在一个环境工程项目中，电气工程师需要为工艺工程师提供驱动器、驱动阀和仪表的详细清单，以及显示其位置的布局图，以便对控制软件和硬件进行设计和成本估算；自控软件工程师为工艺工程师提供功能设计规范、管道和仪表图，以便对控制软件和硬件进行设计和定价；土木工程师需要工艺工程师提供布置（平面和高程）图、单元结构简图（内部尺寸以及所包含的内容）、预埋件详图，并标记放置在土建结构上的任何主要设备的重量才能开展设计 [如图 1-1(b)]，他们还可能需要工艺工程师从混凝土规范的角度，明确混凝土接触流体的化学性质；机械工程师需要所有工艺设备、储罐以及平台等的功能、规格与要求，以便选型或设计 [如图 1-1(c)、(d) 所示的鼓风机选型与设计，(e) 所示废气处理设备的选型与设计]。

工艺设计完成后，施工单位根据施工图纸和现场技术指导，完成工程的建造、安装和调试工作，最终形成环境工程的实体内容 [如图 1-1(f)]。需要注意的是，环境工程项目的参与方不仅包括设计方和施工方，尤其在设计阶段还涉及众多参与者，如公众、监管机构、法律顾问、雇主、设计师、金融家/投资银行家、运营商和承包商。雇主是项目所有活动的焦点。设计专业人员作为雇主指导下的设计团队成员，应响应项目的设计需求。设计团队由主要设计工程师和相关支持专家组成。

图 1-1　几个典型的环境工程形貌

1.2　环境工程设计的一般原则和理念

设计是科学与艺术的结合，随着工程的进行，设计的每个阶段都会产生越来越精确的可交付成果。设计师们从粗略的草图和计算开始，到形成精确到毫米的图纸和足够完整、精确的理论计算，到购买能够可靠完成特定任务的昂贵设备，直到设计完成。因此，设计过程的每个阶段都有一个公认的或规定的范围、精度和深度。如果在某个给定阶段对设计提出比常规更精确的要求，将会消耗大量资源，而且额外的精度对设计本身也没有实际益处。初入行的职业设计师常犯的一个错误是，在概念设计阶段试图对单元操作进行详细设计，这可能是因为他们在大学时必须这样做。但他们很快会发现，这样的设计缺乏大部分的单元计算数据，需要做出较多的假设和预测，并且需花费大量的精力去完成。最重要的是，等经过现场踏勘、与雇主交流后，他们会发现自己先前所做的工作基本上要推翻重来。初入行的环境工程师应该认识到在大学的纯科学课程中学到的确定性计算方法在环境工程设计实践中并不完全适用。另外，许多人希望通过专业设计软件进行设计或模拟，使设计过程变成一个不断询问和模拟计算的过程。但大量的经验表明，专业软件只能作为辅助验证工具，如果完全依赖软件，成本会更高，耗时会更长，效果却更差。这使得初入行的环境工程设计从业人员面对设计问题感到茫然，无从下手。

实际上，环境工程设计作为建设项目中一个重要的组成部分，其设计原则既有工业设计的共性，也有环境工程专业的特殊性。在所有设计活动中，抛开具体的专业内容，普遍被接受的、比较适合工艺或工程设计的一般原则主要有两种，一种是基于工厂运营背景的设计指导原则，另外一种比较流行的是“3R＋S”原则。环境工程设计作为建设项目的一种，这些原则同样适用，但随着环境保护观念的深入，可持续的工程设计原则和生命周期评价设计原则作为新兴的设计理念，逐渐在越来越多的工程设计中得到推广应用。

1.2.1　基于工厂运营背景的设计指导原则

基于工厂运营背景的设计指导原则是指从物流（污染物）、人流（运行、管理、维护人员）和资源（水、电、药剂、土地等）的利用效率出发，在确保质量与安全的前提下进行设计的原则，主要有本质安全设计、环保设计、设备最小化、单个可靠组件设计、优化设计、流程集成、尽量减少人为干预、运营优化、准时生产，以及全面质量控制设计等。

在设计过程中，应将这些原则根据实际情况整合为一个整体，以实现“在最经济条件下操作的、最佳设计的、安全可靠的工厂”，这是一种涉及污水处理、废气处理、固体废物资源化及处置等环境工程设计的原则，拥有大量的运营数据作支撑。但这些都不是普遍适用的或没有潜在缺陷的。如“设备最小化”的原则是“通过开发大型反应器系统减少更多的反应器数量”。科学家、研究人员和理想主义者总是倾向于扩大规模（制造一个大型新型反应器），而不是缩小规模（拥有大量小型传统的反应器）。然而，专业设计师还需要考虑开发计划隐含的时间和费用。扩大规模时一般设计一个大型反应器与两个或三个小型反应器。如果需要处理的污染物减少，可以通过关闭两个或三个较小的反应器来实现。而只采用单个较大的反应器时，关闭则可能导致系统无法运行，也就是扩大规模而不是缩小规模的处理工厂可能会无法运行。另外，还要注意这种方法与内在安全之间的冲突。物流是许多场地的制约因素，太大的设备由于尺寸或重量而无法运输。更大的容器还需要更厚的壁，这可能会造成焊接困难，并限制潜在供应商的数量，因此这比真正的竞争性招标更昂贵。

1.2.2　“3R+S”设计原则

“3R＋S”设计原则是指在整个设计过程中考虑提高效率、资源循环与利用，以及增加可靠性的设计原则，是英文单词 Reduce（简化）、Reuse（再利用）、Recycle（循环利用）和 Segregation（分散/分类处理）的首字母，其具体设计思路可简化为图 1-2 至图 1-6。

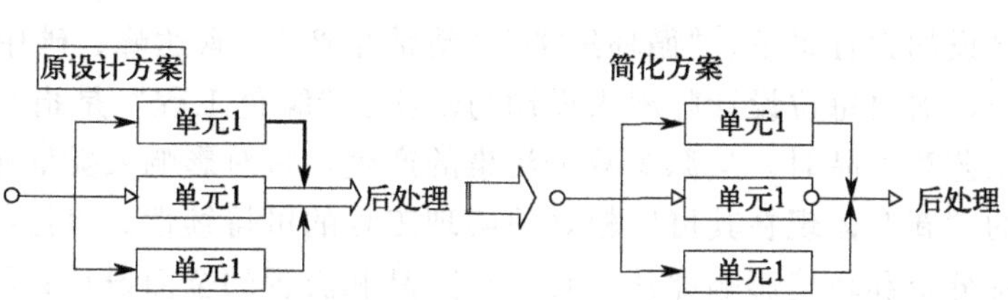

图 1-2　简化的设计思路

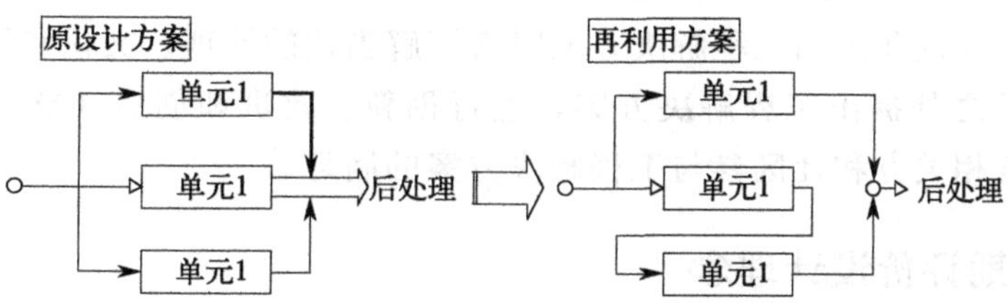

图 1-3　再利用的设计思路

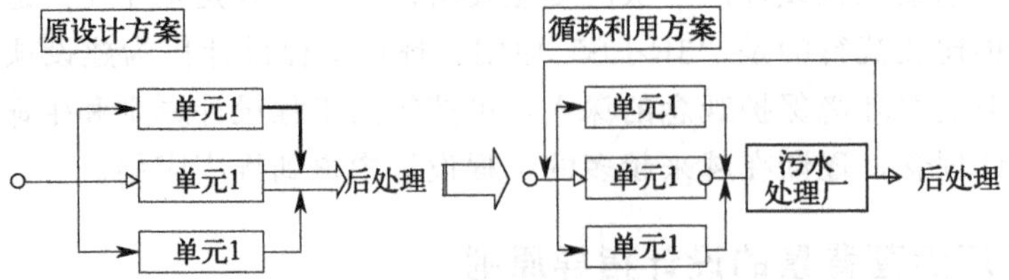

图 1-4　循环利用的设计思路

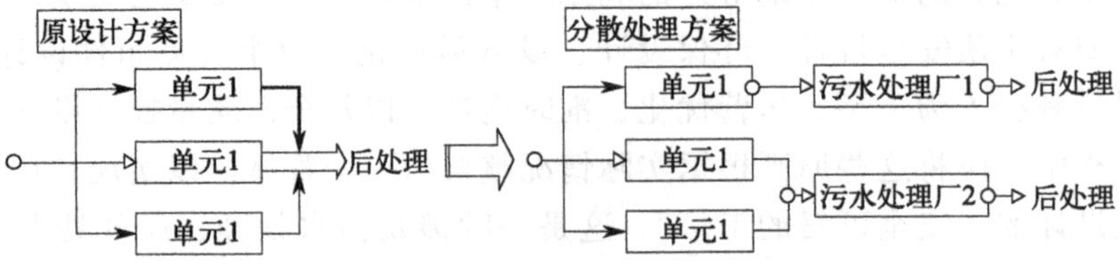

图 1-5　分散/分类处理的设计思路 1

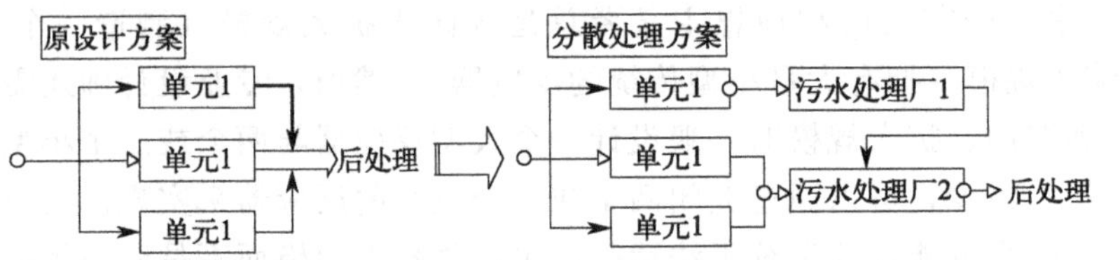

图 1-6　分散/分类处理的设计思路 2

结合环境工程专业的特点，可以将上述原则概括为更为详细且具有可操作性的环境工程设计原则：①设计中要认真贯彻国家的经济建设方针、政策，这些政策包括产业政策、技术政策、能源政策和环保政策等；②设计要满足法律法规要求，也要满足公共环境需求，并考虑设计对公众健康的影响；③工程设计应遵循技术先进、安全可靠、质量第一、经济合理的原则；④设计要将资源回收利用最大化；⑤应从可持续性角度综合考虑环境工程设计的各个环节。

1.2.3　可持续的工程设计理念

在生态文明建设的大背景下，“循环经济”“清洁生产”“碳达峰、碳中和”“绿色工程”等概念已深入人心，需要每位设计师深入贯彻与落实。“绿色工程”是指在设计、推广和使用可行且经济的工艺和产品时，从源头减少污染的产生，将对影响人类健康和环境的风险降至最低。该工程的“新”体现在其可以较好地实现工程的可持续性。可持续的工程设计理念如下：①使用系统分析和环境影响评估工具进行产品和流程的全面设计；②改善和保护自然生态系统，同时保护人类福祉和健康；③在所有工程活动中使用生命周期思维；④确保所有能源输入和输出以及材料和区域尽可能安全和良性；⑤尽量减少自然资源的消耗；⑥努力避免浪费；⑦设计、开发和应用工程解决方案时需了解当地的地理、文化和发展愿景；⑧在主导技术或当前技术之外提出工程解决方案，进行创新、改进和创造（技术）以实现可持续性；⑨积极让利益相关方和社区参与工程解决方案的制订。

1.2.4　生命周期评价设计理念

大多数人认为，以往采用的提高效率的许多创新都是提高项目可持续性的方法，它们体现了可持续性的两个原则：①减少社会对自然资源的使用；②使用基于市场的解决方案。对于环境工程师来说，特别值得注意的是 BRE 环境评估方法（英国称为 BREEAM）、绿色全球（加拿大和美国使用）和能源与环境设计领导力（美国称为 LEED）等全建筑评估系统的出现。这些设计、评估原则相当重视绿色材料或产品的选择，并将其作为可持续性评估的一个重要方面。除了这些新的评估系统之外，生命周期评估（LCA）的旧系统也有了新的视角。传统的 LCA 方法是侧重评估建设、运营和关闭设施的成本，以此作为备选方案的比较方法。而新的 LCA 方法已经演变为一种评估产品整个生命周期环境绩效的方法。

生命周期评价设计理念认为，在环境工程设计中，应遵循下述理念，使设计的产品更绿色：①通过尽量减少废物的产生来减少甚至杜绝污染；②对生产技术进行生命周期分析，设计包括材料提取和再利用的过程；③选择寿命长的材料和方法；④选择能源和水消耗最小化的制造方法和设备。

作为环境工程师，尤其是初入行的环境工程师，需要经过长期的学习和锻炼才能较好地领会和应用这些设计原则和理念。但有一些建议，需要深入理解，并在实际的设计工作中体会，这些建议包括：①没有完全正确的设计，但有无数错误的设计；②设计的内容将涉及他人的资金投入，甚至是巨额资金，因此须确保设计足够准确；③设计师通常只设计他们真正理解的内容；④设计师可能认为可以依据产品标准或规范来设计产品（如工艺设备），但如果让供应商按照对应的规范制造产品，就要同时对他人制造的产品质量负责；⑤设计师需要进行全面的设计，以便快速评估供应商的建议是否合理，但出资方比设计师更有可能掌握以安全和经济高效的方式制造专业产品的技术。

1.3　环境工程设计的范围和类型

美国土木工程师协会（ASCE）对环境工程师职责的基本定义为：①提供安全、可接受和充足的公共供水；②废水和固体废物的妥善处理或再循环；③水、土壤和大气污染的控制（包括作为大气污染物的噪声）。也就是说，环境工程师需要将法规要求、公众目标、资金条件和技术转化为可靠性强、经济性好以及不引人注目地运营且满足排放标准的环保设施。其工作的重点不仅在技术，而且还包括如何综合考虑各种制约因素，从而优选出合适的设计方案，是艺术和科学的结合。

环境工程设计的范围也就是环境工程师的工作范围。从整体空间维度看，凡是人类涉足或关注的空间均为环境工程师工作的空间范围，这涉及从人类生活、居住的空间到外太空几乎所有的空间范围（图 1-7）。从单个环境工程项目的范围来看，设计要贯穿整个项目的生命周期。以污染物治理项目为例，设计范围包括从项目前期的调查研究、评价、经济技术分析，到污染物的收集和处理，再到后期的运行维护。

环境工程设计所包含的专业类型（设计团队的专业组成）有工艺设计（流程设计）、机械设计、土建结构设计、建筑设计、电气（配电）设计、控制及监视设计、绿化设计、工程计价及经济分析、施工组织设计等专业类型。一般来说，作为环境工程设计师的雇主，从事环境工程的单个企、事业单位的业务范围一般不能涵盖环境工程所涉及的所有空间和类型范围，而只涉及其中的一种或几种。例如我国从事环境工程设计的企、事业单位的设计业务范围一般按其设计处理的污染介质的类型划分，与大学专业课程的设置相对应，形成了几个主要的设计专项，国家也通常按专项对勘察设计企、事业单位的设计资质进行管理。因此，从

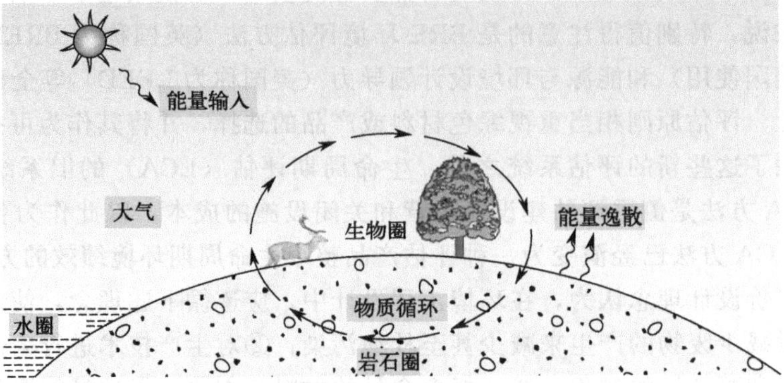

图 1-7　环境工程设计涉及的范围

事环境工程设计的企、事业单位和人员按专项所规定的类型和范围（而不是空间）开展设计活动，这些专项（范围和类型）主要有以下几部分内容。

（1）大气污染防治工程　大气污染物种类很多，其中，一次污染物（指直接由污染源排放的污染物）按其存在状态可分为两大类：颗粒物和气态污染物。对环境危害严重的气态污染物主要有硫氧化物、氮氧化物、碳氢化合物，碳氧化物、卤素化合物等。对以上大气污染物的主要防治措施有防治工业污染、提高能源效率和节能、开发洁净煤技术、开发新能源和可再生能源、控制机动车污染，以及治理室内环境等。

（2）水质净化与水污染控制工程　水质净化以传统的给水工程为主，主要包括人畜用水工程、农业用水工程、地表水体水污染控制工程等。

水污染控制工程以传统的排水工程为主，主要包括对生活污水、农业污水和工业废水的处理和回用。生活污水主要产生于居民日常生活和城市的公用设施。农业污水主要含有悬浮态和溶解态的各种有机物，氮、磷、硫等无机盐和各种微生物。工业废水主要产生于各类工矿企业的生产过程中，其水量和水质随生产过程而异，根据其来源又可分为工业废水、原料或成品洗涤水、场地冲洗水和设备冷却水等。水污染防治的主要措施有推行清洁生产、节水减污，控制污染物排放总量，加强工业废水处理等。

（3）固体废物处理与管理工程　固体废物可分为城市固体废物、工业固体废物和有害废物等。需要从源头开始，改进和采用清洁生产工艺，尽量少排或不排废物，这是控制工业固体废物污染的根本措施。固体废物的资源化和无害化处理技术是经济、有效的固体废物防治措施。

（4）物理性污染防治工程　主要包括噪声污染、电磁辐射污染、放射性污染、振动污染、光污染等的防治技术。

（5）土壤修复与生态恢复　主要包括地下水污染治理、土壤内重金属及有机污染的治理、工业场地与矿山的场地修复、小区域生态恢复等技术。

（6）环境规划、管理和环境系统工程　环境规划与管理属于传统的环境科学领域，但其是环境工程师必需的知识结构体系。在环境工程设计前期的环境分析阶段，需要环境工程师以环境管理者的视角对环境系统进行综合分析与规划，达到“既见树木，又见森林”的层次。

（7）环境监测与环境质量评价　环境问题的发现始于对环境的监测与评价，同样，环境工程的实际效果仍然需要对环境进行监测与质量评价，这包括监测取样布点、监测指标及时间、监测仪器及评价方案的设计与数据分析。

1.4 环境工程设计的阶段

环境工程设计服务于建设项目，各国依照建设项目的特点和发展规律对设计流程进行划分，并制定了相关标准，以便设计能更好地为建设项目服务。设计过程和项目建造自 20 世纪中叶以来变得更加专业化。设计活动从问题识别开始，经可行性研究、经济分析和环境影响评估等环节，可进一步确定项目立项与否。项目立项后，雇主/客户编制项目需求定义（工艺设计基础），用于下一步的工艺设计/初步设计。可行性研究推荐的工艺路线标志着概念设计阶段的结束、工艺设计/初步设计阶段的开始。设计单位应准备基本的、满足性能要求的工程设计文件（设备及工艺为非特定厂商的产品和技术）用于项目设备、土建、技术招标。项目执行阶段始于工艺设计/初步设计，工程设计团队在招标结果的基础上，绘制详细图纸和施工规范（施工图设计），以便设备采购单位订购设备，建筑公司承包建造安装。最后进行系统调试和试运行，该阶段以工艺设计工程师为主，各项目实施单位和建设单位配合。项目试运行成功后整个项目移交雇主/客户。我国的建设项目管理典型程序见图 1-8。

设计人员在项目决策阶段进入项目。此后，设计人员积极参与项目的所有活动，直到项目运营结束。设计人员可以通过多种途径进入项目建设流程，通常是通过合格投标人选择程序（竞争性程序）获得工程设计服务。设计过程是迭代的，设计的每一步都需要重新评估先前步骤中的设计假设、满足设计标准的能力、过程的兼容性以及过程的集成。在关键决策点，必须重新评估项目的经济可行性。从设计工程师的角度看，根据设计的深度不同，项目可以分为 4 个主要阶段：①项目建议书编写阶段；②可行性研究阶段；③工程设计阶段；④项目竣工阶段。

1.4.1 项目建议书编写阶段

项目建议书（立项申请书）由项目筹建单位等基于国民经济、规划、政策等提出项目建议，包含市场调研、项目建设必要性和可行性研究、产品市场、建设内容、技术设备、技术经济指标分析、原材料需求、投资估算、投资方式、资金来源及效益初步估算。该阶段作用是为拟建项目提出框架性设想，论述项目建设的必要性和可能性，并将投资设想变为概略建议，供审批机关或出资方进行初步决策，以减少项目建设决策的盲目性。

1.4.2 可行性研究阶段

项目开始时，几乎或只有初步的内容规划。除非项目建设方已经知道该项目可行，否则任何单位都不愿意承担成本。为此，需由一个具有不同专业工程师组成的小组进行可行性研究，如果项目建设方决定继续进行，则设计进入下一阶段。

在项目进入详细的可行性研究阶段之前，有时会进行“预可行性研究”。如果投资的经济性存在疑问，并且投资者希望在进行详细的可行性报告时对项目花费的时间和成本可以先行确定，则进行预可行性研究。特别是当一种特定目标有不止一条实施路线，并且投资者想知道哪条路线在技术和经济上都表现最好时，这种研究尤其有用。全面的预可行性研究应包括工厂的设计和说明、每条路线的运行情况，以及成本估算、项目风险、安全问题和其他重

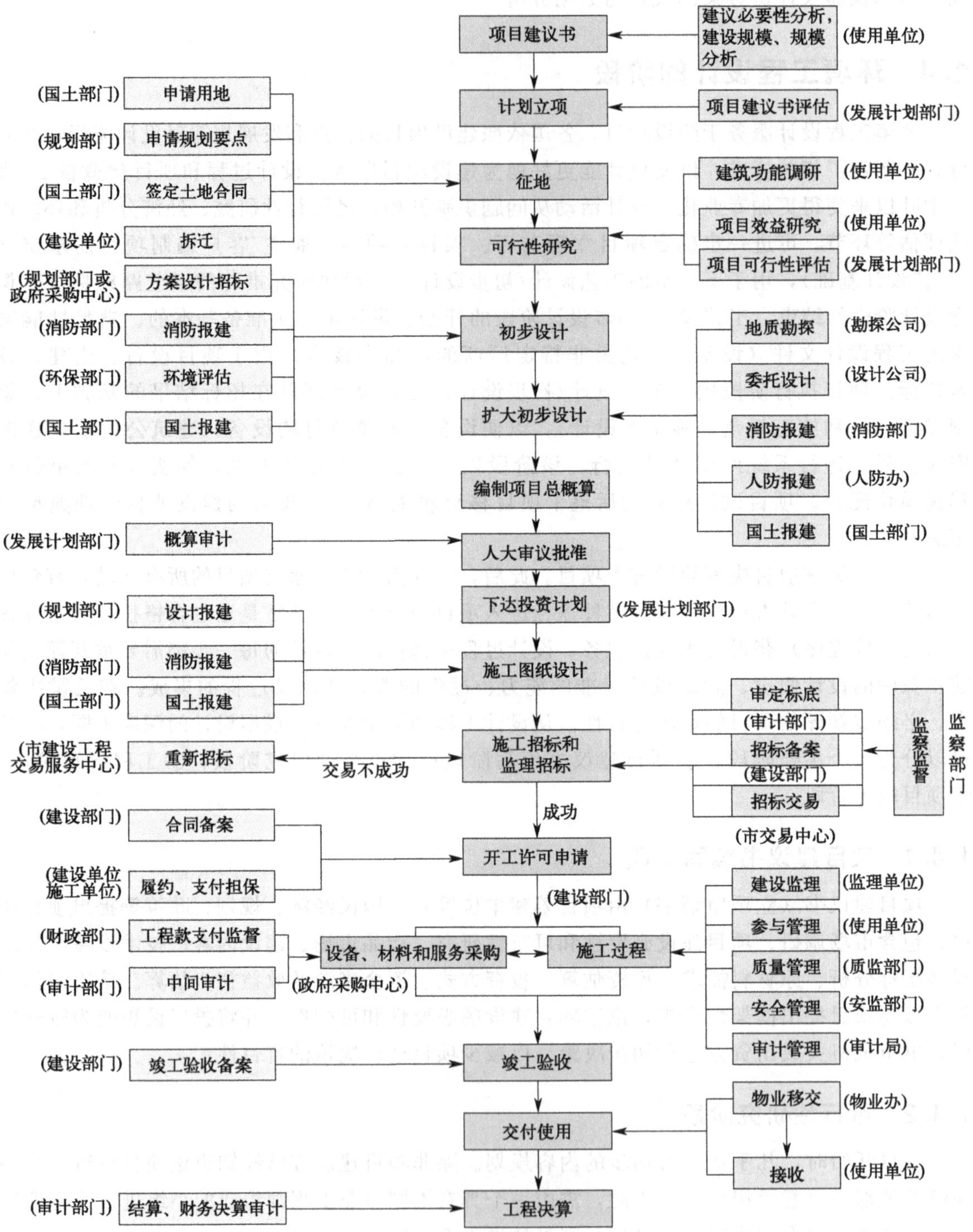

图 1-8　我国建设项目管理典型程序

要信息。

如果所推荐的方案被认为可行，建议进行详细的可行性研究，以便对项目方案进行更深入的分析。在详细的可行性研究中，应根据预可行性研究的结果，对拟建项目的技术、商业、财务、经济和环境等先决条件进行严格审查。

详细的可行性研究通常包括以下内容（各行业均有规定的编制规范和深度要求）：①研究基础的准备；②设施最适位置的确定；③技术说明，包括工艺说明、流程框图；④原材料和公用设施、催化剂和化学品的消耗；⑤公用设施和场外设施的标识；⑥地块面积要求评估；⑦项目组织结构图、项目描述、项目进度和执行方法的编制；⑧土木、机械和电气仪表项目主要材料用量的估算；⑨人力资源、管理人员、劳动力成本和其他间接成本的评估；⑩拟建设施的固定和可变成本估算；⑪财务分析；⑫实施建议。

可行性研究有时也被称为概念设计，在设计的这一阶段，将详细研究备选方案，并确定适当的设计标准。设计标准是确定设施功能性的边界条件。通常使用两种通用标准：性能标准和规范标准。性能标准定义了预期目标，但不是实现目标的方法；规范标准定义了设施建设的明确细节。设计标准通常是两种标准的组合。以污水处理工程项目的设计为例，在确定水和废水处理系统的设计标准时，通常主要考虑六个因素：①原水或废水特性；②环境和监管标准；③系统可靠性；④设施限制；⑤设计寿命；⑥成本。给水和排水系统需要考虑的一些因素会有所不同。供水设施建设的替代方案可能包括从附近社区购买水、实行节水措施或让个人用户通过私人水井供水等。废水处理设施建设的替代方案可能包括连接附近社区的系统或控制污水渗透和流入下水道系统等。此外，还必须考虑空选项，即不做任何事情的成本。

非政府投资的中小型项目，雇主有时不进行可行性研究的委托，而是采用公告或邀请的方式向潜在设计服务商征集设计方案，这种情况称作方案设计或方案规划，即根据一定的程序选择合适的设计方案，进一步协商后开展设计，往往以设计—采购—建设总承包（EPC）的方式建设项目。这种形式的设计由于各潜在设计服务商处于竞争状态，所以其设计内容的深度较初步设计有所简化，一般以展示方案的各项经济技术指标为主，不展示过多的计算和选型内容，通常考虑以下几个方面：①项目总体规划、规模、处理程度；②项目工艺比选；③项目工艺设计；④项目单元工艺参数、设备选型；⑤项目构建筑物结构型式确定；⑥项目总平面布置、高程设计；⑦项目自动化程度设计；⑧项目建设进度规划；⑨项目投资估算；⑩项目运营费用估算。

一般来说，项目方案设计需要对项目有更高的预测能力，因为在编制过程中对工艺的选择和参数的计算所投入的工作远远少于编制初步设计的阶段，设计时有可能会忽略一些重要的条件，也有可能忽略一些单元内容，但设计服务的价格在工程设计开始时（基于目前的项目规划书）需要确定，设计服务商可能会造成自身（有可能遗漏单元或计算错误）的亏损和项目经济效益的下降。

1.4.3　工程设计阶段

在这个阶段，项目投资方已经决定投资建设项目，但一些技术和投资细节还不足以完全决定项目的风险和特征。根据项目的规模和复杂性等因素，该阶段可分为初步设计和施工图设计两个主要的阶段，各行业均对其范围和深度有明确的规定。

(1) 初步设计（包含扩大的初步设计和技术设计）　在这个阶段，工程师被批准开始执行设计。这一阶段的设计是对符合客户目标的备选方案进行更严格的比选。工程师通过制订工作计划和时间表，为客户提供项目建成的现实预期，同时确保制订的工作详细程度适合对项目的经济可行性作出决定。工程师与客户一起确定设施的复杂程度，如自动化程度、维护方式、操作设施的需求及操作和维护设施所需人员的资质。这一阶段还确定了项目供电方案、道路通行、燃料要求和污泥处理替代方案的可用性。此外，还要讨论设施美学（建筑）和施工对当地社区的影响。

设计工程师在此阶段须完成项目主要工艺的设计，包括充分的结构、工艺、机械等的设计、计算和讨论，并形成最后的结果，以确定总平面布置、土建结构型式、工艺流程、大致的土地需求及公用工程需求等内容，包括土建设计前地基土壤的位置，水平和垂直控制测量要求和节点等。在初步设计过程中，设计工程师需要随时组织相关人员进行方案评估，为最终选择处理流程提供依据，并允许客户进行预算规划（因为现阶段有足够的信息可供完成更细致的成本估算比较）。

初步设计阶段是项目的一个关键决策阶段。如前所述，必须向客户提供足够的信息，以便对可选方案做出合理的决策。这些信息应包括备选方案，以及工程师用于决定一个备选方案而不是另一个备选方案的数据和/或逻辑。这也是一个在筛选备选方案时重新审视先前所作假设的机会，目的是确定它们是否因环境或时间的推移而发生了变化。同时，也应对备选方案的替代方案进行较为详细的设计与评估。目前国内许多高校的毕业设计多以此为基础进行简化。

(2) 施工图设计 此时设计工程师已从众多备选项中选择了项目的最终方案，并进行了详细的计算，编制了包括方案确定理由的设计文件，在这些计算中，详细评估了一系列条件，例如，推荐的水力设计，反应器的供氧、混合，生物营养控制，碱度，季节性硝化温度和装置设备尺寸的最小值以及固体废物、反应器尺寸、需氧量和回流污泥最大值的确定。此外，在天气寒冷地区，在施工图详细设计阶段还应考虑以下问题：设备结冰的可能性；工艺设备冻结的可能性；储存中的化学品冻结的可能性；冻结未位于冻结线以下的管道；润滑剂黏度变化；构筑物、设备和道路上的冰雪堆积；生物、物理和化学过程反应速率的变化。

设计团队在环境工程师的带领下，应根据各专业的设计通用规范、图形符号，结合项目的具体要求，编制出可以用于项目实施（采购、建造、安装）的设计文件，并用于项目施工建设。

1.4.4 项目竣工阶段

项目在实施过程中，由于环境条件的变化或设计的欠缺，可能会出现更好的解决方案、设计错误、客户对项目的调整、施工现场的环境条件与预设的差异较大、施工失误等情况，此时需要对施工图设计阶段的设计方案进行局部调整，这样在项目完工时工程的实际状态与施工图设计阶段所绘制的设计图纸有区别，这些均须在设计图上进行修正，成为竣工资料的一部分。

1.5 环境工程设计文件的相关规范、编制要求及内容

环境工程的设计文件一般由工艺计算、专业技术及功能规格指标与要求、设计图纸、工程经济与经济分析和培训操作手册等部分组成。政府主导的项目或大型项目对设计文件的内容和深度有较为明确的要求，如我国生态环境部发布的《环境工程设计文件编制指南》（HJ 2050—2015）以标准指南文件的形式，对水污染防治、大气污染防治、固体废物处理（处置）、物理性污染防治，以及污染水体、场地及土壤修复等环境污染综合

二维码 1-2:《环境工程设计文件编制指南》

防治工程的可行性研究报告、初步设计、施工图和工程预算文件内容和编制要求进行了规范。相应地，小型、简单的环境工程的咨询、设计文件内容和编制要求可参照该标准适当简化。

1.5.1　可行性研究报告编制要求

可行性研究的基本任务是对新建或改建项目的主要问题，从技术经济角度进行全面的分析研究，并对其投产后的经济效果进行预测，在既定的范围内进行方案论证的选择，以便最合理地利用资源，达到预定的社会效益和经济效益。可行性研究通过对项目有关的工程、技术、环境、经济及社会效益等方面的条件和情况进行调查、研究、分析，对工程建设的必要性、技术可行性、规模、厂（场）址选择和经济可行性与合理性，在多方案分析的基础上进行综合比较和评价，并推荐工程建设方案。可行性研究报告应满足环境工程项目立项、编制工程初步设计文件的需要。

以环境工程设计可行性研究为例，其编制要求及内容如下。

1.5.2　可行性研究报告编制内容

（1）项目概述

① 工程概况。列示工程名称、建设单位名称等。

② 项目背景。简要说明项目的来源和前期所开展的工作及结果。

③ 工程建设必要性。详细说明工程建设的必要性及意义。

④ 可行性研究内容。简明列示可行性研究范围、主要内容及原则。

⑤ 可行性研究结论。简明列示可行性研究主要结论，通常包括污染物排放（控制）标准，推荐工艺技术，厂（场）址，以及项目的社会和经济效益、主要技术经济指标等。其中主要技术经济指标表可采用相关规范的格式。

⑥ 存在问题及建议（如有）。简明列示项目存在的问题及建议。

（2）编制依据

① 法律法规依据。简明列示可行性研究依据的主要法律、法规。

② 设计技术标准。简明列示可行性研究采用的主要技术标准，包括标准名称、编号及版本。

③ 设计技术规范。简明列示可行性研究采用的主要技术规范，包括规范名称、编号及版本。

④ 相关规划依据。简明列示可行性研究依据的总体规划、专业规划及生产规划，包括规划名称、编制单位名称、编制时间。

⑤ 设计基础资料。简要说明项目工程所在地气象、水文、地形、地貌、地质、地震、雷电，以及社会、经济情况。

⑥ 项目建议书（如有）。

⑦ 简明列示项目立项及批准文件（如有）。

⑧ 许可及协议（如有）。简明列示可行性研究需要的许可及协议，包括“用地许可或协议”“用电许可或协议”“用水许可或协议”“资源利用许可或协议”“二次污染物处理（处置）许可或协议”等文件。

⑨ 可行性研究委托书（如有）。简明列示工程可行性研究委托书。

(3) 主要污染物及负荷

① 污染物来源。详细说明工程服务区域内现状污染物来源，并结合总体规划、专业规划及生产规划合理预测项目工程服务期限内可能新增的污染物产生源。

② 污染物性质。准确说明项目工程服务区域内现状污染物性质，并结合总体规划、专业规划及生产规划合理预测工程服务期限内可能新增的污染物性质。其中：工业废水处理工程，除应充分论证、说明可生化性外，还应着重说明是否含有毒性、腐蚀性成分，以及对生化处理系统的危害因素；固体废物处理（处置）工程，应明确论证、说明其是否含有危险废物成分。

③ 污染源源强。简要列明工程服务区域内现有污染物实际产生量，并结合总体规划、专业规划、生产规划合理预测项目工程服务期限内可能新增的污染物产生量。预测污染物产生量时，应充分说明污染物产生量预测增长率的设定依据。污染物产生量调查及预测可采用时序预测和因果分析的定量统计办法。污染物产生量调查及预测一般采用表格的形式汇总。

④ 环境保护标准。说明污染物无害化处理（处置）后受纳水体、场地或区域环境状况。提出工程应执行的污染物排放（控制）标准。

(4) 工程规模及分期方案

① 工程规模。根据前述污染物产生量调查和预测结果，合理确定工程规模。

② 分期方案。根据污染物产生量调查和预测结果，结合当地总体规划、专业规划及生产规划，提出技术可行、经济合理的工程分期方案，并对分期方案的合理性予以说明。

(5) 厂（场）址选择及比选

① 选址原则。简要说明选址依据的基本原则。

② 选址过程。简要说明选址过程、参加单位等。

③ 拟选厂（场）址。详细说明各拟选厂（场）址的行政区划、地理位置、土地属性，气象、水文、地震、地形、地质、文物、矿产、其他公共设施及自然灾害特点，卫生防护距离、与城镇布局的关系，交通、供电、供气、供热、通信、给水、排水、防洪条件，以及二次污染物处理（处置）条件等。

④ 厂（场）址比选。结合相关法规、标准、规范、规定，项目工程实际需要、厂（场）址状况、建厂（场）条件，以及项目社会稳定风险，对各拟选厂（场）址进行综合技术经济对比。

⑤ 推荐厂（场）址。提出推荐厂（场）址方案，并说明推荐理由及推荐厂（场）址存在不足的弥补措施。

(6) 工艺技术比选

① 工艺技术介绍。依据污染物特性及执行的污染物排放（控制）标准，简明介绍多个适用的工艺技术。

② 工艺技术比选。对多个可行的工艺技术进行综合技术经济比选，工艺技术比选应全面、综合，不得为突出推荐方案的优势而有选择性地确定比选内容。工艺技术比选表可采用1-3 的格式。

③ 推荐工艺技术。根据前述比选结果，推荐出工程应采用的工艺技术，并说明推荐理由及存在问题。

(7) 污染物收集及转输方案

① 收集规划。依据工程服务区域总体规划、专业规划及生产规划，提出污染物收集及

转输规划。

② 收集方案。结合污染物收集现状情况及规划，提出污染物收集及转输方案。

③ 主要工程量。根据污染物收集及转输方案，确定污染物收集及转输系统主要工程量。

(8) 污染物处理（处置）方案

① 工艺流程及说明。提出先进、适用、可靠、安全、经济、合理的工艺流程；说明污染物处理（处置）工艺过程、技术原理及治理效果的可靠性。其中污水、废水处理工程应简要说明脱碳、除磷、脱氮工艺过程，进行尾水消毒方案比选和推荐，并提出尾水排放方案。

② 确定关键工艺技术参数，并简要说明确定依据。其中应至少包括：污水、废水处理工程应进行需氧量、污泥产量、药剂耗量估算；脱硫工程应进行物料平衡估算；垃圾、固体废物填埋工程应进行填埋库容、渗滤液产生量、渗滤液调节池容积估算；垃圾焚烧发电、供热工程应进行热量平衡估算；危险废物处理（处置）工程进行物料平衡估算。

③ 工程总体布置。制订处理（处置）厂（场）总平面及竖向布置方案，包括工程防洪标准、道路、围墙、大门、挡墙、截洪及排洪沟等，以及绿化工程标准、方案、面积。

④ 工程设施配置。制订工艺设施配置方案，包括工艺功能、结构型式、技术规格和数量等。其中：污水、废水处理工程应提出水处理构筑物配置方案；废气处理工程应提出设备基础、排气筒结构型式方案；垃圾、固体废物卫生填埋工程应提出垃圾坝、截洪及排洪沟设置方案，防渗技术方案及排渗、导气系统设置方案等。

⑤ 工程设备选型。提出主要工艺设备配置方案，进行设备比选，包括设备型式、功能、技术参数、数量、材质等。

⑥ 二次污染防治。提出二次污染（废水、废气、噪声、废渣等）防治技术方案，说明二次污染防治技术方案实施后的污染防治效果。其中：污水、废水处理工程应明确提出污泥处理（处置）及臭气收集、处理方案；脱硫工程应明确提出副产物处理（处置）方案；垃圾填埋工程应明确提出渗滤液、填埋气收集、处理方案；垃圾焚烧工程应明确提出烟气净化及焚烧残渣、飞灰处理（处置）方案。

⑦ 资源化利用。分析污染物处理（处置）过程中及处理（处置）后资源化利用可行性，提出污染物资源化利用方案。其中：污水、废水处理工程应说明再生水、污泥利用可行性，提出资源化利用方案；脱硫工程应说明副产物利用可行性，提出资源化利用方案；垃圾卫生填埋工程应说明填埋气利用可行性，提出资源化利用方案；垃圾焚烧工程应说明余热利用可行性，提出资源化利用方案；污染场地修复工程应论证、说明修复后场地的用途及标准。

⑧ 建筑工程。提出建筑物功能、型式、面积、布置及防火等级、节能方案，以及主要建筑设备、材料选型方案。

⑨ 结构工程。提出建、构筑物主体结构、构造、基础型式方案，抗震设防等级，防渗方案，以及地下建、构筑物抗浮方案。

⑩ 电气工程。简要叙述工程建设区域电源情况。确定电力负荷等级，并说明确定依据。估算电力负荷、耗电量。提出变配电、电力计量、电力补偿、电气保护、浪涌消除、防雷接地等电位联接方案。提出主要电气设备、线缆选型方案。

⑪ 自动化工程。确定自动化工程目标。提出自动化系统配置方案。提出主要自动化设备、仪表、线缆选型方案。

⑫ 给排水工程。简要叙述工程建设区域给水水源情况。提出给水水源方案。估算生产、生活用水及消防水量。提出给水、消防系统设置方案。提出排水系统设置方案。明确污染物

处理（处置）过程中产生的污水、废水排放标准。提出污染物处理（处置）过程中产生的污水、废水处理方案。提出主要给排水设备、材料选型方案。

⑬ 采暖通风工程。简要叙述工程建设区域热源情况。确定热力负荷，提出热源方案。提出采暖及空调系统设置方案。确定通风换气标准及消防排烟要求。提出通风设施、设备设置方案。提出主要采暖通风设备、材料选型方案。

⑭ 其他辅助工程。确定维修工作原则，提出维修工程要求。确定通信工作方式，提出通信工程要求。应提倡充分利用社会资源和专业化服务。提出辅助工程设施、设备工程量。

(9) 环境保护

① 自然环境状况。介绍项目所在区域及工程建设场地的自然环境状况，说明已有或潜在的环境污染情况。

② 建设期环境保护。分析工程建设期环境污染（污水、废水、废气、噪声、扬尘、废渣等）因素。提出工程建设期环境污染（污水、废水、废气、噪声、扬尘、废渣等）防范措施。

③ 运行期环境保护。分析工程运行期环境污染（污水、废水、废气、噪声、扬尘、废渣等）因素。提出工程运行期环境污染（污水、废水、废气、噪声、扬尘、废渣等）防范措施。

④ 环境影响评价。说明工程建设、运行对周边环境（地表水、地下水、大气、声环境等）的影响程度。

⑤ 污染物减排量核算。估算主要污染物减排量。其中污水、废水处理工程应包括COD、BOD、NH_3-N、TN、TP、SS等；大气污染治理工程应包括颗粒物、SO_2、NO_x、VOCs等。

⑥ 规范化排放。提出规范化排放方式、在线监测项目、在线监测设备设置要求。

⑦ 环境监测及监测。提出环境监测及监测要求。说明环境监测及监测设施及投资。

⑧ 环境保护管理部门及职责。提出环境保护管理部门、人员配置要求。明确环境保护管理部门、人员的岗位职责。

⑨ 污染事故及处理。预测工程建设、运行过程中可能发生的环境污染（污水、废水、废气、扬尘、噪声、废渣等）事故。提出发生环境污染事故（地表、地下水、大气、声环境）时的应急处理要求及初步方案。

(10) 劳动安全及卫生

① 劳动安全。简要分析工程建设、运行期劳动安全（人身伤害）隐患。提出工程建设、运行期劳动安全要求。说明劳动安全设施及投资。

② 职业卫生。简要分析工程建设、运行期职业危害因素。提出工程建设、运行期职业卫生、劳动保护要求。说明职业卫生设施及投资。

③ 伤害事故及处理。预测工程建设、运行过程中可能发生的劳动安全（人身伤害）事故。提出发生劳动安全（人身伤害）事故时的应急处理要求及初步方案。

(11) 自然灾害及防范

① 自然灾害分析。简要分析工程建设、运行期可能发生的自然灾害（洪水、冰雹、泥石流、地震、雷击、滑坡、塌方、塌陷等）。

② 自然灾害防范。提出工程建设、运行期自然灾害防范要求。

③ 自然灾害应对。提出发生自然灾害时的应对要求。

（12）火灾及消防

① 火灾隐患分析。简要分析工程建设、运行期可能存在的火灾隐患（自然、人为、电气）。

② 防火措施。提出工程建设、运行期防火要求。

③ 消防系统设置。提出工程建设、运行期消防系统设置要求，消防系统设计应体现“以防为主，防消结合”原则。

④ 消防设施设备。提出工程建设、运行期消防设施、设备、器材配置要求。说明消防设施及投资。

⑤ 突发火灾应对。提出工程建设、运行过程中突发火灾时的应对要求。

（13）能耗及节能

① 能耗构成。简要说明工程能耗构成和主要耗能设备。

② 耗能总量。估算工程耗能总量、单位污染物处理耗能量，进行能耗标准煤折算。能耗标准煤折算可使用相关的折算系数。

③ 节能措施。提出工程节能要求（包括建筑节能）。

（14）占地及征用

① 工程占地面积。估算工程总占地面积。提出分期用地规划方案。简要说明各期工程衔接要求。

② 节约用地措施。提出节约用地要求。

③ 征地及补偿。详细说明工程建设用地性质。制订工程建设征地及拆迁补偿方案。

（15）场地水土保持

① 水土保持现状。简要说明工程建设场地水土保持状况。

② 水土流失因素。简要分析工程建设、运行可能导致的水土流失因素。

③ 水土保持措施。提出工程建设、运行期水土保持要求。

（16）文物及矿产保护

① 文物保护。简要介绍工程建设场地文物保护状况。合理预测工程建设、运行可能导致的文物破坏因素。提出工程建设、运行期文物保护方案。

② 矿产保护。简要介绍工程建设场地矿产状况。合理预测工程建设、运行可能导致的矿产破坏因素。提出工程建设、运行期矿产保护方案。

③ 其他公共设施保护。简要介绍工程建设场地其他公共设施状况。合理预测工程建设、运行可能导致的公共设施破坏因素。提出工程建设、运行期公共设施保护方案。

（17）工程建设管理

① 建设管理机构。提出工程建设管理机构设置要求。

② 建设管理职责。简要说明工程建设管理机构、人员职责。

③ 建设进度计划。提出合理的工程建设进度计划。

④ 工程招标方案。简要说明工程招标依据。提出工程招标方案。

（18）工程运行管理

① 运行管理机构。提出工程运行管理机构设置要求。

② 运行管理职责。明确工程运行管理职责。

③ 运行管理制度。提出安全、质量、环保、劳动、人事等管理要求。

④ 企业劳动定员。提出企业劳动定员编制方案。

(19) 工程投资估算

① 投资估算说明。简要说明工程内容、投资估算范围。

② 投资估算依据。简明列示工程投资估算依据的相关政策、文件、规范、规定、指标、定额、价格、费率及取费标准。

③ 工程投资估算。估算工程建设投资。

④ 资金筹措方案。明确工程建设资金筹措方案。

⑤ 资金使用计划。明确工程建设资金使用计划。

⑥ 借款偿还方案。明确项目借款偿还方式及还款计划。

(20) 成本费用估算

① 成本费用估算说明。简要说明工程内容、成本费用估算方法、范围。

② 成本费用估算依据。简明列示成本费用估算依据的相关政策、文件、规范、规定、指标、定额、价格、费率及取费标准。

③ 成本费用估算。进行成本费用估算。

④ 成本费用可以采用如下的计算方法。

总成本费用＝折旧费＋摊销费＋利息支出(利息支出按复息计)＋经营成本

折旧费＝年固定资产折旧费

摊销费＝年无形资产摊销费＋年其他资产摊销费(递延资产等)

利息支出＝年生产期内建设投资贷款利息＋年流动资金贷款利息

经营成本＝年外购原材料费＋年外购燃料动力费＋年工资福利费＋年修理费＋年其他费用

外购原材料费＝年污染物处理量×单位污染物处理原材料消耗量×原材料单价

外购燃料动力费＝年污染物处理量×单位污染物处理燃料动力消耗量×燃料动力单价

工资福利费＝职工人数×职工人均年工资福利

年修理费＝生产期内各年修理费加权平均值＝固定资产原值×(1%～2%)(生产期内一开始,设备年修理费较低,以后逐年升高,生产期内各年修费加权平均值除以固定资产原值控制在1%～2%之间。)

年其他费用＝日常办公用品费＋通信费＋行政车辆费＋差旅费＋工伤保险费＋劳动保护费＋养老保险费＋医疗保险费＋失业保险费＋生育保险费＋工会经费＋职工教育费＋住房公积金＋业务费用等(地区不同、行业不同取费项目和标准会有增减和变化,年其他费用亦可按《建设项目经济评价方法与参数》77 页、94 页或 158 页测算,房产、车船、财产税属其他费用范畴。)

经营成本还应包括房产税、车船使用税、财产保险费、土地使用费、污泥处置费、灰渣处置费等。

(21) 财务经济评价

① 财务经济评价说明。简要说明工程内容、经济评价方法、范围。

② 财务经济评价依据。简明列示财务经济评价依据的相关政策、文件、规范、规定、指标、定额、价格、费率及取费标准。

③ 项目投资收益分析。进行项目投资收益测算。

④ 项目盈亏平衡分析。进行项目盈亏平衡分析。分析项目盈亏敏感因素。

⑤ 项目财务方案。提出项目财务方案，包括运行经费来源、处理（处置）收费标准等。

⑥ 财务风险及防范。预测可能发生的财务风险。提出项目财务风险防范措施。

⑦ 财务经济评价。综合评价项目的财务经济可行性。

(22) 研究结论及建议

① 主要研究结论。简要说明可行性研究主要结论，通常包括项目建设意义、工程规模及分期方案、污染物排放（控制）标准、厂（场）址选择、推荐工艺技术，项目社会、经济、环境效益的目标可达性、主要技术经济指标等。

② 存在问题及建议（如有）。明确说明项目或工程存在的问题，并提出相应建议。提示后续工作应特别关注的事项。

(23) 附图　可行性研究报告附图通常包括：①工程区域位置图；②总平面布置图；③收集及转输设施布置图；④处理（处置）设施、设备布置图；⑤工艺流程、高程图；⑥变配电系统图；⑦自动化系统图。

(24) 附件　可行性研究报告附件通常包括：①项目立项文件（如有）；②许可及协议（如有），包括“用地许可或协议”“用电许可或协议”“用水许可或协议”“资源利用许可或协议”“二次污染物处理处置许可或协议”等。

由于设计文件是以比较成熟的城市污水处理工程的设计项目为基础，在具体应用时，应根据不同规模和不同专项设计的内容有所取舍与侧重，当项目雇主支付设计费用时，应按上述要求进行。实践中项目建议书的编制也可参照上面的要求，但内容做了较大的简化。必须注意的有两点：一是要与工艺设计或流程设计有所区分，两者的设计过程和内容区别较大；二是要能充分认识工程设计的复杂性，需要多个专业的协同合作才能完成。

1.5.3　初步设计文件的编制要求

具体参见《环境工程设计文件编制指南》（HJ 2050—2015）和本书 10.3 节，此处不再赘述。

1.6　现代工程设计的一些辅助软件

与老一辈工程师开始从事设计时相比，环境工程设计行业目前应用计算机作为辅助工具越来越普遍和深入。大多数设计图纸已经很少手工绘制，手写计算也不常见。越来越多的建模和仿真程序被开发出来用于支持设计活动，特别是在某些行业（如城市污水处理）。然而，这并没有也不能取代设计师从事的设计活动。

目前，设计人员或多或少都使用 MS Office、MS Project 和 Autodesk、AutoCAD 这些通用程序进行设计。专用的建模和仿真程序往往服务于特定行业，其中，石油和天然气行业特定的建模和模拟程序在大学往往很受欢迎，但也有一些专业程序从未出现在大学课程中。大学教师在研究中大量使用仿真和建模程序（例如 MATLAB），但有一些程序从未被专业工程师使用过。有些程序在价格上往往以较大的折扣，甚至免费提供给学术界，而对商业用户来说，往往却非常昂贵，因此，许多用于学术界“过程设计”的计算机程序在专业实践中并不适用。

本节将讨论环境工程设计中常用的一些程序。需要再次强调的是，这些设计工具是支持而不是取代设计人员的专业判断，在应用这些软件之前，需要了解软件工程师和设计工程师的作用与职责。在此引用美国化学工程师学会（IChemE）计算机辅助工艺工程（CAPE）课题组的一些观点：①管理层全面负责制订适当的标准程序并确保被很好地遵守；②在设计时做出专业的设计决策是专业工程师的法律和职业责任，设计师在设计决策时必须有充分的信息依据；③大部分设计信息由基于计算机的系统生成，因此，这些系统的质量和应用于设计的技术水平的评估是履行这些职责的关键；④工程决策的质量相当重要，设计师必须关注系统和输入数据的“适用性”；⑤设计师在应用软件和数据时应该仔细检查每一个流程的合理性，必须检查并确保计算机模型符合需求，且数据（包括数据库中的数据）设置正确，充分符合预期（如温度、压力和成分）；⑥敏感性分析是识别关键问题及设计决策的重要工具；⑦程序开发并非易事，需要特殊的技能和经验才能做好；⑧工程决策将基于系统产生的结果，因此，程序必须正确运行，并且必须始终保存适当的记录；⑨向经验丰富的同事或相关系统的供应商寻求帮助和指导，应尽早咨询，而不是等到问题出现时。

然而，这些原则没有得到普遍理解。因此，这些程序或软件常被用于执行原本不适用的任务操作。这种使用方式有时在大学教育里被认为是正确的，因此工程设计行业的雇主不得不对其雇佣的毕业生进行再教育。有些老师和学生认为，建模和模拟程序是基于第一原则工作的，所以他们的输出比人工启发式设计更严谨或更容易理解。然而，许多行业内有经验的工程设计师更倾向于认为：即使是编写这种程序的人也不一定完全了解他们编写的程序输出是否可靠；同样，那些编写这些程序的人即使确实了解程序本身，但也不一定会完全理解这些程序所产生的工程“设计”是否可靠。此外，认为此类程序的输出比专业方法更可信或更透明的观点的人，实际上缺乏对所有工程设计方法都是近似和启发式的理解。一方面，专业方法的基础是建立一个足够简单的模型，供人们完全理解，并尽可能直接建立在经验证据和专业判断中，并由几代专业流程设计师进行全面测试。另一方面，大学教师的建模设计方法是基于一种必须精简的纯理论版本，只在计算机上运行，生成模型由没有任何工程设计经验的人编写，未经任何规模的测试，所以绝不能用作实际设计计算的替代品。

一些环境工程工艺设计阶段所适用的软件见表 1-1。

表 1-1　一些常用的环境工程工艺设计软件及其主要用途

序号	类型	软件名称	主要用途
1	物料平衡、能量平衡、水力损失等计算类	Microsoft Excel	简单数学运算
		MathWorks MATLAB	复杂数学运算，包括方程求解
2	流程模拟类	Aspentech Hysys	反应器、换热器、换热塔等的计算
		Aspentech Aspen Plus	反应器、换热器、换热塔等的计算
		EnviroSim Biowin	单元或流程的模拟
		Hydroamntis GPS-X	单元或流程的模拟
3	项目管理类	Microsoft Project	项目管理
		Microsoft Excel	通用数据分析
4	设计制图类	Autodesk AutoCAD/Inventor	流程、设备辅助制图、设计
		Autodesk AutoCAD Plant 3D	工厂三维辅助制图、设计
		Intergraph PDS	工厂三维辅助制图、设计
		AVEVA PDMS/AVEVA Everything 3D	工厂三维辅助制图、设计
5	设计作品展示类	Autodesk Navisworks	设计作品模型渲染
		Chaosgroup/Aasgvis VRay	设计作品模型渲染
6	流体力学计算类	COMSOL Multiphysics	涉及流体的结构仿真
		Ansys CFD/Fluent	涉及流体的结构仿真

1.7 环境工程设计的挑战和环境工程设计师的基本职业伦理道德

1.7.1 环境工程设计所面临的挑战

与快速发展变化的科学研究相比，所有工程学科的工作方式在本质上都是连续、一致的，这种情况已经持续了几个世纪。然而，每当科技、社会、经济环境发生变革时，设计行业都必须做出相应调整，以适应新的环境条件。以环境工程行业相对较为成熟的污/废水处理领域为例，虽然在保护水资源方面取得了显著进展，但全球的水资源仍然面临诸多挑战，包括基础设施老化、人口持续增长和扩张、气候变化所带来的影响，新型污染物的不断出现，一些营养物质污染以及供水的日益紧张等。为了满足当前的需求并应对未来的挑战，人们迫切需要寻找更加节能且经济高效的处理方法。因此，在新工厂设计、现有设施改造和升级方面，战略规划必须做出相应的调整。

以污/废水处理领域的众多相互关联的领域为例，环境工程设计未来可能面临以下发展与挑战。

(1) 健康和环境问题 健康和环境问题涉及两个主要领域：污水排放和空气中的污染物排放。据估计，每年大约会合成 10000 种新的有机物。检测技术的日益发展使新污染物的检测和监测成为可能。在废水、饮用水供应中检测到的受关注的化学品包括杀虫剂、除草剂和代谢物等持久性有机污染物，氯化烃、消毒副产物（DBPs）、三氯乙烯（TCE）、多氯联苯（PCB）、*N*-亚硝基二甲胺（NDMA）、甲基叔丁基醚（MTBE）等，这些污染物在环境中都可以存在非常久，而且已知或怀疑其具有致癌性、致突变性、致畸性或高度急性毒性。此外，新污染物（如 PPCPs）具有高度的生物活性，并且以痕量浓度存在。它们是内分泌干扰物，会干扰许多水生动物的繁殖、发育和行为。根据世界卫生组织的建议，三种具有代表性的内分泌干扰物的浓度可被视为评估其发生和治疗效果的基准：双酚 A 为 0.1μg/L，壬基酚为 0.3μg/L，β-雌二醇为 1ng/L。传统的处理技术无法去除这些痕量污染物，因此需要开发、测试和应用新技术，以使这些污染物在废水中达到可接受的水平。

许多挥发性有机化合物（VOCs）和总挥发性有机化合物（TVOCs）在废水收集和处理设施中的释放同样令人关注。这些化合物有气味、腐蚀性，对人体健康有严重影响。因此，需要选择合适的厂址和处理工艺。工厂需要有紧凑的布局，有盖，具有多层工艺设计，甚至需要有地下设施，以减少废水在大气中的暴露程度。应在水中污染物释放到大气中之前，对处理设施中的空气进行收集和处理。这将最大限度地减少其对环境的不利影响。

(2) 复杂的废水特性和侧流 由于制造工艺技术的进步和原料中新合成的有机化合物的使用，城市废水的特性正在发生变化，同时，分析技术的进步使得某些污染物即使在进水、出水和生物固体中浓度极低的情况下也可以被检测到。这需要在工艺设计过程中采用更为复杂、精细的设计方法，包括使用含有大量生物动力学常数和化学计量常数的数学模型，以优化处理过程和工厂设计。因此，需要将总氮、总磷、化学需氧量（COD）和碳分解成有机、无机、可溶性和颗粒成分。为了确定生物处理中的活性物质，可能需要采用微生物科学的技术，如 RNA 和 DNA 分型。来自固体处理区域的侧流通常返回工厂进行处理，这些侧流中氮和磷的含量较高，同时含有大量的悬浮物、胶体和溶解的有机、无机固体以及重金属，如果与处理厂的进水混合，可能会完全改变流入废水的特性，增加水力、有机物、固体和营养物负荷。由于再循环，许多污染物的浓度可能会逐渐增加。废水处理技术最重要的发展是将这些侧流与主流股分离，应用专门的处理工艺来去除特定污染物。这些特定的工艺包括：①不可溶解固体的溶解空气浮选；②用于氨去除的蒸汽汽提；③难以沉淀的胶体材料的高速或化学强化沉淀；④用于重金属去除的化学沉淀；⑤生物处理；⑥上述工艺的组合。特定处理工艺的选择取决于可能对主设备性能产生不利影响的成分。

(3) 老化基础设施的修复 恢复和更新老化的废水收集和处理基础设施是污水处理的首要任务。废水收集系统，特别是在老城区的部分地区，已经合并进入下水道。大多数下水道和附属设施陈旧、泄漏且尺寸过小。过多的污水渗透和流入进入城市下水道，暴雨径流也会进入下水道。当下水道来水超过处理厂的设计容量时，多余的未经处理的水流就会被转移到受纳水体中，这会导致严重的水体水质损害。因此，高效的泄漏检测和修复技术越来越受欢迎。

(4) 废水处理的节能和资源回收 大多数常规运行的污水处理厂需要大量的能量来运行，因此需要在废水收集、运输、处理和再利用的各个方面节约能源，这包括选择节能工艺和设备、改进占整个电厂近一半的用电量的曝气系统。此外，生化脱氮除磷单元需要使用更少的化学品、减少废污泥的产生、降低能耗并实现养分去除。为此需尽一切努力改造传统活性污泥厂，如采用正处于开发阶段的一些替代能源发电技术，如太阳能-微生物装置，其利用废水和阳光产生清洁能源，以及用发电微生物处理废水并提供电源。

(5) 污（废）水处理厂的升级改造 随着人们对微量化学化合物和传染性生物对健康潜在影响的了解不断加深，饮用水标准相应地不断提升，这就要求已建成的城市污水处理厂进行升级、改造来满足新的要求，并增加流量和负荷。这预计需要应用新的和改进的工艺来修改、提高污水处理性能和扩大现有处理设施。同时，新工艺还必须预测未来的潜在需求，水处理系统必须具有足够的灵活性，以便以后进行修改时可以满足这些潜在要求。

(6) 工艺选择、性能、可靠性和弹性 应采用创新的处理工艺对现有工厂进行改造和升级，并建造新工厂。未来的目标是生产适合间接和直接再利用的高质量的处理污水，并将环境影响降至最低。创新的处理方法包括细筛、旋流器、化学强化一级处理（CEPT）、高速澄清、一体化固定膜活性污泥（IFAS）和移动床生物膜反应器（MBBR），强化生物除磷（EBPR）和BNR工艺、膜生物反应器（MBR）、高级氧化工艺（AOP）以及消毒紫外线灯的创新设计和应用。许多利用创新工艺的专有工艺已在商业上成功应用。

(7) 减少污泥量、养分回收和生物固体再利用 安全且经济高效地处理废水中的污泥是该行业目前面临的最大挑战之一。目前正在研究减少污泥数量的创新技术，其中包括污泥预处理、强化厌氧消化和资源回收技术。部分硝化/厌氧氨氧化（PN/A）工艺对市政废水的侧流处理也越来越受到重视。

通过碱处理和超声波对废水活性污泥（WAS）进行水解，改善了有机物向脂肪酸的生物转化。水解污泥可提高挥发性固体的降解、破碎性能，增加甲烷的生成，减少消化污泥的数量。其中，从WAS中回收蛋白质用于动物饲料和减少污泥固体量具有巨大潜力：生物固体可通过碱处理或结合超声处理，水解，提取的蛋白质含有所有必需的氨基酸，适合动物饲料的补充。

传统的污（废）水处理追求从废水中去除氮与磷等造成水体富营养的成分，但磷是一种有限的资源，所以目前的做法是不可持续的，必须回收和再利用磷。从废水污泥中回收磷的一种方法是磷酸镁铵（$MgNH_4PO_4 \cdot 6H_2O$）沉淀，在厌氧环境下，磷从生物质中释放，并通过沉淀、电化学过程（ECP）或生物电化学系统（BES）回收。近20年来，由于环境限制和许多其他处置备选方案的成本增加，生物固体的再利用途径研究有所增加，广泛应用于农田、家庭花园、托儿所、高尔夫球场、农业用地、森林和开垦地。尽管如此，公众仍对生物固体的许多有益用途表示担忧。因此，寻找更好的生物固体处理、再利用和处置方法仍然是未来的首要任务。

(8) 废水处理和再利用　世界各地的社区都面临着供水挑战，不断增加的用水需求和干旱使缺水成为一个现实问题。作为一种资源，将处理后的废水用于非稳定最终用途的项目在世界范围内越来越得到重视，如城市地区的灌溉、农业（粮食和非粮食作物）、工业、娱乐和地下水补给。在许多地区，公用事业面临水资源不足的压力。废水再利用有两种选择，间接饮用水再利用（IPR）或直接饮用水再利用（DPR）。IPR 涉及将再生水释放到地下水或地表水资源中，然后回收并处理，以满足饮用水标准。IPR 水在处理前应经过环境净化，这一废水再利用方法有积极的公众认知，但并没有得到社区的 100%支持，而且价格更高，因为同一种水要经过两次处理。DPR 是将处理过的废水产生的净化水直接引入市政供水系统，无需任何环境缓冲。有时它被称为“管道到管道”再利用。这一概念的公众接受度低，尽管它可以节省成本，减少碳排放，并且不易受到自然或人为灾害的影响。然而，DPR 确实存在一些安全问题，如面临负面公众观感、在配水前需要大量存储和缓冲并需要广泛的监控程序等。由于设置了自然水体作为天然缓冲，IPR 将比 DPR 更容易接受。在未来十年中，预计将利用 IPR 和 DPR 进行更多的流行病学研究，开发新的处理和监测技术，建立和维护公众信任，并确保公平和合理的决策过程和结果。

(9) 合流污水溢流和雨水管理的控制　在潮湿天气期间，合流污水溢流（CSO）、卫生下水道溢流（SSO）、雨水径流和其他的地表径流排放已被公认为是一个严重而棘手的问题。CSO 是将雨水和污水使用同一下水道系统排放和处理，而 SSO 是雨水进入、堵塞或结垢、机械或电气故障造成污水处理厂的超负荷。他们造成的污染常常使水质无法达标，也造成休闲海滩和贝类养殖场的关闭。为了控制 CSO 和 SSO 的污染，出现了许多新技术，其中包括建造新的独立的下水道和雨水排水系统，在溢流口或排放口进行预处理、储存后在干燥天气条件下进行处理。

地表径流污染是来自道路、建筑物、草坪、排水管道、景观、农田、森林和其他未开发土地等扩散源的排水。扩散的径流将污染物带入排水沟、池塘、湖泊、湿地、河流、海湾和含水层。为了控制城市和郊区的雨水径流，可以考虑设置缓冲带（草障、滞留池和多孔路面）、采用人工湿地等修复方法，减缓径流并吸收污染。

(10) 分散和现场处理与处置　集中的区域设施可以应用已有最可行的废物处理技术。经验表明，区域设施需要从位于不同流域的服务区收集废水。因此，这些设施对能源和资源的需求较密集；此外，由于在一个地点处理大量的废水和污泥，会产生了严重的环境问题。在经济性要求、创新节能技术以及污水和污泥再利用的总体背景下，人们对卫星或分散式污水处理系统的概念重新产生了兴趣。农村地区的小社区发现修建和维护下水道系统非常昂贵，而且在许多情况下不切实际。因此，针对农村、个人和家庭集群以及小型企业的现场分散式污水处理系统的规划、设计、施工和管理显得更加实用且成本更低。目前，已经有许多创新流程逐步开始推广应用，预计这一领域将继续增长。

(11) 技术评估和实施　随着新技术的出现，水处理厂的设计水平不断变化，工程师为水处理开发了新的工艺单元，这使得当前使用的工艺更加高效或经济。此外，计算机技术和建筑材料的进步正在迅速改变和改善与水处理厂相关的支持系统。但在污（废）水处理行业，实施新技术一直是一个缓慢的过程，需要推动独立第三方对这些技术的测试和评估，以加快执行的步伐。

1.7.2 环境工程设计师的基本职业伦理道德

环境伦理诞生的部分原因是人类对长期生存的关注，以及意识到人类只是一种生命形式，与其他生命形式共享地球。一种普遍接受的环境工程师伦理可表述如下。

① 利用知识和技能改善和保护环境　这是环境工程师的首要职责，通过创新的设计和解决方案，减少环境污染，提升环境质量，促进生态平衡与可持续发展。

② 将环境健康、安全和福利置于首位　在工程实践中，优先考虑环境的健康、安全和福利，确保工程活动不会对环境造成不可接受的风险或伤害，同时注重环境保护与人类福祉的协调共进。

③ 仅在个人专业领域提供服务　工程师应在自己的专业领域和能力范围内提供服务，保持专业素养和技能水平，对不熟悉的领域应谨慎行事，避免因专业能力不足导致工程失误或不良后果。

④ 诚实、公正地为公众、雇主、客户和环境服务　秉持诚实守信和公正无私的态度，为各方提供专业服务。在工作中，真实、准确地传达信息，不隐瞒事实或误导他人，同时避免利益冲突，维护各方的合法权益。

⑤ 仅以客观和真实的方式发布公开声明　工程师在发表公开声明时，应确保声明的内容客观、真实、准确，不夸大其词或虚假陈述，避免对公众产生误导，同时对可能产生的影响进行审慎评估和负责任的解释。

尽管这几条原则看起来很简单，但现实世界的问题为其应用带来了明显的挑战。比如，某农业国有大量饥饿人口，对食物的需求较大，当该国蝗虫泛滥时，此时若使用杀虫剂保护农作物免受蝗灾，但会对环境产生造成破坏，这与第一条原则是否冲突？

规定对与人类有接触的水体必须进行消毒。然而，如果消毒剂也可能杀死水体中的有益微生物，那么这是否符合第二个原则？

假如某公司接受了一份进行空气污染分析的工作，公司要求你在公司专家同事缺席的情况下进行这项工作。作为水和废水化学的专业工程师是否拒绝并冒着被解雇的风险？

公众、雇主和客户认为疏浚湖泊以清除杂草和沉积物将改善湖泊水质，然而，疏浚会破坏麝鼠的栖息地。作为环保工程师应如何采取行动？

假如你认为监管机构提出的新法规实施成本太高，但你没有数据证实这一观点。你如何合理理解第五条原则？

【案例 1】 是否应该在培根中添加亚硝酸盐和硝酸盐？

你的一位朋友发现，他的公司正在培根中添加亚硝酸盐和硝酸盐，以提高培根的存放时长。他了解到这些化合物是产生致癌化学物质的前体。同时，他发现某些致病微生物，如制造肉毒杆菌毒素的生物，已经在未经处理的培根中生长。他应该怎么做：①向上司抗议，即使他知道自己可能会面临被解雇的风险；②向新闻界传递消息；③保持沉默，因为死于癌症的风险低于死于肉毒杆菌中毒的绝对风险。

【案例 2】 如何选择解决小村庄的霍乱问题?

作为一名环境科学家，你发现自己身处一个霍乱流行的孤僻的村庄，你有两种可用的操作路线：①可以护理和安慰病人；②你可以试着清理一下水源。此时应当如何选择？

需要指出的是，许多与环境相关的决定，往往同时更多与社会伦理或经济有关，而不是只与环境工程和环境科学有关。若几个行动方案都可行，但不确定哪一个最好时，问题就出现了，与环境保护相关的决策很容易，但关于哪种行动方案最符合公众利益的决定会涉及较多的社会、人文、经济等因素，往往更难决策。有时，符合环境利益所做的决策与符合公众最佳利益的决策很可能相冲突，为公众利益做出的决策是基于职业道德，而为环境的最佳利益做出的决策则是基于环境道德。

对于专业工程师来说，道德规范的要求是首要的，是工程师努力的方向和行动的准则。下面以美国土木工程师协会（ASCE）的道德规范为例，简要介绍其内容要求。

（1）基本准则 1　在所有准则中，该准则具有优先地位。法规、规范和标准是工程师确保设施安全和保护社区健康的核心指引。环境工程师的教育主要集中在设施安全与社区健康保护这两个关键问题上。法规、规范和标准虽未明确界定公共“福利”，但其内涵涵盖两个关键维度：“繁荣”与“幸福”。当专业人士的决策能使项目以最经济的途径实现时，公众福祉中的“繁荣”便得以体现；当项目成功完成并赢得公众对专业人士的信任与依赖时，公众便能感受到“幸福”。需要强调的是，经济性并不等同于低成本，而是意味着项目能够满足客户需求、契合客户期望，并在符合监管要求的前提下以经济的方式实现。

（2）基本准则 2　工程师通常具备聪明才智与自信的品质，教育与工作经历赋予了他们丰富的经验与深厚的智慧。然而，人性的局限在于，人们往往倾向于将自身智慧过度应用于经验范围之外的领域。因此，必须审慎地将工程服务限定在自身能力范畴之内。面对规模庞大、复杂度高的工作任务，若所需技术超出了个人经验范围，应寻求其他更具资质的专业人士提供服务。工程师群体以创新精神著称，以开发创新型解决方案为荣。他们坚信，技术进步是推动文明发展的关键力量。从第一座金字塔到第一座铁桥，再到第一座滤砂器，每一项创新都离不开工程师的智慧与勇气。然而，许多“首创”设计并非一帆风顺，这凸显了在特定能力领域内，个人创造力与实际服务能力之间可能存在矛盾。对此，必须谨慎处理，可以借助安全的方法、试验台、中试规模实验以及计算机模拟等手段，客户与专业人员也必须就涉足未知领域所带来的风险进行坦诚沟通，并达成明确共识。若设计工程师在某一领域缺乏专业知识，必须聘请具备相关经验或能够接受必要培训的合作伙伴，以确保工作的顺利开展。

（3）基本准则 3　尽管工程师看似较少被要求发表公开声明，但在实际工作中，此类情况并不少见。这些场合通常具有正式性质，例如签订合同、在政府部门或其他公共机构发表演讲、向新闻媒体发表声明等。除上述正式场合外，还有一些情况是，虽然声明是公开的，但形式较为隐蔽，如对公众个人的口头声明、张贴标志以及签署政府资助项目的变更令等，均属于非正式的。

(4) 基本准则 4 必须对雇主与客户保持绝对的坦诚，这要求工程师深入了解事实真相，如实进行阐释，并且不能为了取悦客户或雇主而违背其他准则。利益冲突往往具有隐蔽性，例如，免费的午餐、免费的旅行或高尔夫郊游等，虽看似不起眼，但实则可能构成利益冲突。在公众视角中，任何形式的馈赠都可能被解读为试图获取不当利益的行为。必须理解形象至关重要的观念，因为公众的认知即为他们认定的事实。

(5) 基本准则 5 诚信是不言而喻的准则。在道德委员会看来，不公平竞争的定义广泛而全面。例如，若潜在客户已聘请其他工程师从事相同工作，此时再向该客户提供服务，则构成不公平竞争。在客户与原工程师的关系未得到妥善解决或正式解除之前，最稳妥的做法是婉拒此类雇佣请求。同样，若要求对另一家工程公司的工作成果进行审查，这一行为也可能被解读为不公平竞争。更为恰当的做法是，由客户主动通知原公司其希望进行独立审查，或者直接通知原工程公司已提出审查请求。这些行为关乎基本的礼貌与职业操守。

(6) 基本准则 6 该准则包含两个关键要素：一是以个人期望被对待的方式礼貌地对待他人；二是保持良好的行为举止，确保工作不受任何干扰。

(7) 基本准则 7 工程师在工作过程中以及为问题提供解决方案时，均需运用技术手段。他们有责任紧跟技术发展步伐，持续学习新技术。其中，参加相关专业协会、积极参加会议、阅读期刊文章以及参与研讨会都是极为有效的途径。

(8) 基本准则 8 工程师在设计过程中，应始终秉持尊重与公平的原则对待每一个人。严禁在其专业活动中实施任何形式的歧视或骚扰行为。工程师需充分考量社区的多元性，并真诚地致力于在专业服务的规划与实施过程中，积极吸纳不同的观点与见解。

练习与思考

一、选择题

1. 环境工程学科的起源可以追溯到何时？

A. 18 世纪末　　B. 19 世纪中叶　　C. 20 世纪中叶　　D. 20 世纪末

2. 活性污泥法（ASP）是由哪两位科学家发现的？

A. Ardern 和 Lockett　　B. Newton 和 Einstein

C. Darwin 和 Mendel　　D. Pasteur 和 Curie

3. 环境工程设计的一般原则中，“3R+S”原则中的“S”代表什么？

A. Simplify（简化）　　B. Segregation（分散）

C. Safety（安全）　　D. Sustainability（可持续性）

4. 在环境工程设计中，以下哪项是基于工厂运营背景的设计指导原则？

A. 本质安全设计　　B. 绿色设计　　C. 节能设计　　D. 以上都是

5. 《环境工程设计文件编制指南》（HJ 2050—2015）主要规范了哪些内容？

A. 可行性研究报告的编制要求　　B. 初步设计文件的编制要求

C. 施工图设计文件的编制要求　　D. 以上都是

6. 在环境工程设计中，以下哪项不属于“可持续的工程设计原则”？

A. 全面设计产品和流程　　B. 改善和保护自然生态系统

C. 尽量减少自然资源的减少　　D. 仅关注经济效益

7. 环境工程设计中，初步设计阶段的主要任务是什么？

A. 确定项目的技术可行性　　B. 编制详细的施工图纸

C. 进行项目的经济可行性分析　　D. 确定项目的工艺流程和主要设备

8. 在环境工程设计中，以下哪项是“生命周期评价设计原则”的核心内容？

A. 通过减少废物产生防止污染

B. 选择寿命长的材料和方法

C. 最小化能源和水消耗的制造方法和设备

D. 以上都是

9. 环境工程设计中，工艺设计的基础是什么？

A. 环境科学　　B. 数学和科学　　C. 工程技术　　D. 经济分析

10. 在环境工程设计中，以下哪项是“3R+S”原则中的“R”代表的内容？

A. Reduce（简化）　　B. Reuse（再利用）

C. Recycle（循环利用）　　D. 以上都是

二、问答题

1. 简述环境工程设计中“基于工厂运营背景的设计指导原则”的主要内容及其重要性。

2. 结合实际案例，阐述环境工程设计中“3R+S”原则的应用及其对环境保护的意义。

3. 简述《环境工程设计文件编制指南》（HJ 2050—2015）对可行性研究报告编制的要求及其作用。

4. 结合实际工程案例，阐述环境工程设计中可持续的工程设计原则的应用及其对项目的影响。

5. 简述环境工程设计中生命周期评价设计原则的核心内容及其在实际设计中的应用。

6. 简述环境工程伦理中的“尊重原则”及其在实际工程中的应用。

7. 结合环境工程实践，阐述环境工程师应如何遵守职业道德规范。

第2章

厂址选择

内容提要

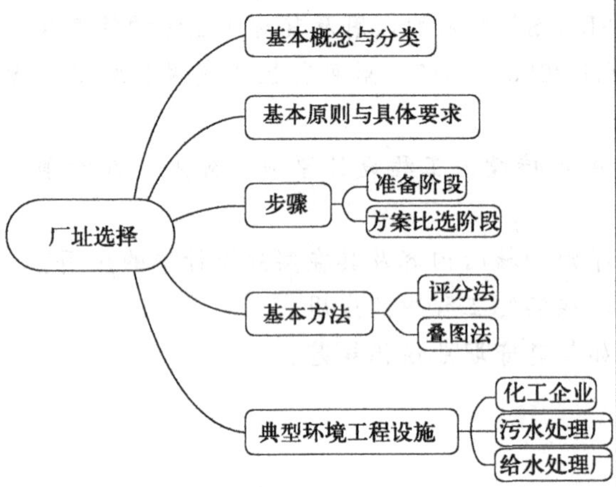

学习目标

知识目标

明确厂址选择的基本概念、内容以及厂址选择在工程设计中的基本要求；

理解厂址选择的基本程序；

掌握厂址选择的基本步骤和基本方法。

能力目标

能够应用厂址选择的基本理论进行典型污染控制工程的厂址选择。

素质目标

培养系统化思维和可持续发展理念，在厂址选择过程中能够综合考虑环境效益、社会影响与经济可行性的平衡，形成科学决策的职业素养。

导读

厂址选择中的责任担当

在当今社会，随着经济的快速发展和工业化进程的不断推进，企业的厂址选择已成为一个涉及多方面因素的重要决策过程。厂址选择是工程实践中的一个重要环节，它不仅关系到企业的经济效益和发展前景，更与环境保护、社会和谐、区域发展等密切相关。通过本章的学习，将掌握厂址选择的基本程序、方法和要求，培养实践能力和能够将理论知识应用于实际环境问题的能力，树立正确的价值观和社会责任感。

一、爱国情怀与社会责任

在厂址选择中，企业不仅要追求经济效益，还要承担社会责任。选择厂址时要考虑其对当地居民生活的影响，避免因工厂建设导致环境污染、生态破坏等。同时，企业还需关注社会的公平与和谐发展，应通过合理的选址促进区域经济的均衡发展，为当地居民创造就业机会，提升社会福祉。例如某大型化工企业为保护生态环境，放弃在城市近郊选址，选择在远离居民区的工业园区建设新厂；某制造企业为了帮助当地居民解决就业问题，选择在一个劳动力资源丰富但就业机会较少的地区建设分厂扩大规模。这都体现了企业的社会责任感。

二、环境责任与绿色发展

厂址选择对环境的影响至关重要。在厂址选择过程中，需要综合考虑自然条件、社会经济条件、环境影响等多方面的因素，这与国家的可持续发展战略、生态文明建设理念高度契合。在选址时应充分考虑其对周边生态环境的影响，如水资源保护、大气污染防治、土壤保护等，避免对自然资源的过度开发和破坏。应当积极履行环保责任，将环保意识贯穿于厂址选择的全过程，实现经济发展与环境保护的协调共进。

三、法治意识与合规经营

厂址选择必须严格遵守国家的法律法规，如《中华人民共和国环境影响评价法》《中华人民共和国土地管理法》等。在资源开发过程中，必须遵守法律法规，不能以牺牲生态环境为代价获取经济利益。同时，应严格按照环保要求进行生态修复和环境治理。

四、创新精神与可持续发展

在厂址选择过程中，应运用创新思维和先进技术，积极探索可持续发展的解决方案。例如，利用大数据分析、地理信息系统（GIS）等技术进行选址优化，提高选址的科学性和精准性。通过智能选址，不仅能提高选址的科学性和精准性，还能更好地整合资源，促进企业的创新发展，体现企业对创新和环保的双重追求。

2.1　厂址选择的基本概念与分类

2.1.1　厂址选择的基本概念

厂址选择是环境工程设计中一项十分重要的工作。首先，环境工程设计需以选址为基础确定污染控制工艺路线，例如污水处理厂选址需结合地形坡度实现污水自流以降低能耗；其次，选址决策直接影响环境工程设施的全生命周期成本，如靠近原料产地可减少运输环节污染，而地质条件优劣将显著影响地基处理费用；更重要的是，选址阶段确立的防护距离、生态红线等约束条件，将作为后续环保设施设计的法定边界参数。厂址选择适当与否，直接影响到基建投资与速度、生产的发展和产品的成本、经营管理费用等各方面，同时也直接影响到环境效益。厂址选择是进行建设项目可行性研究和项目设计的前提，因为有了项目的具体地点，才能较为准确地估算出项目建设时的基建投资和生产时产品的成本，也才能对项目的各种经济效益进行分析和计算，进而确定项目是否可行。如果建设项目是为了建设一个新的基础设施，必须找到一个合适的地址，并规划场地和设备布局；如果建设项目是在现有的场地进行建设，就必须评估项目对现有基础设施的影响，以便进行必要的修改。

对工厂企业建设地址的选择称为厂址选择；对铁路、公路、强电和弱电线路建设地址的选择称为线路选择；对各种高、低压变电所建设地址的选择称为所址选择；对水利水电枢纽建设地址的选择称为坝址选择；对机关、学校、医院、仓库、电台、体育馆、纪念馆乃至火箭发射基地等建设地址的选择称为场地选择等。

2.1.2　厂址选择的分类

（1）厂址选择　一般分为建设地点的选择和具体地址的选择两个阶段。

① 建设地点的选择　也称选点，具体地址选择称为定址。其是在一个相当大的地域范围内，如某段河流两岸，某省、某县、某行政区等范围内，按照项目的特点和要求，经过系统、全面的调查和了解，提出几个可供选择的地点方案供对比选择。除少数特殊项目外，建设项目地点的选择一般须在国家规划的指导下，在规定的地理区域内进行，且须满足发展经济规划布局的需要。所以，建设地点的选择要以长远规划为依据。

② 具体地址的选择　其是在选点的基础上，再进一步深入细致地调查，从若干个可选的地点中，提出几个可供选择的具体地址，以便最后决策定点。建设项目具体地址的选择，对所有国家来说，其做法、要求、需要满足的条件和应该遵守的原则基本相同，都要符合技术、工艺、经济方面的要求。

(2) 如果按照可行性研究的阶段对厂址选择进行分类，厂址选择也可分为以下三个阶段。

① 机会研究阶段　这一阶段可根据地图和初步设想，考虑原材料、能源、交通、水源、环境、市场情况等要素，大致确定建厂地点。

② 初步可行性研究阶段　这一阶段须在前段工作的基础上，进行若干地点的调查，进行一些详细的研究比较，对一些突出问题和关键环节可以专门进行辅助研究，对各方案的投资和产品成本要做出估算。

③ 可行性研究阶段　这一阶段要求更加深入细致，一般要对可能建设地点的位置、地形、地貌，气象、水文、地质、水源、交通、通信、三废、环境、人口，以及施工条件和生活条件等要素，做出较为精确的计算。

2.2 厂址选择的基本原则与具体要求

2.2.1 厂址选择的基本原则

① 服从国家长远规划和城镇规划的要求。建设项目的类型应与所在城镇的性质和类别相适应，项目应与城镇在定位上基本一致。例如旅游景区不应建设污染严重的项目。

② 避免过于集中，合理发展中小城市。应认真贯彻执行关于“控制城市规模，合理发展中等城市，积极发展小城市”的方针，这既有利于缩小城乡差别，促进城乡平衡发展，又有利于全国经济布局的改革，适应国防建设需要。

③ 应选择与建设项目性质相适应的环境条件。例如集成电路和精密电子工业不宜选在炎热潮湿和多烟雾的地区。

④ 节约用地，精打细算。建设项目厂址选择尽量不占用耕地和良田，优先利用荒地、劣地、山地和空地，即使是劣地河滩，也应注意节约，不能随意浪费。

⑤ 符合生产力布局的要求，并有利于节约投资，降低成本。例如：电力工业应考虑电力的远距离输送；钢铁工业应考虑原料、燃料的矿床组合条件；机械工业应考虑机器批量的大小及企业之间、部门之间协作的可能性；建材工业应考虑就地生产、就地消费，避免远距离运输。

⑥ 注意环境保护和生态平衡，保护风景、名胜、古迹。

⑦ 有利生产，方便生活，便于施工。

以上所述厂址选择基本原则主要涉及的是整个基本建设布局的战略性环节，这种总体部署是具体地址选择的前提条件，在我国一般由国家主管部门和地区主管部门负责人确定。

2.2.2　厂址选择的具体要求

厂址选择要求不是一成不变的，它因项目类型、性质的不同而异。例如，大型机场的选择要求地质条件好、地势平坦、空域开阔，而且周围不能有超过规定的高大建筑物。核电站的建设地址要求地质条件好，岩性均一，承载能力强，水源充足，周围居民相对要少。一般来说，厂址选择的基本要求是：既要满足企业生产、建设和职工生活的要求，又应有利于所在城镇和工业小区的总体规划，不能危害四周环境、城镇、河流及景观。

厂区选择的具体要求如下：①厂区必须满足厂房按工艺流程布置建筑物和构筑物的要求，场地同样需要满足建设项目的实际需要，能合理布置建筑物及配套的构筑物；②厂区地形力求平坦或略有坡度，便于排水；③厂区应选在工程地质、水文地质条件较好的地段，严防在断层、有岩溶区、流沙层、有用矿床上、洪水淹没区、采矿塌陷区和滑坡下选址；④厂区宜靠近水源，便于污水处理和排放；⑤须设专用线的工厂，宜接近铁路沿线选址，便于接轨；⑥厂址选择要便于供电、供热和其他协作条件的建立；⑦厂区地下水位置最好低于建筑物的基准面，还应选在地震烈度低的地方。此外，还有一些特殊的要求，应根据建设项目的特点而定，如钟表工业要远离强磁场，感光材料厂要远离放射源，无线电发射台应远离无轨电车等，在选择厂址时都应进行具体调查分析，周密思考，慎重从事。

2.3　厂址选择的步骤及基本方法

2.3.1　厂址选择的步骤

(1) 准备阶段

① 根据计划任务书中工厂的组成、工艺流程及类似工厂的资料，确定主要车间的面积和外形尺寸，绘制总平面草图，一般选 2～3 个方案进行比较。

② 根据工厂的生产规模及扩建规划，初步确定工厂的运输量，电、水、蒸汽、煤气、氮气、氧气等的粗略需用量；根据企业规模，确定职工大致人数及劳动力来源，收集选厂址地区的地形、气候、交通运输、附近城市发展规划等有关资料及图纸，并听取当地城建部门关于城市规划和建厂地点的意见。

③ 对所选厂址进行初步勘察。根据建厂周围地形起伏、土壤、工程地质、水文地质、铁路码头的条件，厂区内现有房屋、田地、坟墓、灌溉渠道、文物古迹、高压电线等设施，初步确定厂区、住宅区、废物场的位置，并研究分析其与铁路连接和其他企业协作的条件等。

④ 在经过系统、深入的调查了解和必要的勘察工作以后，即可对所取得的资料和图纸进行分门别类的整理、分析和研究，对有些资料需要进行识别、鉴定，必要时再进行一些核实工作。最后，在这些工作的基础上，对建设项目各种可能的建设地点和具体地址方案进行技术、经济等方面的分析、比较，并提出推荐方案和推荐理由。

(2) 方案比较阶段　根据上述收集的资料，对已选定的 2～3 个厂址方案进行技术经济比较。厂址方案比较的各个方面和内容没有统一、固定的模式，由于行业的性质不同，建设项目的具体条件和具体情况不同，所需比较的各个方面和内容也就各不一样。鉴于影响因素较多，应根据工厂的主要要求，抓住几个主要因素对其优缺点进行分析比较。一个好的方案往往不会十全十美，但在决定性因素上能超过其他方案，成为相对最合理的方案。

厂址选择方案的比较，一般有定性和定量两方面工作。定性比较时，可以列出主要影响因素，如位置、地质条件、占地大小、运输、环境保护等，通过确定每个因素的最高分和等级进行评分，根据总分得出评定结果。定量比较是根据已掌握的数据对企业的建设费和经营费，如土木工程、铁路专用线、厂外公路、给排水、供电、区域开拓、建筑材料及运输、劳动力来源等各项经费的总和进行比较。

一般来说，厂址方案的比较，需从技术条件和经济条件两个方面进行。

① 技术条件比较　从技术条件比较两个或两个以上的厂址方案时，需要考虑气象、地形、占地等十多个因素。在具体进行比较时，可以用工程量作比较，也可用优缺点作比较。技术条件比较的内容，可以参照表 2-1 进行。

表 2-1　厂址选择技术条件比较

<table>
<tr><th rowspan="2">序号</th><th rowspan="2">比较的内容名称</th><th colspan="4">厂址方案</th></tr>
<tr><th>方案一</th><th>方案二</th><th>方案三</th><th>……</th></tr>
<tr><td>1</td><td>主要气象条件(气温、雨量、海拔)等</td><td></td><td></td><td></td><td></td></tr>
<tr><td>2</td><td>地形、地貌特征</td><td></td><td></td><td></td><td></td></tr>
<tr><td>3</td><td>占地面积及情况
耕地
荒地</td><td></td><td></td><td></td><td></td></tr>
<tr><td>4</td><td>土石方工程/m^3
土方
石方</td><td></td><td></td><td></td><td></td></tr>
<tr><td>5</td><td>区域稳定情况及地震烈度</td><td></td><td></td><td></td><td></td></tr>
<tr><td>6</td><td>工程地质条件及地基处理内容</td><td></td><td></td><td></td><td></td></tr>
<tr><td>7</td><td>水源及供水条件
自来水
地表水
地下水</td><td></td><td></td><td></td><td></td></tr>
<tr><td>8</td><td>交通运输条件
铁路
公路
航运</td><td></td><td></td><td></td><td></td></tr>
<tr><td>9</td><td>动力供应条件
电力条件
热力条件
其他条件</td><td></td><td></td><td></td><td></td></tr>
<tr><td>10</td><td>通信条件</td><td></td><td></td><td></td><td></td></tr>
<tr><td>11</td><td>污染物的处理及其对附近居民的影响</td><td></td><td></td><td></td><td></td></tr>
<tr><td>12</td><td>拆迁工作量</td><td></td><td></td><td></td><td></td></tr>
<tr><td>13</td><td>施工条件</td><td></td><td></td><td></td><td></td></tr>
<tr><td>14</td><td>生活条件</td><td></td><td></td><td></td><td></td></tr>
</table>

② 经济条件比较　任何方案都必然要从经济条件方面进行比较，在其他条件相同或相近时，经济效益的大小是衡量方案优劣的一个重要标准。厂址方案的比较和选择也是如此。厂址经济条件一般指基建投资和经营费用（生产成本及有关经营、管理费等）两个部分，其比较内容可以参照表 2-2。

表 2-2　厂址选择经济条件比较

序号	比较的内容名称	单位	厂址一		厂址二		……
			数量	金额	数量	金额	
1	基建投资						
	土地购置费						
	场地开拓费 土方工程 石方工程						
	地基工程						
	供水工程 水井 泵房 管道						
	交通运输工程 铁路及相应工程 公路及相应工程 船舶及码头						
	动力工程 供电工程 供气工程						
	通信工程						
	拆迁及安置费						
	其他费用						
2	经营费用(年运行费用)						
	原料、材料及成品运费						
	水费						
	电费						
	其他费用						

厂址选择是一项政策性很强的工作。它不仅要考虑技术经济效益，又要贯彻一系列有关方针政策。从长远观点看，节约用地是选择厂址必须考虑的重要因素，这是既定国策。但节约投资、讲究经济效益也是不可忽视的重要因素。对于生产产品而言，厂址选择过程中的环境污染问题必须引起高度重视，这是造福于人类的百年大计。

2.3.2　厂址选择的基本方法

(1) 评分法　评分法是指对不同的厂址方案中的所有因素进行评分，并根据分数的高低确定最优厂址的一种方法。该方法首先要列出影响厂址选择的所有相关因素，如原材料供应、运输条件、地质条件、环保法规等。然后按照因素的重要程度确定其权重，不同方案的相同因素的权重值一致，每一个权重代表每个因素的相对重要性，各权重之和为 1.00。给所有相关因素确定一个统一的评分取值范围（如百分制：1～100），并按其影响的不同程度制定评分标准，如最好的打 100 分，最差的打 1 分。权重和评分标准的确定可由有经验的专家、工程技术人员、管理人员、领导人员等共同研究确定。权重和评分标准一旦确定后，便可以在评分取值范围内就每个因素对每个方案进行打分，并将每个因素的得分与其权重相乘，再把每个方案各因素的乘积数相加，得到各个备选方案的总得分。最后对几个厂址选择方案的总得分进行比较，得分最高的方案便为最佳厂址。

例如，某项目有甲、乙、丙三个备选厂址地点，相关影响因素共有 6 个，影响因素的权重和分数已经由专家等确定（见表 2-3）。从表中可以看出，甲厂址地点评分最高，乙次之，丙最低，如果没有其他情况，按照评分法，将选择甲作为建厂的合适地点。

表 2-3 厂址选择评分比选表

选址因素	权重 m	备选厂址得分					
		甲得分 a	$m\times a$	乙得分 b	$m\times b$	丙得分 c	$m\times c$
原料供应	0.20	100	20	90	18	80	16
交通条件	0.20	70	14	100	20	80	16
土地状况	0.10	80	8	70	7	100	10
供水条件	0.15	80	12	60	9	70	10.5
环卫条件	0.15	90	13.5	80	12	80	12
公众态度	0.20	90	18	80	16	80	16
合计	1.00		85.5		82		80.5

(2) 叠图法 该方法是将一系列关于厂址区域交通状态、原料供应情况、地质情况、环卫条件、经济状况等的专题地图叠放在一起，形成一张能综合反映厂址信息的空间特征的地图，以此进行选址的方法。叠图源自很早的一种印刷方法，即在图纸上方打三个圆孔固定图纸，然后把同一个场地不同类型的东西画在透明图纸（硫酸纸）上，再通过圆孔把想要拼在一起的图纸叠在一起印刷，这样人们可以根据需要选择两张图的叠合或者多图的叠合，直观地分析场地里面几种要素的相互关系。目前叠图技术已从最初的在透明胶片上进行手工绘制发展成为借助现代化的遥感技术及 GIS 软件用计算机生成图片（指利用计算机软件，把不同信息的组合进行处理，比如把植被和建筑物摆在一起，看看二者的相互关系是什么，或者把农业用地和河流水系的相互关系叠成一张图）。借助计算机技术可以解决手工操作的困难，还可以引进地理信息系统的叠置分析、缓冲区分析等功能，计算机会帮助执行图纸的叠加、过滤、融合等多种命令，然后分析得到一些结果，作为规划决策的参考。

叠图法应用于厂址选择时，只需要将厂址规划建设区域主要影响因素的范围和强度（如交通便利程度、原料供应程度和地质情况等）的透明图片叠加起来，在合成图上影响因素有重合的位置即可视为厂址选择的最佳地点。叠图法可以直观、形象、简明地表示各种因素单个影响和复合影响的空间分布，能够得到易于理解的结果，但只能用于那些可以在地图上表示的影响，因而无法综合评定厂址选择中所有相关因素的强度。

2.4 典型环境工程设施的厂址选择

2.4.1 化工企业厂址选择

在化工基地建设中，厂址选择问题是战略性的问题。一个厂址选择得好，不仅可以使企业在建设过程中节约投资，减少人力、物力的消耗，缩短建设时间，而且能使企业建成投产后长期节约生产费用和运输费用，获得更多的利润。厂址选择不好，不仅会使企业在建设过程中增加投资，浪费人力、物力，拖延建设时间，而且会使企业建成后生产不协调，运输不合理，生产费用高，利润少，甚至亏本。这些情况都已为国内外实践所证明。在化工企业选点中，好的案例很多，但不好的案例也存在。例如，有的企业在选点时由于没有考虑到环境保护问题，把企业摆在水源上游或城市上风向，以致企业建成投产后因污染严重而被迫停产和迁厂；有的企业在选点时没有弄清水源位置，或者没有很好地考虑企业将来发展的用水需要，以致企业投产后出现供水不足的情况，而不得不在远处另找水源地，追加大量引水工程投资费用；还有的企业在原料基地建厂时，由于没有很好地摸清资源条件，精确计算它的服务年限和矿物的加工利用价值，以致企业建成投产后没几年就出现原料供应不足，或者矿物原料不适于某些工艺流程，而又不得不在远处另找原料供应地，造成大量原材料运进和大量产品运出的不合理运输现象。上述情况如果在选择厂址时能很好注意，就不会造成相应后果。

化工企业选点时，应该特别注意以下几个问题。

(1) 水源问题　化工生产企业是大量用水的企业，为保证企业正常安全运行，必须有充沛的水源和良好的水质以满足生产需要。特别是大型化工联合基地对水的需求量很大，如果没有一个安全可靠而又经济的供水系统，对基地的建设和发展是十分不利的。为了解决大量用水问题，国外许多新建的化工基地一般选在沿江靠海的地方，既便于取水又有利于利用廉价的水运，节省投资和经营费用。在我国，从水资源的利用与生产合理布局的角度来看，沿江设厂要比沿海设厂具有更大的好处和更深远的意义。因为我国海岸线虽长，但沿海岸地区毕竟占我国土地面积的比例很小，而我国的河流众多，从沿海伸展到广大的腹地。广泛利用江河建厂不仅有利于企业的经济效益，而且对均衡配置生产力，发展我国内地经济有很大的好处。

二维码 2-1：某新建矿山厂址方案选择案例

(2) 环境保护问题　一个大型化工基地是由许多生产装置和工厂组成的，这些装置和工厂布局相邻，生产高度集中，规模大，三废排放量多，因而造成的污染也最严重。从便于企业的三废排放角度来看，最理想的建厂地理环境是荒山和海滩，它们都远离大居民点和耕作区，最便于三废排放。例如，我国的上海化学工业区坐落在远离上海市区的杭州湾北岸的海滩上，地邻海边河岸，交通便利。该基地除北侧沿海堤一带有少数林场和农田外，绝大部分是地形平坦的荒滩，这对按照环境保护的要求合理规划全新的工业基地是一个十分有利的条件。但是，从厂址的选择要求来看，一个环境保护条件较好的厂址不一定像上海化学工业区那样在其他条件方面都好，往往有一种情况，即容易排污的场所一般都是人烟稀少、交通不便、供应困难、协作条件很差的地方。如果不是靠近原料产地或有良好的建设条件配合，在这样的地区平地起家创建一个全新的大型企业也是很不利的，因为这样势必增加大量建设投资，在经营过程中还会碰到许多困难。因此，在选择化工基地时重视环境保护这个问题是对的，但是还必须将环境保护同其他条件结合起来一起考虑，只有这样，选出的厂址才会既合乎保护环境的要求，又有利于企业生产发展。

(3) 节约土地问题　一个大型化工基地的建设需要占用大片的土地，例如，我国北京、上海、辽阳、大庆等地建的大型石油化工联合企业的占地面积一般多在五六百平方千米以上。要选择这样一块面积的土地，如果不是海滩或荒山，要一点都不占用农田是很难办到的。由于我国人口多、耕地少，不能大量减少耕地面积，所以工业建设必须以农业为基础，在选择厂址时一定要注意节约用地，尽量不占农田，少占耕地。在国外，由于地价很贵，大多数的工厂厂区布置都是很紧凑的。例如，在日本和德国，不少石油化工联合企业装置与装置之间的距离，一般都在 20～25m 之间，有的在 40m 或 30～35m。而我国的大型化工联合企业，各装置之间的距离一般都超过 100m，特别是厂与厂之间的距离很大，有的多达 0.5～1km，且厂内空地很多，建筑系数平均不到 20%。因此，在进行总平面布置时，必须根据企业特点，在满足安全生产的前提下，力求做到生产流程合理，运输顺畅，缩短厂内外管线长度。在考虑近期与远期关系时，既要考虑企业的综合利用、发展扩建的可能性，又要避免过早过多地征用土地，做到近期布置紧凑，远期亦留有必要的发展用地。这也是工业基地选点规划中应该注意的问题。

据有关规划设计表明，在一般情况下，化工企业成组布局与单独布局相比，用地总面积可以减少15%～20%以上，工程管线及厂内运输线的长度也相应减少。但是，并非所有新建化工厂都有条件或有必要这样做。因此，在选择工业企业用地时，在平原地区要注意尽量利用不适宜耕种的坡地、废弃地，并且要尽可能地提高工业场地的建筑密度。

有的化工企业厂内留有大量土地来堆放废料或供净化污水之用。这类用地占地面积也不小，有的与基本生产占地面积相当，或者超过生产用地。非生产性占地面积大、污染性大的化工厂的场地选择更不应占用“好”地。在一般情况下，其厂址宜选在靠近荒山和海边有大量荒废地的地方。

(4) 必须重视现有农业基础 一个大型化工基地的建设会造成人口在地域上的高度集中，必然会对农产品产生巨大的需求。如果在一个农业发展相对落后的地区建立众多大型化工企业，仅靠当地的生产情况满足这些工业人口对粮食、肉类、蛋品等的需求较为困难，因此只能从较远的地区大量调运这些物资，而这样一来，又会不可避免地给交通运输带来更大的压力，进而增加更多的困难。此外，在农业落后的地区建立大型化工企业，不仅粮食等物资供应有困难，而且劳动力问题也不好解决，因为从当地招收职工就必然减少农村的劳动力，而在一个农业很落后的地区抽调大量劳动力其后果是不难想象的。因此，在一些资源丰富但农业十分落后的地区建立大型化工基地，必须积极采取措施加快农业生产的发展，否则就要延缓工业发展的进程，甚至暂时不能考虑建厂。

(5) 企业靠近原料产地和靠近消费中心问题 建设一个化工基地除了要解决原料的供应问题外，还要解决产品的销售问题。一座大型石油化工企业每年运进的原料可达几百万吨甚至上千万吨，而运出的化工产品和油品也可多达几百万吨至上千万吨。例如，以油田气、炼厂气作原料的石油化工企业，由于原料贮存运输不便，它的布局只能靠近丰富的天然气资源产地，并与炼厂建在一起。这就是经济有效地就近综合利用油气资源的布局。但是以石脑油和轻柴油为原料的石油化工企业的布局就不一定要靠近石油产地，因为石脑油和轻柴油运输方便，如果供应石脑油的炼厂建在有油管或油轮到达的消费中心，则该石油化工企业的建设位置也应该是靠近消费中心，或与炼油厂联合在一起在经济上最为有利。在建设大型石油化工联合企业时，把炼油企业联合在一起应该是合理利用资源、节省投资的最好方案。

2.4.2 污水处理厂厂址选择

污水处理厂厂址的选择是重要的环节，它与城市的总体规划、城市排水系统的走向和布置、处理后污水的出路都密切相关。

当污水处理厂的厂址有多种方案可供选择时，应考虑管道系统、泵站、污水处理厂各处理单元等，进行综合的技术、经济比较与最优化分析，并通过有关专家的反复论证再行确定。

二维码 2-2：某污水处理厂厂址方案选择案例

污水处理厂厂址选择时，应遵循下列各项原则。

① 应与选定的污水处理工艺相适应，如选定稳定塘或土地处理系统为处理工艺时，须有适当的土地面积。

② 无论采用什么处理工艺，都应尽量做到少占农田和不占良田。

③ 厂址必须位于集中给水水源下游，并应设在城镇、工厂厂区及生活区的下游和夏季

主风向的下风向。为保证卫生要求，厂址应与城镇、工厂厂区、生活区及农村居民点保持约300m以上的距离，但也不宜太远，以免增加管道长度，提高造价。

④ 处理后的污水或污泥用于农业、工业或市政时，厂址应考虑与用户靠近，或者便于运输。排放处理水时，厂址则应与受纳水体靠近。

⑤ 厂址不宜设在雨季易受水淹的低洼处。靠近水体的处理厂，要考虑不受洪水威胁。厂址尽量设在地质条件较好的地方，以方便施工，降低造价。

⑥ 要充分利用地形，应选择有适当坡度的地区，以满足污水处理构筑物高程布置的需要，减少土方工程量。若有可能，宜采用污水不经水泵提升而自流入处理构筑物的方案，以节省动力费用，降低处理成本。

⑦ 根据城市总体发展规划，污水处理厂厂址的选择应考虑远期发展的可能性，应有扩建的余地。

2.4.3　给水处理厂厂址选择

给水处理厂厂址选择应在整个给水处理系统设计方案中全面规划，综合考虑。一般应考虑以下几个问题。

① 厂址应选择在工程地质条件较好的地方。一般选在地下水位较低、承载力较大、湿陷性等级不高、岩石较少的地层，以降低工程造价和便于施工。

② 水厂尽可能选在不受洪水威胁的地方，否则应靠近防洪措施。

③ 水厂应尽量少占农田和不占良田，并留有适当的发展余地。要考虑周围卫生条件和《生活饮用水卫生标准》中规定的卫生防护要求。

④ 水厂应设置在交通方便、靠近电源的地方，以利于施工管理和降低输电线路的造价，并考虑沉淀池排泥及滤池冲洗水排除方便。

⑤ 当取水地点距离用水区较近时，水厂一般设置在取水构筑物附近，通常与取水构筑物建在一起。当取水地点距离用水区较远时，厂址选择有两种方案，一种是将水厂设置在取水构筑物附近，另一种是将水厂设置在离用水区较近的地方。前一种方案中，水厂和取水构筑物可集中管理，节省水厂自用水（如滤池冲洗和沉淀池排泥）的输水费用，并便于沉淀池排泥和滤池冲洗水的排出，特别对浊度较高的水源而言；但从水厂至主要用水区的输水管道口径要增大，管道承压较高，从而增加了输水管道的造价，特别是当城市用水量逐时变化系数较大及输水管道较长时，或者需在主要用水区增设配水厂（消毒、调节和加压），净化后的水由水厂送至配水厂，再由配水厂送入管网，这样便增加了给水系统的设施和管理工作。后一种方案的优缺点与前一种正相反。高浊度的水源也可将预沉构筑物与取水构筑物建在一起，水厂其余部分设置在主要用水区附近。

以上不同方案应综合考虑上述因素并结合其他具体情况，通过技术经济比较确定。

练习与思考

1. 某城市的地形图如图 2-1 所示，其中 F-J 为居民区，拟建印染厂、水厂、污水处理厂、科技园区和生态公园，图中有 A、B、C、D、E 五处地可供选址，该地盛行东风。据图回答问题：在 A、B、C、D、E 五处中，生态公园宜选 C，以减少对城市居民区的影响，则印染厂、科技园区、水厂和污水处理厂宜分别在哪里选址，请说明理由。

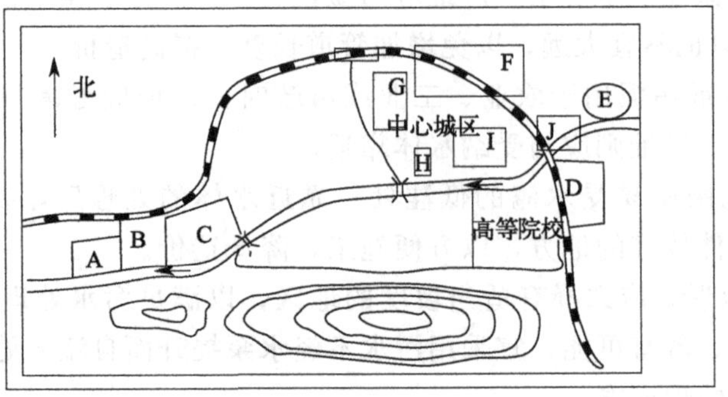

图 2-1 某城市地形图

2. 某市西部拟建一污水处理厂，一期规模为 3×10^5t/d。污水处理厂退水为某市一条主要河流的河道。该地区夏季主导风向为西北风，冬季主导风向为东北风。污水处理厂厂址有两个备选方案。A方案厂址位于某市洪区余粮堡村农田和浑河南岸滩地，东南方向为余粮堡村和小梁村，与村庄最近距离为800m。该厂址邻近浑河一段880m大堤，将这段大堤移出场外需投资300万元。污水厂占地地面是余粮堡村村民蔬菜大棚、药材大棚、果木大棚等经济作物大棚，产值比普通玉米种植及其他种植业要高得多。永久性征地费用高。B方案厂址拟选某市交通干线旁的洪区小梁村农田，主要作物是玉米及蔬菜地，没有大棚作物，农作物品种简单，永久性征地价格适宜。该厂址南界靠浑河大堤，小梁村位于其西南侧，东南侧1200m为余粮堡村。请对该项目的两个方案从经济、环境方面进行综合比较，判断哪个方案较好，并说明理由。

第3章

总平面布置

内容提要

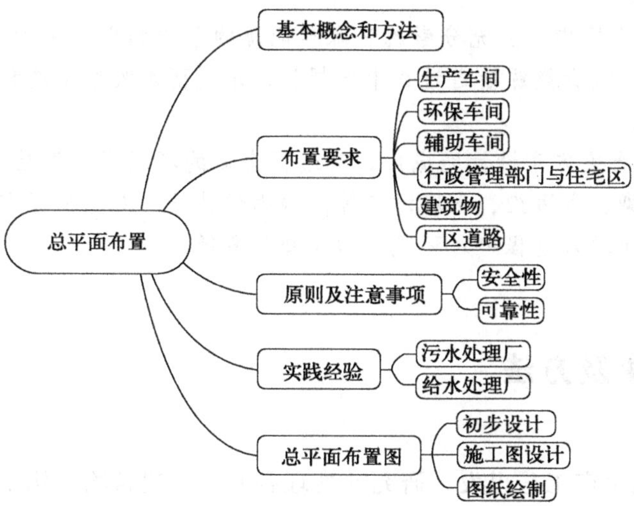

学习目标

知识目标

明确总平面布置的基本概念、内容以及总平面布置在工程设计中的基本要求；

掌握总平面布置的原则和基本步骤。

能力目标

能够依据总平面布置的基本理论进行典型场地的总平面布置，并绘制总平面布置图；

能够根据具体情况提出创新性的解决方案，能通过团队协作完成合规性设计。

素质目标

培养实践能力和创新精神；

培养空间规划的系统思维和协同意识。

导读

总平面布置与绿色发展理念

总平面布置是环境工程设计的核心内容之一，它涉及多个方面的内容，包括构筑物的布局、交通流线的组织、场地的利用效率、绿化与景观的规划等。合理的总平面布置能够优化空间利用，提升项目的整体品质，同时也有助于减少施工过程中的资源浪费和环境影响。在实际工程中，总平面布置的科学性和合理性直接决定了项目的成功与否，是项目设计和实施中的关键环节。它不仅关系到项目的整体规划和功能布局，还直接影响到项目的经济效益、环境效益和社会效益。在总平面布置中践行绿色发展理念，更有利于实现环境效益和经济效益的双赢。

绿色发展理念是习近平新时代中国特色社会主义思想的重要组成部分，是推动经济社会高质量发展的重要理念。它强调在经济发展过程中，必须尊重自然、顺应自然、保护自然，将生态环境保护作为实现可持续发展的重要支柱。具体来说，绿色发展理念包括以下几个要点。

① 将环境资源作为社会经济发展的内在要素：经济发展不能以牺牲环境为代价，而应将环境资源纳入经济社会发展的整体规划中。

② 实现经济、社会和环境的可持续发展：绿色发展不仅要追求经济增长，还要注重社会公平和环境保护，实现三者的协调发展。

③ 推动经济活动过程和结果的“绿色化”“生态化”：通过技术创新和管理创新，减少资源消耗和污染物排放，提高资源利用效率，实现经济发展与环境保护的良性互动。

绿色发展理念在环境工程总平面布置中的应用主要表现在以下几个方面。

① 合理规划功能分区：在总平面布置中，应根据环境工程项目的功能需求，合理划分生产区、生活区、绿化区等功能区域，减少其相互干扰，提高空间利用效率。例如，将噪声较大的生产设施布置在远离居民区的位置，减少对居民的噪声污染。

② 优化交通流线：合理规划内部道路系统，优化交通流线，减少车辆行驶距离和尾气排放。可以设置专用的物流通道，避免与人员通道交叉，提高交通效率，减少交通拥堵和尾气污染。

③ 加强绿化设计：充分利用厂区内可绿化区域，种植乔木、灌木和草坪，增加绿化覆盖率，改善微气候，减少扬尘和噪声污染。

④ 节约资源与能源利用：在总平面布置中，应充分考虑资源和能源的节约利用。例如，合理布置供水、供电、供热等基础设施，减少能源输送过程中的损耗；采用雨水收集系统和中水回用系统，提高水资源的利用效率。

⑤ 环境影响评估与优化：在总平面布置方案设计完成后，应进行全面的环境影响评估，分析方案对周边环境的影响，如大气污染、水污染、土壤污染等。根据评估结果对总平面布置方案进行优化调整，确保项目在建设和运营过程中对环境的影响降到最低。

3.1 总平面布置的概念、要求及方法

3.1.1 总平面布置的概念

所谓总平面布置/设计，就是一切从生产工艺出发，研究并处理各元素（建筑物、构筑物、道路、堆场、各种管线和绿化诸方面）的空间相互关系，并在一张或几张图纸上用设计语言（标准图例）表示出来的方法。厂址确定后，即可进行总平面布置，它直接影响处理或生产装置的建设费用和运转费用。它是由工艺设计人员和土建设计人员共同完成的。

3.1.2 总平面布置的要求

总平面布置要求布置紧凑、用地节省、工艺流程合理、功能明确、运输畅通、动力区接近负荷中心、工程管线短捷、管理方便等。总平面布置必须适合工艺、土建、防火安全、卫生绿化及生产与处理规模发展等方面的要求。

3.1.2.1 生产车间布置要求

在完成工艺流程图与设备选型及设计计算后，接着需对厂房的配置和设备的排列作合理安排，即进入车间工艺设计阶段。这是车间工艺设计的重要项目之一，它关系到今后车间治理能否符合设计要求，能否在较良好的操作条件下正常、安全地运行。车间布置设计要考虑

各方面的因素，是一项既重要又十分细致的工作。

生产车间的位置，应按工艺过程的顺序进行。生产线路尽可能做到直线而无返回流动，并不要求所有的生产车间在一条直线上。应考虑辅助车间的配置距离和管理上的方便。一般功能、工艺相似的车间、工段应尽可能布置在一起，可集中管理，统一操作，节省人力。原料和成品应尽量接近仓库和运输线路，车间之间的管道应尽可能沿道路敷设，生产有害气体的车间应布置在下风方向等。

3.1.2.2 环保车间布置要求

根据治理污染源的不同，环保车间的布置也有所不同，可布置在厂区的一侧，也可布置在靠近污染源的地方。在车间内部应按处理流程的顺序进行布置，处理线路尽可能做到直线而无返回流动。

3.1.2.3 辅助车间布置要求

辅助车间包括锅炉房、配电房、水泵站、机修车间、中心实验室、仪表修理间及仓库等。

锅炉房应尽可能布置在使用蒸汽较多的地方，这样可缩短管路、减少热损失。锅炉房附近不能配置有火灾或爆炸危险的车间或易燃品仓库，应将它们放置于厂区的下风位置。

配电室一般应布置在用电大户附近，并位于产生空气污染的上风位置。

机修车间应放在与各生产车间联系方便且安全的位置。

中心实验室和仪表修理间一般应置于清洁卫生、震动和噪声少、灰尘少的上风位置。

仓库应设在与生产车间联系方便并靠近运输干线的位置。

消防站应设在一旦发生火灾，车辆能顺利到达现场的地点，并能通向厂外的交通要道。

以上各项设施均应符合防火安全所要求的距离。

3.1.2.4 行政管理部门与住宅区布置要求

行政管理部门包括工厂各部门的管理机构、公共会议室、饭厅、礼堂、托儿所、保健站，一般应建在厂区边缘或厂外，最好位于工厂的上风位置。

居民住宅区应设在厂区外围，并在上风位置。

3.1.2.5 建筑物布置要求

工业建筑物之间的距离不仅要符合消防安全的要求，而且要满足工业卫生、采光、通风等方面的要求。

(1) 防火 厂房间设置防火距离是为了一旦失火时，消防队能顺利进入现场灭火。

我国建筑物的耐火等级分为四级，其是以楼板为基准而划分的。耐火等级越高，火灾烧垮建筑物的可能性越小。但耐火等级高，造价必然高。因此，要按实际需要而定。建筑物的耐火等级见表 3-1。

表 3-1 建筑物的耐火等级

耐火等级	建筑物结构、材质
一级	钢筋混凝土结构，或砖墙与钢筋混凝土混合结构
二级	钢架结构、钢筋混凝土柱或砖墙组成混合结构
三级	木屋顶和砖墙组成的砖木结构
四级	木屋顶、难燃烧体墙壁组成的可燃结构

根据生产产品及使用原料的物质特性，工业企业的火灾危险性分为以下五类。

① 甲类　使用或产生下列物质的生产：闪点＜28℃的可燃液体；爆炸下限＜10%的可燃气体；常温下能自动分解或在空气中氧化即能导致自燃或爆炸的物质；极易燃烧或爆炸的强氧化剂；在压力容器中超过自燃点的物质等。

② 乙类　使用或产生下列物质的生产：闪点在28～60℃之间的易燃液体；爆炸下限≥10%的可燃气体；助燃气体和不属甲类的氧化剂等。

③ 丙类　使用或产生下列物质的生产：闪点≥60℃的可燃液体；可燃固体。

④ 丁类　具有下列情况的生产：对非燃烧物进行加工，经常在生产中产生火花或火焰；用气体、液体、固体为燃料或将其燃烧作为其他用途的生产。

⑤ 戊类　常温下使用或加工非燃烧物质。

在建厂时，应根据火灾危险性类别，对工厂提出不同的耐火等级要求，如对甲、乙类生产应采用一、二级耐火等级建筑，对丙类宜采用一、二、三级耐火等级建筑，对丁、戊类生产可任选各耐火等级建筑。一般对失火后影响大、损失大的生产厂房提出较高的耐火等级要求。

此外，厂房的层级和面积除由工艺生产决定外，还受火灾类别和耐火等级的制约，因为厂房层数太高不利于扑灭火灾和人员疏散，而面积过大，火易在大范围内蔓延。一般对建筑采用一、二级耐火等级的层数不作严格要求，但对火灾危险性类别为甲、乙类的生产厂房，除生产必须用多层结构的，通常宜采用单层厂房。表3-2列出了厂房耐火等级与防火墙层数、防火墙间占地面积的关系。

表3-2　厂房的耐火等级、层数和面积

生产的火灾危险性类别	耐火等级	最高允许层数	防火墙间最大允许占地面积/m²	
			单层厂房	多层厂房
甲	一级	不限	4000	3000
	二级	不限	3000	2000
乙	一级	不限	5000	4000
	二级	不限	4000	3000
丙	一级	不限	不限	6000
	二级	不限	7000	4000
	三级	2	3000	2000
丁	一、二级	不限	不限	不限
	三级	3	4000	2000
	四级	1	1000	—
戊	一、二级	不限	不限	不限
	三级	3	5000	3000
	四级	1	1500	—

(2) 自然采光和通风　为保证充分的自然采光和通风，建筑物间距不小于15m，如有15m以上的高建筑物，则间距不应小于两相邻建筑物高度之和的一半。

3.1.2.6　厂区道路布置要求

厂区内人行道的宽度应根据上下班通过人数而定，一般为1.8～2m。图3-1为典型厂区平面布置图。主要厂房均应有出口和露天场地，以利消防车通过以及在其他特殊情况下的使用。公路宽度不应小于5m，既能允许两辆大卡车面对面通过，又要考虑输送线路的循环性，避免交通堵塞。

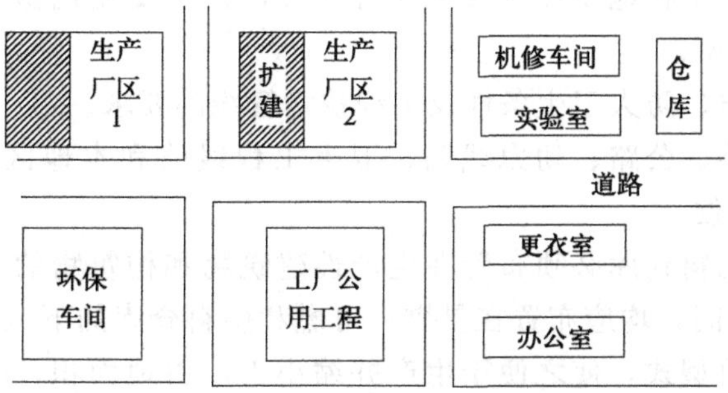

图 3-1　典型厂区平面布置图

除此之外，总平面布置中还要考虑绿化、美化环境、改善劳动条件等。

3.1.3　总平面布置的方法

总平面布置方法是根据生产需要，考虑到上述各种因素，选择几个方案进行技术论述和经济比较。具体做法可用样片法、模型法、物料运量法、相对位置法等，进行分析比较，择优选用。

总之，总平面布置设计时，必须遵守国家最新颁布的有关法律法规，如环境保护、工业卫生、安全防火等法律和规定，并及时征得城市规划部门和消防监督机构的同意。

3.2　总平面布置的原则及注意事项

在进行总平面布置时，需综合考虑多个因素，以确保布局的合理性、高效性和美观性，以下是在总平面布置中应遵循的一些基本原则。

① 厂区内的建筑物、构筑物及交通运输线路的布置应使工艺流程方便快捷，并保证合理的生产作业线。

② 原料、燃料、半成品和成品的运输应当是连续的短距离运输，避免交叉和往返。

③ 适当地把厂区划分成几个地段，把生产性质、防火、卫生条件、动力要求和交通运输等同类的建筑物、构筑物布置在一个地段，按生产作业线分布于工厂的厂区内。

④ 建筑物、构筑物的外形应简单，布置应紧凑，以使厂区利用率达到最大限度。

⑤ 辅助车间及仓库应尽可能靠近所服务的主要车间。

⑥ 动力设施应尽量靠近负荷中心。

⑦ 厂内人行道距离应最短，并尽可能避免与货运线路交叉，特别是在工作紧张及行人往返多的地段内。

⑧ 厂区的管线网，除必须转弯外，应尽可能取直，不应在铁路和道路路基下面敷设各种管线，集中埋放地下管线地带应位于建筑物和道路之间。

⑨ 布置建筑物时应考虑日照方位及主导风向，应保证室内天然采光、自然通风及防止日照辐射热的投入，若有往大气中大量排出煤气、烟、灰尘及不良气体的建筑物，当主导风向非常明显时，该建筑物须布置在其他建筑物的下风侧。

⑩ 必须根据工厂的发展预先考虑将来扩建的可能，以便在用少量的投资，不影响工厂的正常生产，不改变原有总平面图的设计意图和不拆毁较大建筑物、构筑物的条件下，达到扩建的目的。

⑪ 根据地形起伏、工程地质和水文地质等条件，把主要建筑物、构筑物布置在条件好的地段，以节约建设投资。

⑫ 应满足运输线路、防火卫生条件及工程技术管线的要求。

⑬ 应使厂内外铁路、公路、动力线路、卫生工程线路和本地区的其他设施连接合理，工厂与住宅区的联系方便。

⑭ 易燃、可燃和燃料仓库必须布置在生产性建筑物和构筑物的下风侧，经常散出大量火花以及有明火源的车间，均应布置在易燃、可燃和燃料仓库的下风侧。

⑮ 合理地选择建筑型式，使之便于生产并缩小工厂占地面积，缩短工程技术管线及运输线路。

⑯ 厂区内不允许修建医疗所，消防、警卫人员宿舍和运动设施等，但某些设施可设在厂区外的防护区内。

⑰ 规模较大的企业分期建设时，必须尽量缩减第一期工程的占地面积和生产作业线长度，以降低工厂的建设投资和经营费用。

⑱ 工厂总平面图应有合理的艺术性，建筑物和构筑物应与周围的环境及建筑物相配合，外观轮廓和道路系统平直整齐，各个建筑物相互协调，适当的美化绿化使工厂成为一个建筑艺术的整体。

⑲ 建筑物、构筑物应作行列式或节间式布置，并应与建设场地的长轴或短轴线平行或呈一小角度。

综上，总平面布置应该布置紧凑，用地省，流程布置合理，功能明确，并能适应交通运输，综合兼顾防火、绿化和未来发展。总平面布置将直接影响建设费用、运行费用和管理。

下面以城市给水厂为例，具体展开介绍一下总平面布置中一些注意事项。

(1) 安全与灾难方面的注意事项

① 自然原因　在进行可靠的工厂设施的位置、设计和运行规划时，必须考虑到可能发生的自然灾害，如龙卷风、地震、火灾和洪涝灾害等。这些因素可能会影响处理厂位置的选择和设计。例如，通过为工厂设施选择适当的标高、将选址远离百年一遇洪水边界的位置，或者通过设计保护墙、密封的水密门和其他功能部件防止洪水进入工厂内的关键位置，可以将洪涝灾害的影响降至最低。

通过选择适合工厂位置的结构设计标准，可以在一定程度上抵消地震的灾难性影响。在建设供水设施时，必须完全避免一些易液化的土壤，或者可以使用失效模式与效应分析(FMEA) 方法和其他技术，如决策分析，对厂址进行评估，以实现一个经济有效的基础设计解决方案，如部分地基改进。

② 人为原因　人为灾害也会影响工厂设计，必须加以考虑。这种灾难既可以来自工厂外部，也可以来自工厂内部，例如氯泄漏、罢工、内乱、蓄意破坏、爆炸、火灾和飞机失事等。在工厂设计中，这些灾难的发生大多无法预测，除非从脆弱性的角度来考量，工厂外部发生的蓄意破坏、飞机事故、火灾或爆炸都可以通过这种方式进行评估。对工厂通道进行控制和提供工厂安全监管可以在一定程度上减轻破坏。在工厂设计过程中，与当地消防部门和警察的协调也是必要的，这有利于他们快速进入工厂而不受到例如上锁的大门等障碍，以协助在安全威胁情况下的工厂人员。在水厂设计中配备完善的视频安全监控系统也逐渐变成一个必需品。

通过对工厂厂址仔细定位或者提供备用的饮用水供应方式，可以有效减少因在厂区内发生事故或灾害而没有饮用水供应的风险。通过在工厂现场充分储存化学品和其他材料，可以减少人为因素的影响。具备现场生产条件的一些关键化学物质如氯消毒剂，可以减少工厂对卡车或铁路运输的依赖。虽然消毒剂的供应是必要的，但是拥有大量的氯化钠库存比以液态或气态形式储存氯更为简便和安全。通过在处理危险材料方面建立适当的设计保障措施，可以增强工厂内对爆炸和火灾的应对。工厂管理部门为保护操作和维护人员而设置的全面的安全程序也是防止厂内事故的关键因素。

(2) 供水可靠性　工厂设计的主要问题之一就是保证原水水源充足，以便为工厂提供所必需的足量原水。河流、蓄水池或井场的可用流量或产量必须大于等于工厂的设计流量外加处理过程中预估的流量损失之和。一些工厂有两个或两个以上的供应来源，例如，除了河流取水口外，还有一个井场，这样不仅可以提高供水的可靠性，而且还提供了在寒冷气候下改善供水性能的可能性，因为随着温度的下降，地表水将变得更加难以处理。此时，将较温暖的地下水与寒冷的地表水混合，通常会得到更为可靠处理的水源。

另一个可以增加供水可靠性的途径是在取水构筑物上设置多个进水口，或者在一个沉井式进水口上设置多个屏障。对于河流供水而言，设置多个进水口可以消除某一个进水口被冰或碎片堵塞的问题。蓄水池取水口上的多个进水口可以提供不同水质的水，从而尽可能提高生产最佳水质的水的能力。在寒冷气候地区，应考虑多个进水口或地表水取水口的其他特殊设计特征，以保证进水速度在 0.15m/s 以下，以减少磨损冰的形成。

(3) 工艺流程可靠性　某个特定处理单元工艺的固有可靠性只是选择工艺流程的一个考虑因素，工艺效率以及其他因素都对工艺选择极为重要。当系统为完成特定功能而配置的单元操作数量减少时，单元工艺的可靠性就变得更加重要。例如，若某一关键流程仅配备两个单元工艺，工艺的可靠性必须作为设计的首要考虑因素。美国许多州就规定每个主要负责满足饮用水水质标准的单元工艺至少有两个组成单元。例如，地表水供水工艺至少包含快速混合、絮凝、澄清和过滤操作。除非工厂的规模另有规定，通常曝气去除二氧化碳、固废清洗处理设施和污泥处理过程在可靠性方面不做至少需要两个组成单元的要求。另外一些特例就是特定化学药剂的投加，如用于氟化的氟化物和用于控制腐蚀和结垢控制的六偏磷酸盐。

工艺设备的附件也需要具备足够的可靠性，这些附件主要包括流量计、阀门、化学药剂给药设备、泵、仪器仪表和控制部件、液位控制、管道、浊度和其他过程检测设备，以及水厂服务系统等。水处理设施的基本原理应该是，任何单一结构、机械或电气设备、管道元件或阀门故障都不应该使整个设施停止运行。

(4) 公用设施可靠性

① 电力　电源的可靠性会严重影响水厂的可靠性，没有电力，所有的机械设备和电气设备将停止工作。电气和电子工程师学会（IEEE）标准中给出了选择应急和备用电力系统的建议和标准，电源的可靠性从高到低排序如下：①两个独立的 13.8kV 电源；②单个 11.5kV 电源配备两个馈线至 13.8kV；③单个 13.8kV 电源。我国在电力系统可靠性设计与应急备用电源配置方面已制定完善的技术标准体系，相关要求与 IEEE 标准存在技术衔接，同时结合国情有更严格的规定。例如，《供配电系统设计规范》（GB 50052—2009）明确规定一级负荷必须由双重电源供电，特级负荷需在双重电源基础上增设应急电源作为第三电源，并禁止特级负荷采用单电源供电，常规一级负荷允许单电源但需配置备用发电机组。

如果电力公司无法提供两个独立电源，这时可能需要通过汽油、天然气或者柴油发电机提供备用电源，以确保水厂在停电期间仍保持一定的运行能力。备用电源的尺寸必须满足启动大型电机的同时启动电压下降和电流电涌的要求。开关设备/断路器低压跳闸设置可以设置为全电压的85%，在停电期间用电紧张的情况下，意外的电机跳闸可能导致水处理设备无法启动。一些负载如计算机或PLC控制系统等随时可能需要电源，需要使用不间断电源(UPS)。

配电设备不得位于地面以下可能发生洪水的区域。

② 化学品库存　在水厂现场保存充足的化学品库存对保持水厂的可靠性至关重要。库存容量应足以确保产水量在设计流量下持续一段时间。在某些情况下，进入水厂的通道情况可能决定了库存需求，例如，水厂内唯一的通道道路位于洪水易发地区。最近的化学品来源的位置也可能影响化学品库存要求。在设计时，应考虑化学品库存的位置和保存措施，使其免受安全威胁。

现场生产化学品可能在保持水厂可靠性方面具有优势。以臭氧消毒为例，该工艺仅需电力和空气作为原料，无需外部化学药剂输送，生产过程完全自主可控。同样，现场制备次氯酸盐也能显著提高系统可靠性，不仅消除了危险化学品运输环节的风险，还减少了厂区内的危化品存储需求。此外，与电源供应一样，系统的完整性也是至关重要的。如果一个输送机、输送泵、给料机或其他部件可以阻止某一关键化学品的使用，那么水厂现场拥有足够的化学品供应的益处就无法凸显。

3.3 总平面布置的步骤与实践经验

3.3.1 总平面布置的步骤

总平面布置的步骤一般为收集资料、准备、设计、确定完善四个阶段。

在收集资料阶段，需要收集工厂的生产工艺流程，工厂组成，生产特点和各个建筑物、构筑物、堆场及其他设施之间的生产联系，厂址场地地形，工程地质、水文地质和气象，厂区周围环境，居住区，交通运输、电力、动力、水源条件以及卫生、防火、地震等方面的资料，然后进行总平面及运输设计工作。

在准备阶段，需进行厂区的划分。一般按功能划分厂区，可分为主要生产区，辅助生产区，仓库、堆场区，动力区和厂前区。并确定它们之间的位置。还需绘制各建筑物、构筑物和堆场的面积和形状，一般可选择方形或圆形。还需选定厂内外和车间相互之间的运输方式和运输设施，合理组织和规划人行道网和车行道网的宽度。

在设计阶段，需绘制总平面布置图的设计方案，要求平面布置结构紧凑，建筑物轮廓力求简单规正，沿建筑红线布置建筑物，并充分考虑扩建与改建需求，注意防火卫生要求。按照平面设计方案，绘制运输线路并确定竖向布置的方式与方法。

在确定完善阶段，需进行各方案的分析比较，在所考虑的各种方案中选定经济合理的最佳方案。在已选定方案的基础上，作进一步详尽的总平面及运输设计，即具体的总平面布置、交通运输和竖向布置。

3.3.2 总平面布置的实践经验

3.3.2.1 污水处理厂平面布置

生活污水的来源及组成见表3-3。

表 3-3　生活污水来源及组成

项目	比例	项目	比例
冲厕	20%～38%	洗涤	12%～25%
洗浴	30%～38%	其他	4%～12%
炊事	9%～15%		

（1）水处理构筑物、设备的布置　水处理构筑物包括格栅井、沉砂池、沉淀池、消化池、污泥池等；水处理设备包括构筑物附属泵房及鼓风机房等。

按工艺过程的顺序，水处理构筑物及设备的布置应紧凑，但也要留有必要间距；连接构筑物的管渠应简单、便捷，尽量为直线，而无返回流动；应根据地形进行高程布置，确定标高，利用重力流动，减少运行费用。

（2）厂内管线布置　应能使各处理构筑物（单元）独立运行，即某一处理单元因故停止运行时，其他单元仍可正常运行；应满足紧急排放要求；应平行布置，不穿越空地；应易于检查与维修。

（3）辅助建筑物布置　辅助建筑物包括泵房、鼓风机房、办公室、化验室、变电所、机修车间、仓库、食堂等。

鼓风机房应设于曝气池附近，变电所设于用电大户附近；锅炉房、煤气站附近不能有易燃、易爆车间；中心实验室、化验室应设于清洁卫生、无振动区。

（4）道路　以方便运输为原则布置。

（5）污水处理流程　城市生活污水处理流程如图 3-2 所示。

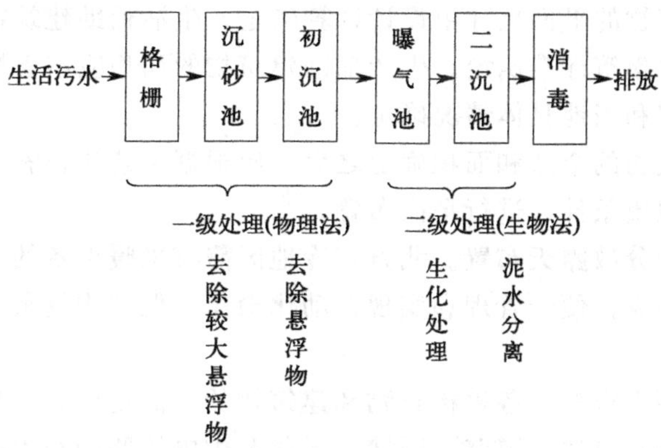

图 3-2　城市生活污水处理流程

污水处理厂布局的基本类型为线性、校园式和紧凑布局。每一布局各有优点和缺点。每种布局和与该种具体布局相关的优点和缺点的简要描述如表 3-4 所示，具体布局的选择取决于许多因素，包括可用地皮、地面条件和地形。

表 3-4　污水处理厂布局、优点和缺点的描述

布局类型	优点	缺点
线性布局：单元操作和工艺过程单元沿斜坡向下按序布局	概念简单； 相邻的处理单元能够通过管道或共用墙壁上端口液压链接； 通过修建并行工艺过程序列而轻松地扩大建设	化学品进料管线长； 气路管线长； 由于长距离导致的非理想操作条件，如流体动力学效率下降、能耗和碳排放增加、水质参数波动加剧等

续表

布局类型	优点	缺点
校园式布局:建筑结构相互独立而结构建筑之间存在明显间隔	便利通道使建设工作和维护工作容易; 可容纳差异性的沉降; 更好抵抗地震; 易于扩展; 操作安全	需要大面积; 厂内管线架设长导致高水头损失; 长程造成操作不便; 高施工成本; 需设置地下设施,维护检修难; 化学品进料管线布局复杂,泄露风险增大
紧凑布局:集成了类似的工艺过程单元和工艺过程的机械和设备,优化污水处理厂的运行	较低的面积要求; 高效运行; 短服务线和化学品进料线; 厂内管道短,水头损失少; 气味易控制; 厂内管道架设端布局紧凑,和相邻处理单元共用混凝土隔墙使得成本降低	维护困难; 服务拥挤; 存在安全问题

3.3.2.2 给水处理厂平面布置

给水厂的基本组成分为两部分：第一部分为生产构筑物和建筑物，包括处理构筑物、清水池、二级泵房、药剂间等；第二部分为辅助建筑物，其中又分生产辅助建筑物和生活辅助建筑物两种，前者包括化验室、修理部门、仓库、车库及值班宿舍等，后者包括办公楼、食堂、浴室、职工宿舍等。

生产构筑物及建筑物的平面尺寸由设计计算确定。生活辅助建筑物的面积应按水厂管理体制、人员编制和当地建筑标准确定。生产辅助建筑物的面积应本着勤俭办企业的精神，根据水厂规模、工艺流程和当地具体情况确定。

当各构筑物和建筑物的个数和面积确定之后，应根据工艺流程和构筑物及建筑的功能要求，结合水厂地形和地质条件，进行平面布置。

处理构筑物一般均分散露天布置。北方寒冷地区需有采暖设备的，可室内集中布置。集中布置比较紧凑，占地少，便于管理和实现自动化操作，但结构复杂，管道立体交叉多，造价较高。

水厂平面布置主要内容有：各种构筑物和建筑物的平面定位；各种管道、阀门及管道配件的布置；排水管（渠）布置；道路、围墙、绿化及供电线路的布置等。

做水厂平面布置时，应考虑下述几点要求：

① 布置紧凑，以减少水厂占地面积和连接管（渠）的长度，便于操作管理。如布置沉淀池或澄清池应紧靠滤池，二级泵房应尽量靠近清水池。但各处理构筑物之间应留出必要的施工和检修间及管（渠）道占地。

② 充分利用地形，力求挖填土方平衡以减少填、挖土方量和施工费用。例如沉淀池或澄清池应尽量布置在地势较高处，清水池尽量布置在地势较低处。

③ 各构筑物之间连接管（渠）应简短、便捷，尽量避免立体交叉，并考虑施工、检修方便。此外，应设置必要的超越管道，以便某一构筑物停产检修时，可以采取应急措施保证必须供应的水量。

④ 滤池或澄清池排泥及滤池冲洗废水排出应方便。力求重力排污，避免设置排污系统。

⑤ 厂区内应有管、配件等露天堆场，滤池附近应留有堆砂和翻砂场，锅炉房附近应有

堆煤场，并考虑上述堆场运输方便。

⑥ 建筑物布置应注意朝向和风向。如加氯间和氯库应尽量设置在水厂主导风向的下风向，泵房及其他建筑物尽量布置成南北向。

⑦ 有条件时（尤其是大水厂）最好把生产区和生活区分开，尽量避免非生产人员在生产区通行和逗留，以确保生产安全。

⑧ 应考虑水厂扩建的可能，留有扩建余地。对分期建造的工程，应考虑分期施工方便。

厂内道路按下列标准设计：通向一般建筑物的铺设人行道，宽度为 1.5～2.0m，采用碎石、炉渣、灰土等路面；通向仓库、检修车间、堆砂场、堆煤场、管件堆置场、泵房、变电所等主要建筑物的铺设车行道，路面宽度为 3～4m，转弯半径为 6m，纵坡不大于 3%，应有回车的可能，采用沥青、混凝土、碎石、灰土、炉渣等路面。

水厂应充分绿化，绿化面积不宜少于水厂总面积 20%，应设置围墙，墙高一般为 2.5m 左右。

水厂平面布置一般均需提出几个方案进行比较，以便确定在技术经济上较为合理的方案。图 3-3 为某给水厂平面布置示意图。该水厂设计水量为 60000m^3/d，分两期，第一期和第二期工程各 30000m^3/d。第一期工程建两座脉冲澄清池、一组双虹吸快滤池（5 个池）及一座圆形清水池，冲洗水箱置于滤池操作室屋顶上，第二期工程同第一期工程。主体构筑物分期建造（虚线为第二期工程），水厂其余部分一次建成，全厂占地面积约 21 亩（1 亩＝666.67m^2），生产区和生活区距离较远，可以分开布置。水处理构筑物布置较紧凑，但其余部分间距尚可缩短以节约用地。

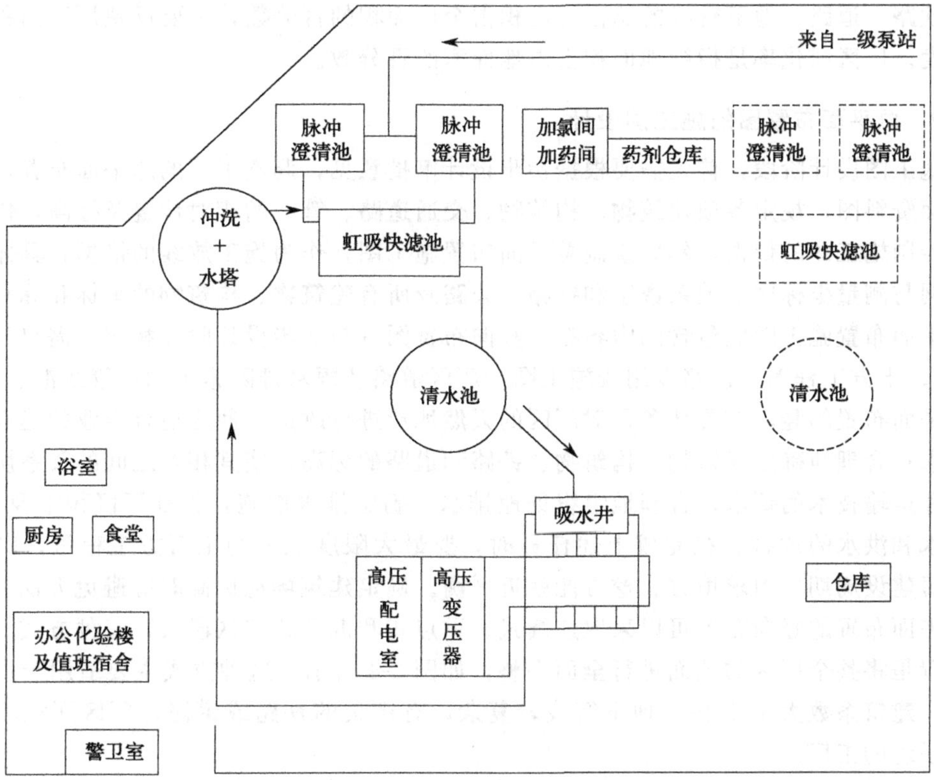

图 3-3　某给水厂平面布置图

3.4 总平面布置图的内容、要求及绘制

3.4.1 总平面布置图的内容和要求

总平面布置图分为初步设计和施工图设计两个阶段。

3.4.1.1 总平面布置图的初步设计

在调整、补充、完善工厂总平面轮廓图的基础上，绘制工厂总平面布置图，其通常的比例为 1∶500、1∶1000 或 1∶2000，作为初步设计主要附图之一，由总图专业（环境工程）人员完成。

工厂总平面布置图应包含的内容有：厂区地形测量坐标网和等高线；厂区设计坐标网；所有建筑物和堆场的平面位置、名称、设计地坪标高，铁路和道路的平面布置和设计标高等；工厂总平面设计的主要技术指标和风向玫瑰图。

工厂总平面设计的主要技术指标有：厂区面积（m^2）；建筑面积（m^2）；厂区建筑系数（%）；厂区利用系数（%）；铁路长度（km）；道路长度（km）；围墙长度（km）；绿化面积（%）。其中厂区建筑系数是指建筑物、构筑物和堆场的面积总和占全厂面积的百分数，主要反映厂内建筑的密度。厂区建筑系数太高，表示厂区建筑分布太密，可能对防火、卫生和生产经营管理有不利影响；厂区建筑系数太低，表示厂区建筑物分布太疏，既浪费用地又增加车间之间运输和管线等的投资和经营管理费用。厂区建筑系数一般在 22%～30%之间，工厂扩建后，厂区建筑系数一般在 27%～35%之间。厂区利用系数是指建筑物、构筑物、堆场、铁路、道路、地下管线的总占地面积占全厂面积的百分数，主要反映厂区面积有效利用的程度。厂区绿化率是指绿地面积占占地面积的百分数。

3.4.1.2 总平面布置图的施工图设计

在施工图设计阶段，首先需要根据初步设计审批意见，调整工厂的总平面布置，绘制工厂总平面资料图，规定各项建筑物、构筑物、交通道路、管线的相对位置及标高，作为各专业人员绘制施工图的依据，然后绘制总平面布置施工图，作为施工放线的依据，具体表示设计坐标网与测量坐标网的关系数字和铁路、公路及所有建筑物、构筑物的坐标和标高数字。

总平面布置施工图应包含的内容有：竖向布置图（与初步设计阶段相比，需要重点深化的内容）；土方工程图；铁路专用线施工图；厂区道路及雨水排除施工图；管线汇总施工图。

总平面布置的竖向布置任务是对厂区的天然地形进行改造，使之适合企业的建设和生产经营要求；合理地确定建筑物、构筑物、铁路和道路的标高，使其相互之间的关系协调，满足生产和运输技术的要求；合理地组织场地排水，确定排水措施，保证厂区积水及时排出，不受雨水和洪水的危害。在完成上述任务时，要最大限度地节约土石方工程量，以节省投资、缩短建设周期。力求填方、挖方能就近平衡。确定建筑场地标高时应避免大挖、大填。

总平面布置的竖向布置可以采取连续式、重点式和混合式（区段式）三种方式。连续式竖向布置是将整个厂区的地面进行全面平整，如图 3-4 所示。这种方式主要适用于厂区建筑密度大，建筑系数大于 25%，地下管线较复杂，有密集的铁路或道路，厂区面积不大和地形比较平坦的工厂。

重点式竖向布置如图 3-5 所示。这种布置方式只是平整建筑物、构筑物及其他工程有关地段和为了排水所必须整平的区域，厂区的其余部分仍保留自然地形。采用重点式竖向布置

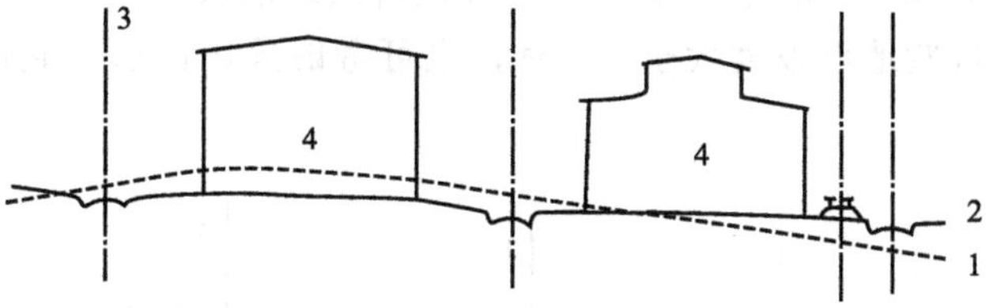

图 3-4　连续式竖向布置

1—自然地面；2—整平地面；3—道路中心；4—厂房

的厂区道路一般为尽头式（尽端式），其末端封闭并设置专用功能区衔接平台，与主干道形成单向交通网络，且设有明沟排水。这种布置方式一般适用于厂区建筑密度不大，建筑系数小于 15%，运输线路及管线较简单且自然地形起伏较大的工厂。

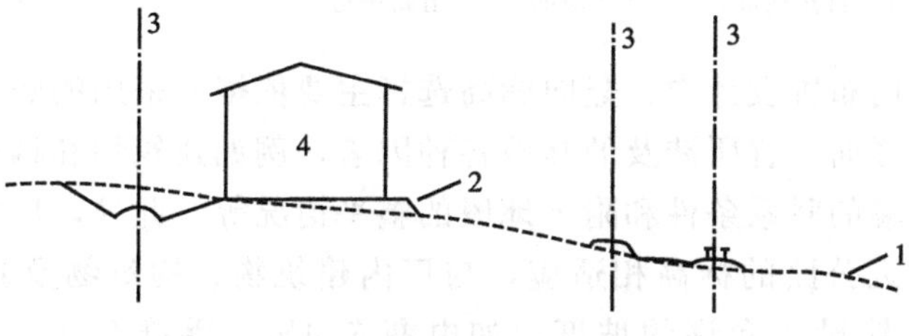

图 3-5　重点式竖向布置

1—自然地面；2—整平地面；3—道路中心；4—厂房

混合式竖向布置也称为区段式竖向布置，在整个厂区内预先按地段分出连续和重点两种布置方式。这种竖向布置方式可以在大中型工厂中采用。因场地大，可按上述两种系统分区布置。

上述三种布置方式应视厂区自然地形及生产工艺特点而定，其中厂址的地质构造对竖向布置方式有很大影响。

在进行总平面布置的竖向布置时，常用的地面连接方法有平坡法和阶梯法。

平坡法将设计地形整平为向一个方向或几个方向倾斜的整平面。在各个主要平面连接处，设计坡度与设计标高没有急剧的变化，如图 3-6 所示。此法一般适用于厂区较宽和自然地形坡度不大于 2%的地面。当厂区宽度很小，自然地形坡度虽然达到 3%～4%，也可采用平坡法。

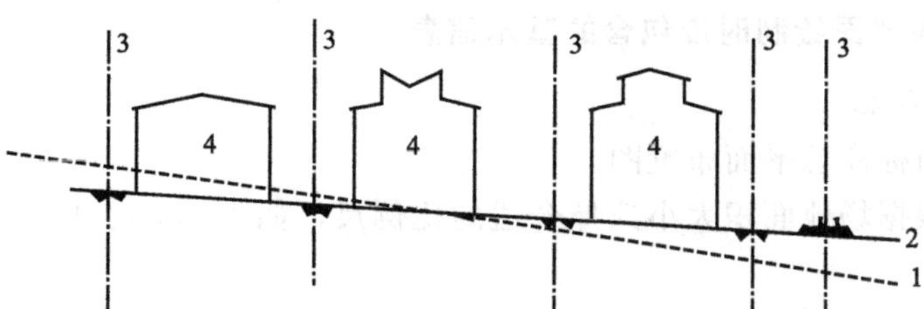

图 3-6　平坡式连接

1—自然地面；2—整平地面；3—道路中心；4—厂房

当两个连接的整平面高差较大，整平面的连接处采用陡坡式挡土墙的连接方法称为阶梯法，如图 3-7 所示。阶梯法一般适用于厂区布置在自然地形坡度大于 3%～4%的地区。当厂区宽度超过 500m 且自然地形坡度大于 2%时，也可考虑采用此法。它的主要优点是可以节省土方工程量。

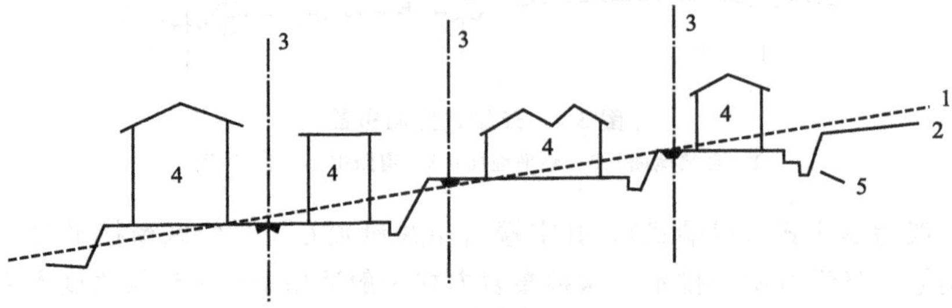

图 3-7　阶梯式连接

1—自然地面；2—整平地面；3—道路中心；4—厂房；5—挡水沟

总平面布置的竖向布置设计中，竖向标高选择主要依据所采用的竖向布置方式、主要整平面的连接方法以及竖向布置所涉及的其他各种因素，例如建筑物和构筑物的地坪标高、城市干道标高、交通运输的联系条件和附近地段的整平情况等。此外，厂区的铁路、道路的标高要与国家铁路和附近公路的标高相适应，与厂内建筑物、构筑物及其他设施的标高相协调，还要满足各种运输设备允许的坡度，如电瓶车 4%、手推车 1.5%，汽车 8%和火车 2%，如果条件困难时，不得大于 8%。场地的水文地质条件也会影响竖向标高的选择。

3.4.2　总平面布置图的绘制

3.4.2.1　总平面布置图绘制的注意事项

绘制总平面布置图时，应注意以下几点。

① 遵循规范：遵守国家及地方的相关规划、建筑、交通、环保等法规和规范。

② 协调统一：确保图纸中的各项内容协调统一，避免出现矛盾或重复。

③ 清晰易懂：图纸应清晰明了，易于阅读和理解。

④ 便于修改：在绘制过程中应考虑未来可能的修改和变更需求。

⑤ 审核确认：完成总平面布置图后应进行审核确认，确保其准确性和合理性。

二维码 3-1：污水处理厂平面布置的相关规定

3.4.2.2　总平面布置图绘制时应包含的基本信息

(1) 图纸基础信息

① 图名：清晰标注总平面布置图。

② 比例尺：根据场地面积大小选择合适的比例尺，如 1∶500、1∶1000 等。

③ 指北针或风向玫瑰图：明确图面方向，便于阅读。

④ 图例：列出图中所有符号和线条的说明，应使用统一规范的图例，并且图例的位置通常在图纸的一角或旁边，并附有明确的标题和参考编号，确保图面清晰易懂。

二维码 3-2：常见的总平面布置图的图例

(2) 场地概况

① 地形地貌：用等高线、高程点等方式表示场地的高低起伏。

② 地质条件：标注可能影响建设的地质现象，如断层、滑坡等。

③ 周边环境：标明周边道路、水系、山体、植被等自然及人文环境。

(3) 构筑物布置

① 构筑物位置：准确标出各建筑物的轮廓和位置。

② 构筑物功能：通过图例或文字标注建筑物的使用功能。

③ 构筑物间距：合理确定建筑物之间的间距，满足防火、通风、采光等要求。

④ 构筑物朝向：根据功能要求和气候条件确定建筑物的朝向。

(4) 交通组织

① 道路系统：设计合理的道路网络，包括主干道、次干道、支路等。

② 交通流线：标明人流、车流的流线，避免交叉干扰。

③ 停车场：合理规划停车场的位置和规模，满足停车需求。

④ 公共交通设施：标注公共交通站点、出租车停靠点等位置。

(5) 绿化与景观

① 绿地系统：规划合理的绿地系统，包括集中绿地、带状绿地等。

② 景观节点：设置具有特色的景观节点，如雕塑、喷泉等。

③ 植被选择：根据气候、土壤等条件选择合适的植被种类。

④ 景观照明：设计合理的景观照明系统，增强夜间景观效果。

(6) 管线与设施

① 给排水系统：标明给水、排水管道的走向和位置。

② 电力电信系统：绘制电力、电信管线的路由图。

③ 供热燃气系统：规划供热、燃气管道的敷设路线。

④ 公共设施：如消防设施、环卫设施、照明设施等的布置。

(7) 技术经济指标

① 用地面积：计算并标注总用地面积、建筑占地面积等。

② 建筑密度：计算建筑密度，以反映场地利用强度。

③ 容积率：计算容积率，以评估场地空间开发潜力。

④ 绿化率：计算绿化率，以反映场地绿化水平。

⑤ 停车指标：计算停车泊位数，以满足停车需求。

【例3-1】 已知某污水处理厂主要采用CASS工艺。其水处理流程为：粗格栅渠—提升泵房—细格栅渠—涡流式沉砂池—配水井1—配水井2—CASS反应池—接触池—曝气生物滤池—配水井3。其污泥处理工艺流程为：贮泥池—污泥浓缩脱水机房。各构筑物尺寸如下：粗格栅渠，5.0m×2.6m×6.85m(H)，2座；提升泵房，6.0m×5.0m×12.35m(H)；细格栅渠，3.35m×3.3m×1.1m(H)，2座；涡流式沉砂池，直径2.5m×4m(H)，2座；配水井1，2.5m×1.5m×1.5m(H)；配水井2，1.5m×1.5m×1.5m(H)，2座，远期增加2座；CASS反应池，65.0m×15.0m×5.5m(H)，远期增加4座；接触池，19.0m×9.0m×2.8m(H)，远期增加1座；曝气生物滤池，15.1m×13.4m×4.6m(H)，远期增加1座；配水井3，4m（直径）×1.5m(H)；鼓风机房，20.0m×8.5m×7.5m(H)；加药间，16.0m×8.0m×5.0m(H)；贮泥池，7.1m×7.1m×3.5m(H)；污泥浓缩脱水机房，20.0m×13.0m×7.5m(H)；污泥堆棚，13.0m×6.0m×6.0m(H)；变配电间，15.0m×10.0m×5.0m(H)。污水厂所在场地、风玫瑰和地形图如图 3-8 所示，试将这一工艺设计的方案进行总平面初步布置/设计。

【解】 污水处理厂的总平面布置如图 3-9 和图 3-10 所示。

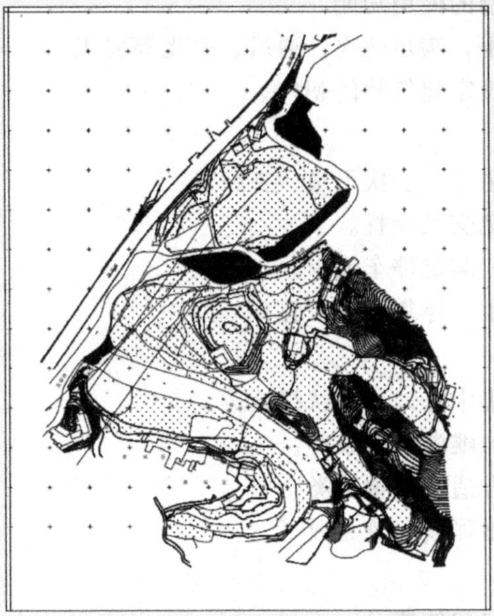

图 3-8 某污水处理厂场地地形图

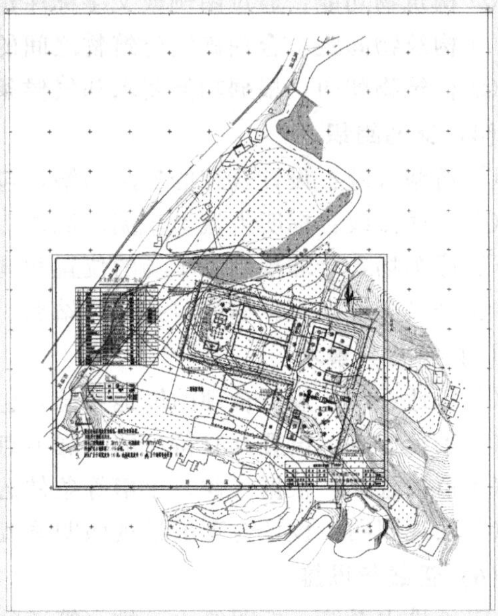

图 3-9 某污水处理厂位置图

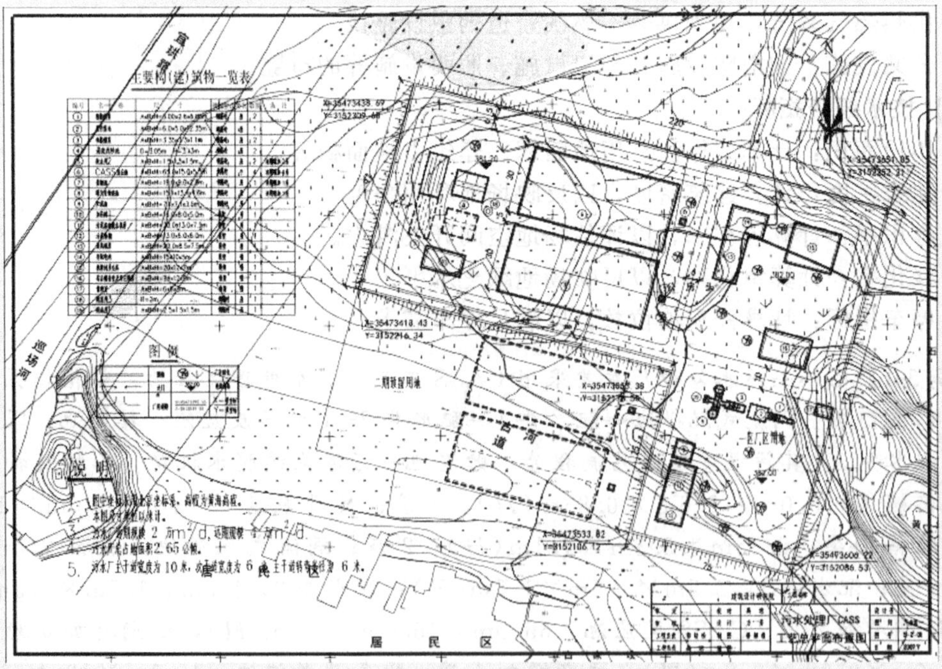

图 3-10 污水处理厂 CASS 工艺总平面布置图

练习与思考

已知某污水处理厂主要采用 SBR 工艺。其污水处理流程为：进水闸井—粗格栅井—提升泵房—计量井—细格栅渠—旋流式沉砂池—配水井—SBR 池。其污泥处理工艺流程为：砂水分离器—贮泥池—污泥浓缩脱水—滤液除磷池。

各构筑物尺寸如下：进水闸井，2.0m×4.0m×7.0m(H)；粗格栅井，7.0m×4.0m×7.0m(H)；提升泵房，12.0m×9.0m×9.0m(H)；计量井，直径 0.8m×1.5m(H)，2 座；细格栅渠，9.0m×4.0m×1.5m(H)，2 座；旋流式沉砂池：直径 2.65m×4.5m（H），2 座；配水井：4.0m×2.0m×1.5m(H)；SBR 池：64.0m×40.0m×5.0m(H)，4 座；鼓风机房：27.0m×9.0m×8.0m(H)；砂水分离器：直径 1.5m×3.0m(H)，2 座；贮泥池：6.0m×6.0m×5.0m(H)；污泥浓缩脱水间：27.0m×12.0m×5.4m(H)；污泥堆棚：12.0m×9.0m×5.4m(H)；滤液除磷池：5.0m×3.0m×4.0m(H)。

试将这一工艺设计的方案进行总平面初步布置/设计，要求：绘制平面布置草图，手绘或 CAD 均可，场地形状和大小、风玫瑰和地形高低可自行设定。

第4章

污染源源强的计算及物料衡算

内容提要

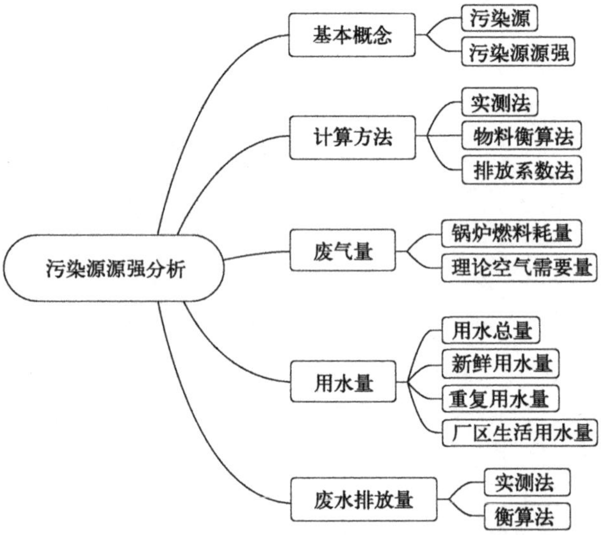

学习目标

知识目标

掌握污染源及污染源源强的相关概念；

了解典型污染源调查的主要内容；

深入理解和掌握污染源源强的计算方法和物料衡算的原理和步骤。

能力目标

能够进行污染源源强的分析；

能够进行典型过程中的污染源源强计算。

素质目标

培养工程分析计算能力，培养在未来的工作中独立解决复杂环境工程问题的能力。

导读

工程分析计算助力环境工程实践

工程分析计算能力是指在工程领域中，运用数学、物理、力学等多学科知识，结合工程实际需求，对工程项目进行分析、建模和计算的能力。在环境工程领域，工程分析计算不仅是解决实际问题的重要工具，更是培养学生实践能力和创新精神的关键环节，是环境工程设计和实践中的核心技能。它涉及对污染源的源强计算、工艺设计、物料衡算、能量衡算等多个方面。准确的工程分析计算能够为环境影响评价、污染治理和环境管理提供科学依据，确保环境工程项目的高效、安全和可持续运行。

工程分析计算能力在环境工程实践中具有重要的作用。例如，通过精确的数学模型和数值模拟，为环境工程项目的决策提供科学依据。在工程设计阶段，利用计算工具进行优化设计，能够提高工程效率和经济性。在环境管理中，运用数值计算和模拟技术，可以实时监测和预测环境质量变化。良好的工程分析计算能力不仅能够帮助工程师更好地理解和解决环境问题，还能为环境保护和可持续发展提供有力支持。

工程分析计算在工艺设计中起着关键作用。通过物料衡算和能量衡算，可以优化工艺流程，提高资源利用效率，减少污染物排放。例如，在污水处理厂的工艺设计中，通过计算各处理单元的物料平衡和能量平衡，可以确定最佳的处理工艺和设备选型，确保污水处理厂的高效运行。

污染源的源强计算是环境工程设计的基础，它涉及对污染源排放强度的量化评估，包括废气、废水、废渣等污染物的排放量和排放特征。通过工程分析计算，可以精确核算污染源的排放强度，为污染治理工程的设计和优化提供数据支持，有利于保护环境，实现可持续发展。例如，在建设项目环境影响评价中，通过计算污染源的排放强度和污染物的扩散范围，可以评估项目对大气、水体和土壤的环境影响，提出相应的污染防治措施。在废气处理设计中，准确计算废气的排放量和污染物浓度，可以帮助选择合适的废气处理工艺，确保废气达标排放。在污水处理厂的设计中，通过源强计算确定污水的流量和污染物浓度，可以优化污水处理工艺，提高处理效果，实现节能减排和资源循环利用。

4.1　污染源及污染源源强的概念

4.1.1　污染源

污染源是指对环境产生污染影响的污染物的来源。在开发建设和生产过程中，凡以不适当的浓度、数量、速率进入环境系统而产生污染或降低环境质量的物质和能量，称为污染物。由污染源向环境中排放污染物是造成环境问题的根本原因。根据污染物的来源、特征，污染源的结构、形态和调查研究目的的不同，污染源可分为不同的类型。污染源类型不同，对环境的影响方式和程度也不同。

根据污染物产生的主要来源，可将污染源分为自然污染源和人为污染源。其中人为污染源又可分为生产性污染源（工业、农业、交通、科研）和生活性污染源（住宅、医院、商业）。

根据环境要素的影响，污染源可分为大气污染源、水体污染源（地表水污染源、地下水污染源、海洋污染源）、土壤污染源和噪声污染源。

按污染源几何形状可分为点源、线源和面源。

按污染物的运动特性可分为固定源和移动源。

按对环境造成影响的程度，可分为对环境可能造成重大影响的污染源、对环境可能造成轻度影响的污染源以及对环境影响很小的污染源。

对环境可能造成重大影响的污染源，指符合下列任一条件的建设项目：①所有流域开发、开发区建设、城市新区建设和旧区改建等区域性开发项目；②可能对环境敏感区造成影响的大中型建设项目；③污染因素复杂，产生污染物种类多、产生量大，产生的污染物毒性大或难降解的建设项目；④造成生态系统结构的重大变化或生态环境功能重大损失的项目以及影响到重要生态系统、脆弱生态系统，或有可能造成或加剧自然灾害的建设项目；⑤易引起跨行政区污染纠纷的建设项目。

对环境可能造成轻度影响的污染源，指符合下列条件的建设项目：①不对环境第三区造成影响的中等规模的建设项目以及可能对环境敏感区造成影响的小规模建设项目；②污染因素简单、污染物种类少、产生量小但毒性较低的中等规模的建设项目；③对地形、地貌、水文、植被、野生珍稀动植物等生态条件有一定影响但不改变生态环境结构和功能的中等规模以下的建设项目；④污染因素少，基本上不产生污染的大型建设项目；⑤在新、老污染源均达标排放的前提下，排污量全面减少的技改项目。

对环境影响较小的污染源，指符合下列条件的建设项目：①基本不产生废水、废气、废渣、粉尘、恶臭、噪声、振动、放射性、电磁波等不利影响的建设项目；②基本不改变地形、地貌、水文、植被、野生珍稀动植物等生态条件和不改变生态环境功能的建设项目；③未对环境产生影响的第三产业项目。

环境敏感区的界定规则如下：①需特殊保护地区，指国家或地方法律法规确定的、县级以上人民政府划定的需特殊保护的地区，如水源保护区、风景名胜、自然保护区、森林公园、国家重点保护文物、历史文化保护地（区）、水土流失重点预防保护区、基本农田保护区；②生态敏感及脆弱区，指水土流失重点治理及重点监督区、天然湿地、珍稀动物栖息地或特殊环境、天然林、热带雨林、红树林、珊瑚礁、产卵场、渔场等重要生态系统或自然资源；③社会关注区，指文教区、疗养地、医院等区域以及具有历史、科学、民族、文化意义的保护地；④环境质量已达不到环境功能区划要求的地区。

4.1.2 污染源源强

污染源源强指对产生或排放的污染物强度的度量，包括废气源强、废水源强、噪声源强、振动源强、固体废物源强等。

废气、废水源强是指污染源单位时间内产生的废气、废水污染物排出产生有害影响的场所、设备、装置或污染防治（控制）设施的数量。通常包括废气和废水污染源正常排放和非正常排放，不包括事故排放。

噪声源强是指噪声污染源的强度，即反映噪声辐射强度和特征的指标，通常用辐射噪声的声功率级或确定环境条件下、确定距离的声压级（均含频谱）以及指向性等特征来表示。

振动源强是指振动污染源的强度，即反映振动源强度的加速度、速度或位移等特征指标，通常用参考点垂直于地面方向的振级表示。

固体废物源强是指污染源单位时间内产生的固体废物的数量。

4.2 污染源源强的计算

在污染源调查与工程分析中都涉及污染物排放量、排放浓度等的计算，污染物排放量的计算是环境工程设计参数的基础，通常可以采用三种方法，即实测法、物料衡算法和排放系数法进行计算。这三种方法各有其特点，应用时可以根据具体情况，选择其中的一种方法进行污染物排放量的计算。

4.2.1 实测法

实测法是通过实际测量废水或废气的排放量及其所含污染物的浓度，计算其中某污染物排放量的方法。实测法常用公式如式(4-1) 所示：

$$G_j = Kc_jQT \tag{4-1}$$

式中　G_j——废水或废气中 j 种污染物的排放量，t；

Q——单位时间废水或废气的排放量，m^3/h；

c_j——第 j 种污染物实测浓度，mg/L 或 mg/m^3；

T——污染物排放时间，h；

K——单位换算系数，废水的 K 为 10^{-6}，废气的 K 为 10^{-9}。

如果污染源有几个排放口，每个排放口所排放的废水或废气中的污染物不止一种，则污染源中每种污染物的排放总量的计算公式如式(4-2) 所示：

$$G_j = \sum_{i=1}^{n} Kc_{ij}Q_iT \tag{4-2}$$

式中　G_j——第 j 种污染物的排放总量，t；

c_{ij}——第 i 个排放口、第 j 种污染物的实测浓度，mg/L 或 mg/m^3；

Q_i——第 i 个排放口的单位时间废水或废气排放量，m^3/h。

在式(4-1) 和式(4-2) 中，c_j 和 c_{ij} 都是污染物的实测浓度，也就是从实际测定中得到的数据，因而比其他方法更接近实际，比较准确，这是实测法的最主要的优点。但是实测法要求所测得的数据是具有代表性的，是准确的。因此，测定时常常不只测定一个浓度值，而是进行多次测定，获得多个浓度值。此时，污染物的实测浓度 c 的最终取值有两种情况：如果废水或废气流量只有一个测定值，而污染物的浓度反复测定多次，c 可取算术平均值；如果废水或废气流量与污染物浓度同时反复多次测定，此时废水或废气流量可取算术平均值，而污染物的浓度则取加权算术平均值。计算公式如式(4-3) 和式(4-4) 所示：

$$\bar{Q} = Q_1 + Q_2 + \cdots + Q_m = \frac{1}{m}\sum_{k=1}^{m} Q_k \tag{4-3}$$

$$\bar{c} = \frac{Q_1c_1 + Q_2c_2 + \cdots + Q_mc_m}{Q_1 + Q_2 + \cdots + Q_m} = \frac{\sum_{k=1}^{m} Q_kc_k}{\sum_{k=1}^{m} Q_k} \tag{4-4}$$

式中　$\bar{Q}$——废水或废气的平均流量，m^3/h；

c——污染物的实测浓度，mg/L 或 mg/m^3；

m——测定次数；

k——第 k 次的测定次数；

$\bar{c}$——污染物加权算术平均浓度，mg/L 或 mg/m^3。

【例 4-1】 某煤油厂共有两个排水口。第一排水口每小时排放废水 400t，废水中平均含油量为 650mg/L，酸为 85mg/L，COD 为 300mg/L；第二排水口每小时排放废水 500t，平均含油量为 100mg/L，酸为 10mg/L，COD 为 120mg/L。该厂全年连续工作，求全年排放的油量、酸量和污染物的量。

【解】 本题按式(4-2) 计算。

其中 $n=2$，$K=10^{-6}$，$T=365\times24=8760h$，则每年排放的油量 $G_{油}$ 为：

$G_{油}=(10^{-6}\times650\times400\times8760)+(10^{-6}\times100\times500\times8760)=2715.6(t)$

每年排放的酸量$G_{酸}$为：

$G_{酸}=(10^{-6}\times85\times400\times8760)+(10^{-6}\times10\times500\times8760)=341.64(t)$

每年排放的污染物的量$G_{污染物}$为：

$G_{污染物}=(10^{-6}\times300\times400\times8760)+(10^{-6}\times120\times500\times8760)=1576.8(t)$

4.2.2 物料衡算法

物料衡算法是对生产过程中所使用的物料情况进行定量分析的一种科学方法，它是根据质量守恒定律对某系统进行物料的数量平衡计算得出的。要进行物料衡算，首先要将研究对象同周围物体区分开来，通常将单独分割出来的研究对象称为系统，这样的系统必须建立明确的边界线。系统的边界线可以围绕设备节点、反应器、构筑物或流程图划分，可以是实际的界线或界面，如车间或工序的排出口，也可以是假想的，如设备或管道的进口或出口的截面。系统边界的正确选择对识别进出系统的所有物料的流向至关重要。在生产过程中，投入某系统的物料质量必须等于该系统产出物质的质量，即等于所得产品的质量和物料流失量之和，计算公式如式(4-5) 所示：

$$\sum G_{投入}=\sum G_{产品}+\sum G_{流失} \tag{4-5}$$

式中 $\sum G_{投入}$——投入物料总量，t；

$\sum G_{产品}$——所得产品总量，t；

$\sum G_{流失}$——物料和产品流失总量，t。

式(4-5) 既适用于整个生产过程的总物料衡算，也适用于生产过程中任一步骤或某一生产设备的局部物料衡算。不论进入系统的物料是否发生化学反应，或是化学反应是否完全，这个公式都是成立的。

进出系统过程中不发生化学反应的化合物被称为保守型物料，即化合物质量是真正守恒的。这些化合物不受化学或生物反应的影响，例如氯离子、氟化物、钠和示踪染料。非保守型物料，如 BOD、COD、TKN 进出系统中会消耗或生成，要在系统边界周围应用物料衡算方法，必须遵循以下步骤：

① 绘制系统边界，用箭头识别进出系统的物料的体积流量。所有已知或将要计算的质量流都必须跨越系统边界；

② 假设系统内的液体体积没有变化；

③ 假设系统内物料混合良好；

④ 确定要进行衡算的物料是保守型的还是非保守型的；

⑤ 确定该过程是稳态还是非稳态的；

⑥ 解决问题，非稳态过程需要求解其微分方程，稳态过程直接求解其代数解。

【例 4-2】某除尘系统，每小时进入除尘系统的烟气量Q_0为 12000m^3（标准状态），含尘浓度c_0为 2200mg/m^3，每小时收下的粉尘量G_2为 22kg，若不考虑除尘系统漏气影响，试求净化后的废气含尘浓度c_1。

【解】进入除尘系统的烟尘量

$$G_0=Q_0\times c_0=12000\times2200\times10^{-6}=26.4(\text{kg})$$

根据物料平衡公式（4-5），得 $G_0=G_1+G_2$，其中，G_1 为出口的粉尘量，G_2 为收下的粉尘量。则

$$G_1=G_0-G_2=26.4-22=4.4(\text{kg})$$

如果除尘系统不漏气，则

$$Q_1=Q_0=12000(\text{m}^3)$$

$$c_1=\frac{G_1}{Q_1}=\frac{4.4\times10^6}{12000}=366.67(\text{mg/m}^3)$$

【例 4-3】某化工厂年产重铬酸钠（$Na_2Cr_2O_7\cdot2H_2O$）2010t，其纯度为 98%，每吨重铬酸钠用铬铁矿粉（$FeO\cdot Cr_2O_3$）1440kg，铬铁矿粉中 Cr_2O_3 含量为 50%，重铬酸钠转炉焙烧率为 80%，含铬废水处理量为 75000m^3，处理前废水六价铬浓度 ρ_0 为 0.175kg/m^3，处理后六价铬浓度 ρ_1 为 0.005kg/m^3。铬渣、铝渣、芒硝未处理。试求该厂全年六价铬的流失量。已知生产过程中总的化学反应方程式如下：

$$FeO\cdot Cr_2O_3+2Na_2CO_3+H_2SO_4+\frac{7}{4}O_2\longrightarrow Na_2Cr_2O_7+Na_2SO_4+\frac{1}{2}Fe_2O_3+H_2O+2CO_2$$

【解】计算中选择铬为基准物，以铬的迁移转化作为物料衡算的基础。

铬与产品中重铬酸钠的分子量比为 104：298，铬与原料中 Cr_2O_3 的分子量比为 104：152，原料总耗量中铬的有效使用量为

$$G_{原}=2010\times1440\times0.5\times\frac{104}{152}\times0.8\approx792152(\text{kg/a})$$

重铬酸钠产品中铬含量为

$$G_{产}=2010\times0.98\times\frac{104}{298}\times1000\approx687447(\text{kg/a})$$

废水处理中铬的去除量为

$$G_{处}=75000\times(\rho_0-\rho_1)=75000\times(0.175-0.005)=12750(\text{kg/a})$$

则铬的流失量为

$$G_{流失}=G_{原}-G_{产}-G_{处}=792152-687447-12750=91955(\text{kg/a})$$

其中废水中铬的流失量为

$$G_{水流失}=75000\times\rho_1=75000\times0.005=375(\text{kg/a})$$

在铬渣、铝渣、芒硝中流失的铬量为

$$G_{渣流失}=G_{流失}-G_{水流失}=91955-375=91580(\text{kg/a})$$

4.2.3 排放系数法

根据生产过程中单位的经验排放系数进行计算并求得污染物排放量的计算方法叫排放系数法。排放系数是根据实际调查数据，不断积累并加以统计分析而得出的。

4.2.3.1 产污系数和排放系数的概念

(1) 污染物产生系数和排放系数 污染物产生系数（简称产污系数）是指在正常技术经济和管理条件下，单位活动强度（如产品产量、能源消耗、人口规模等）在特定过程或活动中产生的原始污染物量。污染物排放系数（简称排污系数）是指在上述条件下经污染控制措施削减后或未经削减直接排放到环境中的污染物量。显然，产污系数和排污系数与产品生产工艺、原材料、规模、设备技术水平以及污染控制措施有关。

(2) 个体产污系数和综合产污系数 个体产污系数是指特定产品在特定工艺（包括原料路线）、特定规模、特定设备技术水平以及正常管理水平条件下求得的产品生产污染物的污染物产生系数。综合产污系数是指按规定计算方法对个体产污系数进行汇总求取的一种产污系数的平均值。因此综合产污系数代表特定产品在该行业生产活动中生产单位产品排放污染物的平均水平。

(3) 主要工业产品综合产污系数和排污系数 根据生态环境部对污染物实行总量控制的战略部署，生态环境部法规与标准司组织有色金属工业、轻工、电力、纺织、化工、钢铁和建材七个工业部门和中国环境科学研究院的几百名科研和管理人员，完成了“工业污染物控制研究”课题。在这一研究中，共调查了解了 1029 家企业，在实测、物料衡算和调查分析庞大的原始数据基础上，确定了 48 种产品的 4398 个系数。这些系数对于环境工程设计中污染物排放的计算来说具有非常好的指导作用。

二维码 4-1：主要工业产品的综合产污和排污系数

4.2.3.2 污染物排放量的计算

污染物的产生量可以用式(4-6) 计算：

$$G=KM \tag{4-6}$$

式中 G——某污染物的产生量，t；

K——单位产品的经验产污系数；

M——某产品的年产量，t。

污染物的排放量可以用式(4-7) 计算：

$$G'=K'M \tag{4-7}$$

式中 G'——某污染物的排放量，t；

K'——单位产品的经验排污系数。

4.3 污染源调查与源强分析

4.3.1 污染源调查

一般把获得污染源资料的过程称为污染源调查。污染源排放的污染物种类、数量、排放方式、途径及污染源的类型和位置，直接关系到其影响的对象、范围和程度。污染源调查就是要了解和掌握这些情况，通过污染源调查了解污染源的状况和污染物排放状况，为实施污染物控制寻找途径。污染源调查的内容丰富而广泛，通常涉及工业污染源调查、农业污染源调查、生活污染源调查，主要包括大气污染源、水污染源、噪声污染源、固体废物污染源等方面的内容。

(1) 工业污染源调查的主要内容

① 项目现状 主要介绍项目基本情况，包括工程名称、建设性质、建设地点、项目组

成、建设规模、车间组成、产品方案、辅助设施、配套工程、储运方式、占地面积、职工人数、工程总投资及发展规划等，附总平面布置图。

② 生产工艺 主要包括工艺原理、工艺流程、工艺水平、设备水平，找出生产中的污染源和污染物。

③ 能源、原材料调查 包括主要原料、辅料、材料、助剂、能源（煤、焦、油、气、电和蒸汽）以及用水等的来源、成分和消耗量（单耗、总耗和资源利用率等）。

④ 生产布局调查 包括企业总体布局、原料和染料堆放场、车间、办公室、厂区、居民区、堆渣区、污染源位置、绿化带等。

⑤ 生产管理调查 包括管理体制、编制、生产制度、管理水平及经济指标，环境保护管理机构编制、环境管理水平。

⑥ 污染物排放情况调查 包括污染物种类、数量、性质、排放方式、规律、途径、排放浓度、绝对排放量（日、年）、排放口位置、类型、数量、历史情况、事故排放情况。

⑦ 污染物治理调查 包括工艺改革、综合利用、管理措施、原有治理方法、原有治理工艺、投资效果、运行费用、副产品的成本及销路、存在问题、改进措施、今后治理规划及设想。

(2) 生活污染源调查

① 工程项目范围内居民人口调查 包括总人数、总户数、密度、居住环境等。

② 居民用水排水调查 包括用水类型（城市集中供水、自备水源），不同居住环境每人用水量，办公楼、旅馆、商店、医院或（及）其他单位的用水量，下水道设置情况（有无下水道、下水去向）。

③ 民用燃料调查 包括染料构成（煤、煤气、液化气）、来源、成分、燃料消耗情况（年、月、日用量，各区用量，每人消耗量）。

④ 垃圾产生及处置方法调查 垃圾种类、成分、数量、垃圾点的分布。

(3) 农业污染源调查

① 农药使用情况调查 包括农药品种、数量、使用方式、使用时间、使用剂量、年限、有限成分含量（有机氯、有机磷等）、稳定性等。

② 化肥使用情况调查 包括化肥的品种、数量、使用方式、使用时间、每亩使用量。

③ 水土流失情况调查。

④ 农业废物调查 包括农作物秸秆、牲畜粪便、农用机油渣。

⑤ 农业机械使用情况调查 包括汽车、拖拉机台数及其月、年耗油量，行驶范围和路线及其他机械的使用情况等。

在进行某一地区或某一单项污染源调查时，应都进行自然环境背景调查和社会背景调查。根据目的、项目不同，调查内容可以有所侧重。自然背景包括地质、地貌、气象、水文、土壤、生物；社会背景包括居民区、水源地、风景区、名胜古迹、工业区、农业区、林业区等。

4.3.2 污染源源强分析

(1) 污染物分布及污染物源强核算 污染源分布和污染物类型及排放量是各专题评价的基础资料，必须按建设过程、生产过程和服务期满后（退役期）三个时期详细核算和统计，力求完善。因此，污染源分布应根据已经绘制的污染流程图，按排污点编号，标明污染物排放部位，然后逐表逐点统计各种因子的排放强度、浓度及数量。

废气可按点源、面源、线源进行核算，说明源强、排放方式和排放高度及存在的有关问题。废水应说明种类、成分、浓度、排放方式、排放去向。废液应说明种类（按《中华人民共和国固体废物污染环境防治法》进行分类）、成分、浓度、处置方式和去向等有关问题。废渣应说明有害成分、溶出物浓度、数量、处理与处置方式和存储方法。噪声和放射性物质应列表说明源强、剂量及分布。

污染源强状况可采用表 4-1 所示方式表示。统计方法应以车间或工段为核算单元，对于泄漏和放散量部分，原则上要求实测，实测有困难时，可以利用年均消耗定额的数据进行物料平衡推算。

表 4-1　污染源源强一览表

序号	指标名称	单位	数量	备注
1				
2				
3				
…				

(2) 新建项目污染物源强　在统计污染物排放量的过程中，新建项目要求算清“两本账”，一是工程自身的污染物设计排放量，二是按治理规划和评价规定措施实施后能够实现的污染物削减量。“两本账”之差才是评价需要的污染物的最终排放量，可用表 4-2 的形式列出。

表 4-2　建设项目污染物排放量一览表

类别	名称	排放点	设计排放量	设计排放浓度	排放方式	排放去向	执行排放标准	处理后排放量	处理后排放浓度	最后排放去向	备注
废气											
废水											
固体废物											

(3) 改扩建项目和技术改造项目污染物源强　改扩建项目和技术改造项目的污染物排放量统计要求算清“三本账”：一是改扩建与技术改造前现有的污染物实际排放量，二是改扩建与技术改造项目按计划实施的自身污染物排放量，三是实施治理措施和评价规定措施后能够实现的污染物削减量。“三本账”的代数和方可作为最终排放量，可以采用表 4-2 的形式分别列出。

(4) 通过物料平衡计算污染源源强　依据质量守恒定律，投入的原材料和辅助材料的总量等于产出的产品和副产物以及污染物的总量。通过物料平衡，可以衡算产品和副产品的产量，并计算出污染物的源强。详细计算参见本书 4.2 部分。

(5) 水平衡　水平衡是建设项目所用的新鲜水总量 Q_f 加上原料带来的水量 Q_r 等于产品带走的水量 Q_p、损失水量 Q_l、排放水量 Q_w 之和。可以用式(4-8) 表示：

$$Q_f+Q_r=Q_p+Q_l+Q_w \tag{4-8}$$

(6) 无组织排放源的统计　无组织排放是指生产装置在生产运行过程中污染物不经过排气筒（管）的无规则排放，表现为生产工艺过程中具有弥散性的污染物的无组织排放，以及因设备、管道和管件的跑冒滴漏而在空气中的蒸发、逸散引起的无组织排放。

(7) 风险排污的源强统计及分析　风险排污包括事故排污和非正常工况排污两部分。

① 事故排污　事故排污的源强统计应计算事故状态下的污染物最大排放量作为风险预测的源强。事故排污分析应说明在管理范围内可能产生的事故种类和频率，并提出防范措施和处理方法。

② 非正常工况排污　是指工艺设备或环境保护设施达不到设计规定指标的超额排污，因为这种排污代表长期运行的排污水平，所以在风险评价中应以此作为源强。非正常工况排污还包括设备检修、开车停车、试验性生产等。此类异常排污分析都应重点说明异常情况的原因和处置方法。

(8) 主要污染物源强分析　区域环境中污染源和污染物的数量大、种类多，在进行污染源源强分析时，通常采用等标污染负荷法进行分析，以确定该区域的主要污染源和污染物。等标污染负荷法计算步骤及注意事项如下。

① 污染物的等标污染负荷计算公式如式(4-9) 所示：

$$P_i=\frac{Q_i}{c_{0i}}\times 10^9 \tag{4-9}$$

式中　P_i——第 i 种污染物的等标污染负荷，t/h；

Q_i——第 i 种污染物的单位时间排放量，t/h；

c_{0i}——第 i 种污染物的环境质量标准，mg/m^3。

② 工厂污染物等标污染负荷某工厂污染物的等标污染负荷等于该工厂所排放的各种污染物的等标污染负荷之和，计算公式如式(4-10) 所示：

$$P_n=\sum_{i=1}^{n}P_i \tag{4-10}$$

③ 地区的等标污染负荷 P_m 计算公式如式(4-11) 所示：

$$P_m=\sum P_n \tag{4-11}$$

④ 污染物占工厂的等标污染负荷比 K_i 计算公式如式(4-12) 所示：

$$K_i=\frac{P_i}{\sum P_i} \tag{4-12}$$

⑤ 污染源占区域的等标污染负荷比 K_n 计算公式如式(4-13) 所示：

$$K_n=\frac{P_n}{\sum P_n} \tag{4-13}$$

⑥ 主要污染源的确定　按调查区域内污染源等标污染负荷比由大到小排列，然后由大到小计算累计污染负荷比，累计污染负荷比为 80%左右时所包含的污染源被确定为该区域的主要污染源。

⑦ 注意事项　采用等标污染负荷法容易造成一些毒性大、流量小、在环境中易于积累的污染物无法排至主要污染物中的情况，然而对这些污染物的排放控制又是必要的。所以经过计算后，还应做全面的考虑和分析，最后确定主要污染物和污染源。

4.4　典型过程的污染源源强计算

4.4.1　燃料燃烧过程中产生的废气量

纯燃料燃烧过程废气通常指工业锅炉、采暖锅炉以及家用炉灶等纯燃料燃烧装置使用的煤、油、气等燃料燃烧过程中产生的废气。纯燃料燃烧过程使用的燃料一般不与物料接触，燃料燃烧产生的废气量就是燃料本身燃烧产生的废气量。按废气排放方式可分为有组织排放（即通过烟囱或排气筒集中排放）和无组织排放。废气排放量可以实测，也可以用经验公式进行计算。

污染物排放量是指排入大气环境的废气所携带的污染物质的纯量。煤和油类在燃烧过程中产生大量的烟气和烟尘，烟气中主要污染物有二氧化硫、氮氧化物和一氧化碳等，这些污染物通常也可以采用经验公式进行计算。

(1) 锅炉燃料耗量计算 锅炉燃料耗量一般与锅炉的蒸发量（或热负荷）、燃料的发热量等因素有关。产生饱和蒸汽的锅炉，其燃料耗量可用式(4-14) 计算：

$$B=\frac{D(i''-i')}{Q_L^y\eta} \tag{4-14}$$

式中 B——锅炉燃料耗量，kg/h 或 m^3/h；

D——锅炉每小时的产汽量，kg/h 或 m^3/h；

Q_L^y——燃料应用基的低位发热值，kJ/kg；

η——锅炉的热效率，%，可实测，也可以从有关手册或产品说明书中获取；

i''——锅炉在工作压力下的饱和蒸汽焓值，kJ/kg 或 kcal/kg；

i'——锅炉给水热焓值，kJ/kg 或 kcal/kg，一般计算给水温度为 20℃，则 $i'=83.75$kJ/kg 或 20kcal/kg。

热水锅炉的耗煤量，可用式(4-15) 计算：

$$B_w=\frac{K_w(i_s-i_j)}{Q_L^y\eta_w} \tag{4-15}$$

式中 K_w——热水锅炉热水出水量，kg/h；

i_s——热水锅炉热水出水热焓，kJ/kg；

i_j——热水锅炉热水进水热焓，kJ/kg；

η_w——热水锅炉热效率，%；

B_w——热水锅炉耗煤量，kg/h。

(2) 理论空气需要量的计算 理论空气需要量是指一定单位的燃料在燃烧时，通过理论计算得出的空气需要量，即燃料中的可燃物质（主要是碳、氢、硫）燃烧时，完全燃烧所需的空气量。而实际空气需要量是指一定单位的燃料在燃烧时，实际的燃烧空气的需要量，如燃烧和空气混合不好，空气的密度等都会对其产生影响。实际供应空气量与理论必需空气量的比值称为过量空气系数，用 α 表示，α 通常大于 1。理论空气需要量可以利用燃烧方程式计算，也可以用经验公式进行计算。

① 燃烧方程式 理论空气需要量可以根据完全燃烧的化学反应方程式和元素分析求取，建立燃烧方程式时，通常假定：

a. 空气仅由 20.9% O_2 和 79.1% N_2 组成，两者体积比为 $N_2:O_2=3.78$（或 3.76）；

b. 燃料中的固定态氧可用于燃烧；

c. 燃料中的硫主要被氧化为 SO_2；

d. 燃料中含氮量较低，热型 NO_x 的生成量较小，在计算理论空气量时可以忽略；

e. 燃料中的氮在燃烧时主要被转化为 N_2；

f. 燃料的化学式为 $C_xH_yS_zO_w$，其中下标 x、y、z、w 分别代表碳、氢、硫和氧的原子数。

基于以上基本假定，可以得到燃料燃烧方程式，如式(4-16) 所示：

$$C_xH_yS_zO_w+\left(x+\frac{y}{4}+z-\frac{w}{2}\right)O_2+3.78\left(x+\frac{y}{4}+z-\frac{w}{2}\right)N_2\longrightarrow$$

$$xCO_2+\frac{y}{2}H_2O+zSO_2+3.78\left(x+\frac{y}{4}+z-\frac{w}{2}\right)N_2+Q \tag{4-16}$$

以 1mol 燃料为基准，则燃料质量为（$12x+y+32z+16w$）g，根据以上方程式可以求得完全燃烧时的理论空气需要量 V_a^0，结果如式(4-17) 所示：

$$V_a^0=\frac{22.4\times4.78\times\left(\frac{x+y}{4}+\frac{z-w}{2}\right)}{12x+y+32z+16w}m^3/kg \tag{4-17}$$

通常，固体燃料（如煤）完全燃烧时的理论空气需要量为 4～7m^3/kg；液体燃料完全燃烧时的理论空气需要量为 10～11m^3/kg。

【例 4-4】 已知重油成分的元素分析结果如下（按质量）：C 85.5%，H 11.3%，O 2.0%，N 0.2%，S 1.0%，试计算燃烧 1 kg 重油所需的理论空气量。

【解】 以 1kg 重油燃烧为基础，则

元素与物质	质量/g	物质的量/mol	需氧量/mol
C	855	71.25	71.25
H	113	56.5	28.25
S	10	0.31	0.31
O	20	0.625	0
N_2	2	0	0

理论需氧量＝71.25＋28.25＋0.31－0.625＝99.185（mol）。

则理论空气量 $V_a^0=\frac{22.4\times4.78\times99.185}{1000}=10.62$（$m^3$/kg）。

【例 4-5】 某燃烧装置采用重油作燃料，重油成分分析结果如下（按质量）：C 88.3%，H 9.5%，S 1.6%，H_2O 0.5%，灰分 0.10%。试确定燃烧 1kg 重油所需的理论空气量。

【解】 以 1kg 重油燃烧为基础，则

元素与物质	质量/g	物质的量/mol	需氧量/mol
C	883	73.58	73.58
H	95	47.5	23.75
S	16	0.5	0.5
H_2O	0.5	0.0278	0

理论需氧量＝73.58＋23.75＋0.5＝97.83mol/kg。

则理论空气量 $V_a^0=\frac{22.4\times4.78\times97.83}{1000}=10.47$（$m^3$/kg）。

② 经验公式　由于一般工业企业或供热单位没有条件设置燃料分析室，而且燃料来源也不是固定的，因此利用前面的公式计算理论空气量存在一定困难。通常可用以下经验公式进行计算。

燃料应用基的挥发分 $V^y>15\%$ 的每公斤煤，理论空气需要量 V_0 的计算如式(4-18)所示：

$$V_0=1.05\frac{Q_L^y}{4.82}+0.278(m^3/kg) \tag{4-18}$$

$V^y<15\%$ 的每公斤贫煤或无烟煤，理论空气需要量 V_0 的计算如式(4-19) 所示：

$$V_0=\frac{Q_L^y}{4140}+0.606(m^3/kg) \tag{4-19}$$

$Q_L^y<10455kJ/m^3$ 的 $1m^3$ 气体燃料，理论空气需要量 V_0 的计算如式(4-20) 所示：

$$V_0=0.875\frac{Q_L^y}{4182}(m^3/m^3) \tag{4-20}$$

$Q_L^y>14637kJ/m^3$ 的 $1m^3$ 气体燃料，理论空气需要量 V_0 的计算如式(4-21) 所示：

$$V_0=1.09\frac{Q_L^y}{4182}-0.25(m^3/m^3) \tag{4-21}$$

③ 燃烧产生烟气体积及污染物排放量的计算　根据燃料的燃烧方程可知，1kg 燃料燃烧生成的 CO_2、SO_2 和 N_2 体积之和为燃烧产生的干烟气总体积，加上燃料本身带入的、理论空气带入的和燃料油雾化蒸汽带入的水的体积，则被称为湿烟气总体积，用 V_{fg}^0 表示。将烟气体积转换为标准状态下（273K、101.325kPa）的体积和密度，根据理想气体状态方程，则可以得到标准状态下的烟气体积。计算公式如式(4-22) 所示：

$$V_N=V_s\times\frac{p_s}{p_N}\times\frac{T_N}{T_s} \tag{4-22}$$

标准状态下烟气的密度计算如式(4-23) 所示：

$$\rho_N=\rho_s\times\frac{p_s}{p_N}\times\frac{T_N}{T_s} \tag{4-23}$$

式中，V 表示烟气体积；p 表示烟气压强；T 表示烟气温度；ρ 表示烟气密度；下标 N 表示标准状态；下标 s 表示实际状态。

由于实际的燃烧过程中燃料和空气混合不好、空气的密度等因素都会对烟气体积产生影响，实际烟气体积还需要进行过剩空气校正。以碳在空气中的完全燃烧为例，理论上燃烧方程式如式(4-24) 所示：

$$C+O_2+3.78N_2\longrightarrow CO_2+3.78N_2 \tag{4-24}$$

若空气过剩，则燃烧方程式变为式(4-25)：

$$C+(1+\beta)O_2+(1+\beta)3.78N_2\longrightarrow CO_2+\beta O_2+(1+\beta)3.78N_2 \tag{4-25}$$

过量空气系数的计算如式(4-26) 所示：

$$\alpha=\frac{实际空气量}{理论空气量}=\frac{(1+\beta)(O_2+3.78N_2)}{O_2+3.78N_2}=1+\beta \tag{4-26}$$

考虑过剩空气校正后，实际烟气体积 V_{fg} 的计算如式(4-27) 所示：

$$V_{fg}=V_{fg}^0+V_a^0(\alpha-1) \tag{4-27}$$

【例 4-6】 普通煤的元素分析如下：C 65.7%，灰分 18.1%，H 3.2%，S 1.7%，H_2O 9.0%，O 2.3%，含 N 量不计。试计算燃煤 1kg 所需要的理论空气量、理论烟气体积和 SO_2 在烟气中的浓度（以体积分数计）。

【解】 以 1kg 煤燃烧为基础，则

元素与物质	质量/g	物质的量/mol	需氧量/mol
C	657	54.75	54.75
H	32	16	8
S	17	0.53	0.53
H_2O	90	5	0
O	23	0.72	−0.72

理论空气量 $V_a^0=\dfrac{22.4\times4.78\times(54.75+0.53+8-0.72)}{1000}=6.73(m^3/kg)$

理论空气量条件下烟气组成为：CO_2，54.75mol；SO_2，0.53mol；H_2O，16+5=21mol；N_2，3.78×(54.75+0.53+8−0.72)=236.48(mol)。

理论烟气量为：$V_{fg}^0=\dfrac{(54.75+0.53+21+236.48)\times22.4}{1000}\approx7(m^3/kg)$

烟气中 SO_2 的量为：$\dfrac{0.53\times22.4}{1000}\approx0.0119\ (m^3/kg)$

SO_2 在烟气中的浓度为：$\dfrac{0.0119}{7}\times10^6\approx1700\ (mg/L)$

【例 4-7】 对于例 2 给定的重油，若燃料中硫转化为 SO_x（其中 SO_2 占 97%），试计算空气过剩系数 $a=1.20$ 时，烟气中 SO_2 及 SO_3 的浓度，以 mg/L 表示，并计算此时烟气中 CO_2 的含量，以体积分数表示。

【解】 由例 2 可知，理论空气量条件下烟气组成为：

CO_2：73.58mol H_2O：47.5+0.0278=47.5278(mol)

SO_x：0.5molN_2：3.78×97.83=369.7974(mol)

理论烟气量为：$V_{fg}^0=\dfrac{(73.58+47.5278+0.5+369.7974)\times22.4}{1000}=10.96(m^3/kg)$

当空气过剩系数为 1.20 时，实际烟气量为：

$$V_{fg}=10.96+10.47\times(1.2-1)=13.05(m^3/kg)$$

烟气中 SO_2 的体积为：$\dfrac{0.5\times0.97\times22.4}{1000}=0.0109(m^3/kg)$

烟气中 SO_3 的体积为：$\dfrac{0.5\times0.03\times22.4}{1000}=3.36\times10^{-4}(m^3/kg)$

SO_2 在烟气中的浓度为：$\dfrac{0.0109}{13.05}\times10^6=835.25(mg/L)$

SO_3 在烟气中的浓度为：$\dfrac{3.36\times10^{-4}}{13.05}\times10^6=25.75(mg/L)$

当空气过剩系数为 1.20 时，干烟气量为：

$$V_{干烟气}=\frac{(73.58+0.5+369.7974)\times22.4}{1000}+10.47\times(1.2-1)=12.04(m^3/kg)$$

烟气中 CO_2 的体积为：$\dfrac{73.58\times22.4}{1000}=1.648(m^3/kg)$

所以干烟气中 CO_2 的含量（以体积计）为：$\dfrac{1.648}{12.04}\times100\%=13.69\%$

4.4.2 用水量与废水排放量的计算

4.4.2.1 用水量的计算

在工业生产中，按给水的路线和利用程度，给水系统可分为直流给水系统、循环给水系统、循序给水系统三种。直流给水系统是指工业生产用水由就近水源取水，水经过一次使用后以废水形式全部或部分排入水体的系统，其生产用水量等于企业从地下水源和地表水源取用的新鲜用水量。循环给水系统是指使用过后的水经适当处理重新回用，不再排入水体，在循环过程中所损耗的水量，须从水源取水加以补充。循序给水系统是根据各车间对水质的要求，将水重复利用，将由水源取出的水先供某一车间使用后将该车间使用后的水送下一车间使用，或经适当处理（冷却、沉淀等）后加压送下一车间或其他车间使用，然后排放。这种系统有时也叫串级给水系统。

(1) 用水总量的计算 工业用水总量等于厂区新鲜用水量和重复用水量之和，厂区新鲜用水量中包括厂区生活用水量。由于厂区生活用水量和其他用水量较生产用水量小得多，通常不单独设表计算，为了计算方便，可以将其他用水量归入生活用水量。因此，企业用水总量可以用式(4-28) 表示：

$$W=W_1+W_2=W_1+W_3+W_4 \tag{4-28}$$

式中 W——用水总量，t；

W_1——工业重复用水量，t；

W_2——厂区新鲜用水量，t；

W_3——工业用新鲜用水量，t；

W_4——厂区生活用水量（包括职工生活、沐浴、绿化及医院用水等），t。

(2) 新鲜用水量的计算 新鲜用水量指企业从地下水源和地表水源或城市自来水取用的新鲜水总量。所以，新鲜水来源之一为自备水源，另一来源为城市自来水。新鲜用水量可采用水表或流量计进行测算，计算公式如式(4-29) 所示：

$$W_2=W_p+W_e-W_v \tag{4-29}$$

式中 W_2——厂区新鲜用水量，t；

W_p——企业自备水源供水量，t；

W_e——来自城市自来水的供水量，t，可以从有关部门的水费收据中查得；

W_v——厂区家属区生活用水量，t，可按人均用量与用水天数和人数计算，若厂区供水系统与家属区供水系统各自独立，则 $W_v=0$。

W_p 可用水源泵出水量估算，计算公式如式(4-30) 所示：

$$W_p=q_p t\eta_p \tag{4-30}$$

式中 q_p——单位时间机泵出水量，t/h；

t——机泵运行时间，h；

η_p——机泵抽水效率，%。

新鲜水量还可以根据耗电量计算，计算公式如式(4-31) 所示：

$$W_2=qM \tag{4-31}$$

式中 q——每使用 100kW·h 的电所抽水量，t/（100kW·h）（$1kW\cdot h=3.6\times10^6J$）；

M——工厂抽水年耗电量，(100kW·h)/a。

(3) 重复用水量的计算 通常将循环使用、循序使用的水量统称为重复用水量。在循环给水系统中，循环水是使用后经过处理重新回用的水，不再外排，在循环过程中所损耗的水量，须用新鲜水加以补充。其计算公式如式(4-32) 所示：

$$W_1=W_S-W_C \tag{4-32}$$

式中　W_S——未采用重复用水措施时所需的新鲜水量，t；

W_C——采用重复用水措施时所需的新鲜水量，t。

重复用水率记为 K，计算公式如式(4-33) 所示：

$$K=\frac{W_1}{W}\times 100\% \tag{4-33}$$

由于 $W=W_1+W_2$，$W_C=W_2$，$W_S=W_1+W_2=W$，因此重复用水率 K 可用式(4-34) 表示：

$$K=\frac{W_1}{W_S}\times 100\% \tag{4-34}$$

(4) 厂区生活用水量的计算　厂区生活用水量是指每一职工每年的生活用水量和沐浴用水量，可按式(4-35) 进行计算：

$$W_4=0.365(q_1N_1+q_2N_2) \tag{4-35}$$

式中　q_1——生活饮用水定额，可按 25～35kg/(人・d) 计算；

N_1——企业职工数；

N_2——每天沐浴人数；

q_2——沐浴用水标准，可按 40～60kg/(人・d) 计算。

不接触有毒物质及粉尘的车间或工厂职工，如仪表、机械、加工、金属冷加工等，其沐浴用水标准取下限；极易引起皮肤吸收或污染的工厂，如农药、煤矿、水泥、钢铁、铸造等企业取上限，一般污染取平均值。

4.4.2.2　废水排放量的计算

在生产和生活过程中，经过使用而丧失了原来的使用价值而被废弃的水量，成为废水排放量。废水排放系统一般分为合流制和分流制两种。合流排水系统就是将生活污水、工业废水和地表径流汇集在一起排出和处理的排水系统。分流排水系统就是将生活污水、工业废水和雨水分别汇集在两个或两个以上的排水系统排出或处理的排水系统。废水的排放量可采用实测计算法和水衡算法进行计算。

(1) 废水排放量的实测法　测算废水排放量的方法有好几种，其中实测法是最直接、最准确的方法。实测时应首先测定废水的流量或流速，然后乘以测量时间（如果测的是流速还应乘以水流截面积），从而得出废水排放量。

① 明渠流量测算

a. 按流体水力条件测算　若废水在排水管渠中做无压连续均匀流动，液流处于层流状态，即所有各过水断面的面积、断面的平均流速、水深及水坡度等水力因子沿流程不变。在不受下游壅水、跌水、弯道水流影响的直段，可用式(4-36) 测算其流量：

$$Q=CS\sqrt{Ri} \tag{4-36}$$

式中　Q——排水流量，m^3/s；

C——系数；

S——过水断面面积，m^2，即垂直于液流方向的液流断面；

R——水力半径，m，指过水断面积 S 与其湿周 L 之比，即 $R=S/L$；

i——水力坡度，指液体的各流体断面的总水头线的斜率，$i=\dfrac{dh_w}{dL}$（h_w 为液流两断面间的水头损失）。

系数 C 可用式(4-37) 计算：

$$C=\frac{1}{n}R^{Y} \tag{4-37}$$

式中 n——人工管渠粗糙系数，可从表 4-3 查得；

Y——指数，与 n 和 R 有关，一般可取 1/6 或按式(4-38) 计算：

$$Y=2.5\sqrt{n}-0.13-0.75\sqrt{R}(\sqrt{n}-0.10) \tag{4-38}$$

表 4-3 人工管渠粗糙系数表

管渠类别及壁面性质	n	管渠类别及壁面性质	n
缸瓦管(带釉)	0.013	砂浆块石渠道(不抹面)	0.011
混凝土管	0.013	干砌块石渠道	0.020～0.025
钢筋混凝土管(污水管)	0.014	土明渠(包括带皮的)	0.025～0.030
石棉水泥管	0.012	木槽	0.012～0.014
铸铁管	0.013	人工或接卸开挖良好的排水土渠	0.020～0.025
水泥砂浆抹面渠道	0.013	人砌石渠道	0.030～0.035
砖砌渠道(不抹面)	0.015		

b. 量水堰测流法　该法利用一定几何形状的插板，拦住水流形成溢流堰，通过量取插板前后的水头和水位可以计算出水流的流量。它具有制作和使用方便、测流精度较高等优点。三角薄壁堰是废水测流中最常用的设备，适用于水头 0.05～0.35m 之间、流量小于 0.1m^3/s 的废水流量的测定。

不同堰夹角的三角堰流量可以用式(4-39) 计算：

$$Q=\frac{8}{15}\mu\left(\tan\frac{\theta}{2}\right)\sqrt{2g}H^{\frac{5}{2}} \tag{4-39}$$

式中 Q——过堰的废水流量，m^3/s；

H——堰的几何水头，m；

θ——堰口夹角，°；

μ——流量系数，约为 0.6；

g——重力加速度，9.8m/s^2。

当 θ 为 90°时，三角堰为直角三角堰。对于直角三角堰来说，如果 H 为 0.02～0.20m，则式(4-39) 可简化为式(4-40)：

$$Q=1.41H^{\frac{5}{2}} \tag{4-40}$$

如果 H 为 0.301～0.350m，则式(4-39) 可简化为式(4-41)：

$$Q=1.343H^{2.47} \tag{4-41}$$

二维码 4-2：直角三角堰流量与进堰水头的关系表

如果 H 为 0.201～0.300m，流量为式(4-40) 和式(4-41) 的平均值，结果如式(4-42) 所示：

$$Q=\frac{1}{2}(1.41H^{\frac{5}{2}}+1.343H^{2.47}) \tag{4-42}$$

当 θ 为 120°时，式(4-39) 可简化为式(4-43)：

$$Q=2.44H^{\frac{5}{2}} \tag{4-43}$$

当 θ 为 60°时，式(4-39) 可简化为式(4-44)：

$$Q=0.814H^{\frac{5}{2}} \tag{4-44}$$

应用量水堰测流量时，应注意：量水堰应设置在渠道平整、水流呈直线流动的直段内，堰板要垂直设置，周围不得渗漏；堰下水应低于堰顶，无壅水现象，水舌下空气应保持自由通路；测量过堰水深为 H 时，应在堰口上游大于 $3H$ 处进行；当 $Q>150\text{L/s}$ 时，不宜安设临时堰板。

c. 浮标法　利用排水渠水面上的浮标来测定废水的流量是一种简单易行的方法，但精确度比较差，一般在无法使用其他测试条件下采用。测量时，选择一底壁平滑、长度不小于 10m 的无弯曲段，液面有一定的高度，经疏通后可测其平均宽度和水深。将一漂浮物放入流动的废水流中，在无外力影响下，让漂浮物流过被测距离，记录下漂浮物流过所用的时间。长度除以时间即为废水的流速。重复做 10 次，取其平均值，可以得到平均流速，计算公式如式(4-45) 所示。流量计算如式(4-46) 所示。

$$\overline{v}_e=\frac{v_1+v_2+\cdots+v_{10}}{10} \tag{4-45}$$

$$Q=0.7\overline{v}_eS \tag{4-46}$$

式中　$\overline{v}_e$——平均流速，m/s；

v_1，v_2，…，v_{10}——每次测得的流速，m/s；

S——过水断面面积，m^2。

d. 流速仪测定法　测定废水流量时，可以先采用尾叶式流速仪测量废水流速。流速仪携带方便，便于测量，精密度较高。在用流速仪测量水流流速时，应选择排水渠道较平直段测量，适用范围为水深不低于 10m，流速不大于 0.50m/s。如果废水流经的排水渠较宽，可设置测流断面，在测流断面的不同宽度、深度进行测定，测点越多，结果越准确。测得各点流速后，可按式(4-47) 计算断面的平均流速：

$$\overline{v}=\frac{\sum_{i=1}^{n}v_i}{n} \tag{4-47}$$

式中　$\overline{v}$——测量面断面的平均流速，m/s；

v_i——第 i 个测点的流速，m/s，每次测量应不少于 100s；

n——测点个数。

则过水断面的废水流量计算如式(4-48) 所示：

$$Q=\overline{v}S \tag{4-48}$$

式中，S 为过水断面面积，m^2。

② 管流流量的计算　管流也叫压流，测量管流流量的仪器仪表很多，比较适合于测量工业（生活）废水的有皮托管、文丘里管等压差式流速仪以及电磁式流量计等。这些仪器都有专门的流量显示设备，按照仪器的使用说明操作就可进行流量的测量。如果没有测量仪器，也可采用简单的容量法，测量时，在废水排放口放置一计量容器接收，同时记录下所需时间，容器接收的废水体积除以接收时间即为废水流量。这种方法适用于废水流量较小的情

况，测量时比较麻烦、不太安全。

(2) 废水排放量的衡算法 水衡算法即根据水量的平衡来计算废水排放量，其计算式如式(4-49) 所示：

$$W'=W'_1-(W'_2+W'_3+W'_4+W'_5) \tag{4-49}$$

式中 W'——工业废水排放量，t；

W'_1——工业生产新鲜用水量，t；

W'_2——产品带走水量，t；

W'_3——水漏失量，t；

W'_4——锅炉用水量，t；

W'_5——其他损失水量，t。

练习与思考

1. 普通煤的组成（质量分数）分析结果如下：C 67.2%，灰分 16.8%，S 1.5%，H 3.2%，水分 9.0%，O 2.3%（含 N 不计）。请计算：

(1) 燃煤 1kg 所需要的理论空气量、产生的理论烟气量和 SO_2 在烟气中的浓度（以体积分数计）；

(2) 假定烟尘的排放因子为 80%，烟气中灰分的浓度（以 mg/m^3 表示）；

(3) 假定用流化床燃烧技术加石灰石脱硫，石灰石含钙 36%，当钙硫比为 1.6（物质的量之比）时，计算燃煤 1t 需加石灰石的量。

2. 已知某处理量为 $10000m^3/d$ 的污水处理厂，其进水水质监测结果如表 4-4 所示。出水要求达到《城镇污水处理厂污染物排放标准》(GB 18918—2002) 一级 A 标准，试确定其设计进水值和设计出水值，并根据处理程度和等标污染负荷法判断此污水处理厂的主要污染因子和关键因子。

表 4-4 污水处理厂进水水质和排放标准

	COD_{Cr}/(mg/L)	BOD_5/(mg/L)	TN/(mg/L)	TP/(mg/L)	SS/(mg/L)	pH
进水	450	200	85	15	200	6～9
出水(一级 A 标准)	50	10	15	0.5	10	6～9

第5章

反应器基本理论

内容提要

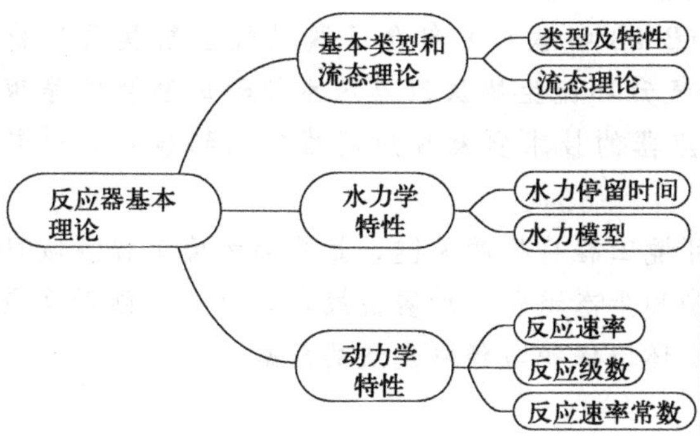

学习目标

知识目标

掌握反应器的基本类型和运行特点；
深入理解反应器的水力学特性及物质平衡原理；
熟悉速率级数和反应速率方程的表示方法；
掌握反应器动力学特性。

能力目标

能够写出常见反应速率的表示方法，能够根据相关公式计算反应速率；
能够掌握反应流程的动力学特性和反应速率常数的分析方法。

素质目标

培养分析和解决问题的能力；
培养创新思维和批判性思维能力。

导读

反应器理论的发展与创新

环境工程反应器理论的发展与创新是环境工程领域进步的重要体现，是对传统反应器技术的优化与超越，更是对现代环境需求的积极回应。其理论基础可追溯至经典化学工程与环境科学原理，如早期对流体力学与传质理论的研究，为反应器设计奠定基础。在当代，随着环境问题的日益复杂化，对反应器理论的创新需求也愈发迫切。近年来，众多学者致力于开发更高效、更环保的反应器技术，以满足可持续发展的要求。

在我国，环境工程反应器理论的发展与创新受到高度重视。随着生态文明建设的推进，反应器技术的创新成为环境工程领域的重要课题。科研人员不断探索新技术、新方法，以提高反应器的性能和效率，减少能源消耗和污染物排放。例如，开发新型的生物反应器用于污水处理，提高处理效率和出水质量；设计高效的催化反应器用于大气污染控制，降低有害气体排放。

反应器理论创新的核心在于提高反应效率、降低能耗和减少二次污染，这与生态文明建设的理念相契合，即在满足人类需求的同时，保护和修复自然生态系统。环境工程反应器理论与生态文明建设之间存在着紧密的内在联系，反应器理论是实现生态文明建设的重要技术支撑，而生态文明建设则是反应器理论发展的目标和方向。生态文明建设强调人与自然的和谐共生，注重经济、社会与生态的协调发展，其核心理念是通过可持续的方式满足人类需求，同时保护和修复自然生态系统。环境工程反应器理论的发展与创新则为实现这一目标提供了技术保障，通过设计和优化反应器，提高资源利用效率，减少污染物排放，促进生态系统的恢复和保护。

《"十四五"城镇污水处理及资源化利用发展规划》提出了"十四五"时期城镇污水处理及资源化利用的主要目标、重点建设任务。例如要求到2025年，城镇污水处理率超过95%，再生水利用率在缺水地区达到25%以上等，为污水处理行业发展提供明确方向，促使科研和企业围绕目标创新，提高处理效率与资源回收利用率。

《关于推进污水资源化利用的指导意见》提出有条件的工业园区统筹废水综合治理与资源化利用，建立企业间点对点用水系统，实现工业废水循环利用和分级回用，推动了工业废水处理反应器相关技术在工业园区的应用与创新。

《国家鼓励发展的重大环保技术装备目录（2023年版）》包含了膜曝气生物膜反应器（MABR）水环境污染治理技术、耦合沉淀矩形气升环流生物反应器污水处理成套装备等市政污水及水环境处理技术装备，对污水处理反应器的技术研发和应用推广起到鼓励和引导作用。

环境工程反应器理论的发展与创新是实现环境工程目标的关键，是推动环境工程领域可持续发展的重要动力。面对资源短缺、环境污染和生态退化的严峻挑战，只有不断创新反应器理论，才能提高环境工程的效率和效果，实现环境保护与经济发展的双赢。

5.1 反应器基本类型及流态理论

5.1.1 污水处理工程常用反应器类型及特征

污水处理过程主要应用的反应器类型如表5-1所示。

表5-1 各类污水处理反应器的主要应用

反应器类型	在污水处理中的应用
间歇式反应器	用于BOD测试，序批式活性污泥生物处理，浓缩溶液混合成所需的溶液
全混流反应器(无回流)	用于曝气氧化塘，好氧污泥消化，厌氧消化
全混流反应器(有回流)	用于活性污泥生物处理
推流式反应器	用于氯接触池，再生曝气池，自然处理系统
推流式反应器(有回流)	用于活性污泥生物处理，水处理系统
串联全混流反应器	用于潟湖处理系统，用于模拟推流式反应器中的非理想流
填料床反应器	用于非浸没式与浸没式滴滤生物处理单元，深层过滤，膜过滤，吸附，离子交换，空气吹脱，自然处理系统
流化床反应器	用于好氧和厌氧生物处理，空气吹脱，污泥高温氧化

(1) 间歇式反应器　在间歇式反应器中，物料一次性加入到反应器中，待化学反应达到所需的程度后，将所有的物料一同排出。运行过程为物料进入反应器、进行反应、反应产物被排出，整个过程一直重复。反应器中的物料可完全混合。该反应器通常用于混合化学品或稀释浓缩化学品。

(2) 全混流反应器　在全混流反应器处理过程中，假设当物料进入反应器的瞬间，即在反应器中完全混合，并且整个反应器的所有成分都保持相同的状态。物料离开反应器的量与物料在反应器中的浓度成比例关系。如果反应器内的所有成分均匀且连续地分布，则在圆形或方形反应器中都能够形成完全混合的状态。实际实现完全混合所需的时间取决于反应器的几何形状和搅拌方式。

(3) 推流式反应器　在推流式反应器运行过程中，物料连续稳定地从反应器一端进入，在理想情况下沿轴向没有混合，物料依次向前移动，然后依次排出。物料的浓度等性质随着轴向（移动方向）变化，在固定空间位置的物料性质不随时间变化。

(4) 多级串联全混流反应器　用于模拟介于全混流反应器和推流式反应器所对应的理想水力流态反应器。如果由一个反应器组成，则以完全混合状态为主。如果由无数个反应器串联而成，则以推流模式为主。

(5) 填料床反应器　填料床反应器中填充了填料介质，如石块、矿渣、陶瓷，或者目前更常见的塑料。填料床反应器中的物料可在向上或向下流动的模式下运行。反应过程可连续或间断进行。填料床反应器中的填料介质可以是均匀的，也可以是多级的。

(6) 流化床反应器　流化床反应器在许多方面与填料床反应器类似，但填料介质在流体（空气或水）向上通过床层流动时发生膨胀。通过控制流体的流速，可以改变流化床填料介质的膨胀孔隙率。

不同类型反应器的构型图及运行方式如图 5-1 所示。

5.1.2　反应器流态理论

水力流动模型可用于评估水力停留时间、流速和反应器性能的影响。在连续流动系统中有三种流动状态：理想全混流（ideal completely mixed flow）、理想推流（ideal plug flow）和有扩散的推流（dispersed plug flow）。理想状态下的全混流和推流反应器中物质浓度随时间变化规律如图 5-2 所示。

在理想全混流流动状态下，物料在进入反应器后立即分散到整个反应器中。在理想的推流状态下，物料以进入反应器的顺序流出反应器。理想推流流态和理想全混流流态是两种极端情况。实际的流动状态介于这两种理想状态之间。有扩散现象的推流流态可能会在推流和完全混合之间出现任意程度的部分混合。

5.1.3　理想全混流

理想全混流流态是指所有物料在空间上均匀分布，并在整个流动过程均匀混合的状态。在理想的完全混合流态中，所有的物料都具有相同的平均速度，具有相同的平均温度、压力和浓度。它是流体动力学和化学工程中用来简化流体流动分析的一个理想化的概念。

5.1.4　理想推流

理想推流流态，又称活塞流，是物料沿直线平行连续运动、无轴向混合的一种流动状

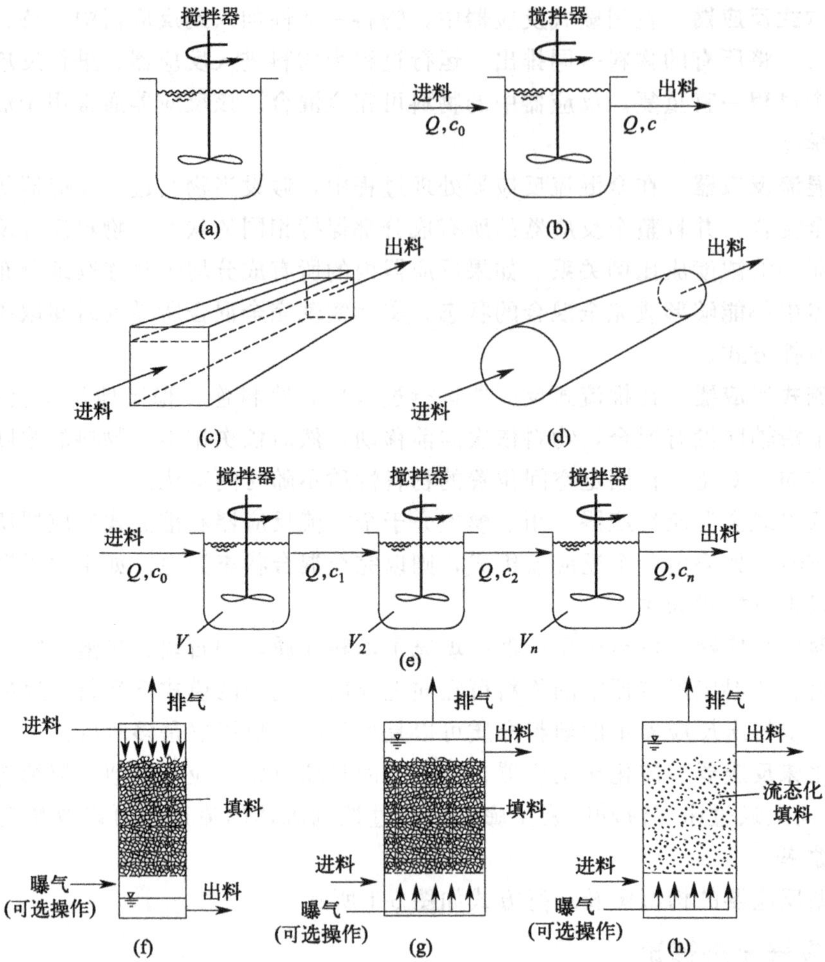

图 5-1 用于废水处理的不同类型反应器的定义简图

(a) 间歇式反应器；(b) 全混流反应器；(c) 开放式推流反应器；(d) 封闭式推流反应器；(e) 串联全混流反应器；(f) 降流填料床反应器；(g) 升流填料床反应器；(h) 升流膨胀床反应器

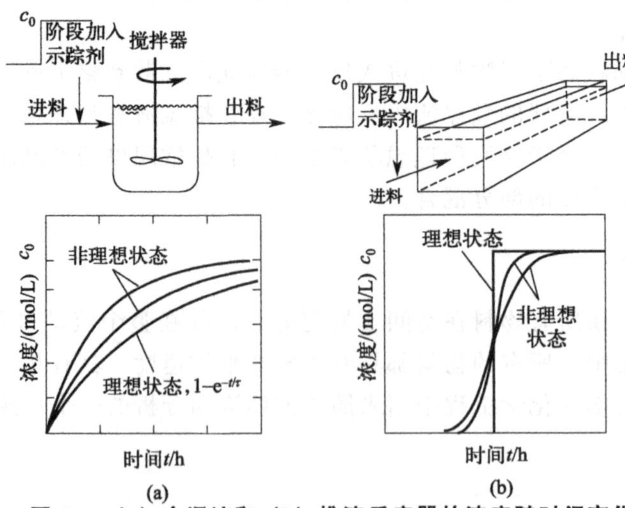

图 5-2 (a) 全混流和 (b) 推流反应器的浓度随时间变化

态。这种流态使物料沿流动方向均匀流动，并且具有恒定的速度。如果在流动方向上没有物质或热量的扩散，并且流体性质沿流动路径保持恒定，则认为该流动是理想的。理想推流流态被用于许多工业过程中，如化学反应器、管道和混合罐，以模拟物质和能量的传输。

5.1.5 有扩散现象的推流

有扩散现象的推流流态是指物料沿流动方向存在一定程度的混合或扩散的流动状态。在这种类型的流动中，物料的流动速度不是恒定的，可以在空间和时间上变化，导致浓度、温度和压力等物料性质不均匀分布。物料的扩散可能是由于湍流、扩散或化学反应造成的。在现实系统中，大多数流体流动在某种程度上是分散的，而分散程度取决于各种因素，如流体性质、流动系统的几何形状以及障碍物或湍流的存在。

5.2 反应器的水力学特性

在废水处理领域，全混流反应器和推流式反应器是最常用的两种反应器类型。根据输入和输出流量的关系，全混流和推流式反应器的水力流动特性可以描述为理想和非理想。理想和非理想流态以及反应器在废水处理中的应用将在以下部分展开讨论。

二维码 5-1：污水处理相关反应器介绍

5.2.1 理论水力停留时间

水力停留时间是指待处理污水在反应器内的平均停留时间，也就是污水与生物反应器内微生物作用的平均反应时间。式(5-1) 展示了水力停留时间与反应器体积和污水流速的关系。

$$\tau=\frac{V}{Q} \tag{5-1}$$

式中，τ 为水力停留时间，d；V 为反应器体积，m^3；Q 为体积流速，m^3/h。

5.2.2 反应器水力模型

反应器水力特性的建模非常重要，因为其结果可以用来确定给定体积的水在反应器中的实际停留时间。另外，根据动力学模型，平均停留时间与处理程度相关联。

使用示踪剂测量的实际反应器的水力特性与预期的理论值的比较，可用于评估理想设计模型实际达到的程度。如前所述，全混流和推流式反应器是废水处理领域中最常用的反应器类型。下面将介绍全混流和推流式反应器中理想流态的数学分析。

(1) 理想的全混流反应器 使用上面介绍的质量平衡方法，在示踪剂通过脉冲方式进入反应器的前提下（示踪剂瞬时混合并被稀释），理想的全混流反应器出水中示踪剂浓度是时间的函数，可以通过反应器中的质量平衡来确定其浓度。

① 一般语言描述 如式(5-2) 所示：

反应器中示踪剂积累速率＝示踪剂流入反应器速率－示踪剂流出反应器速率 (5-2)

② 简化描述 如式(5-3) 所示：

积累＝输入－输出 (5-3)

③ 符号化表示 如式(5-4) 所示：

$$\frac{\mathrm{d}c}{\mathrm{d}t}V=Qc_0-Qc \tag{5-4}$$

假设 $c_0=0$，对上面方程进行简化，如式(5-5) 所示：

$$\frac{\mathrm{d}c}{\mathrm{d}t}=-\frac{Q}{V}c \tag{5-5}$$

在边界条件 $c=c_0$ 到 $c=c$ 和 $t=0$ 到 $t=t$ 之间进行积分，如式(5-6) 所示：

$$\int_{c_0}^{c}\frac{\mathrm{d}c}{c}=-\frac{Q}{V}\int_0^t\mathrm{d}t \tag{5-6}$$

积分后的表达式如式(5-7) 所示：

$$c=c_0\mathrm{e}^{-t(Q/V)}=c_0\mathrm{e}^{-t/\tau}=c_0\mathrm{e}^{-\theta} \tag{5-7}$$

式中，c 为示踪剂在反应器中在时间为 t 时的浓度，$\mathrm{mol/m^3}$；c_0 为示踪剂在反应器中的初始浓度，$\mathrm{mol/m^3}$；t 为时间，s；Q 为体积流速，$\mathrm{m^3/s}$；V 为反应器体积，$\mathrm{m^3}$；τ 为理论停留时间，V/Q，s；θ 为归一化停留时间，t/τ，无单位。

持续分段进水且瞬间混合的示踪剂的反应方程式可表示如式(5-8)：

$$c=c_0(1-\mathrm{e}^{-t(Q/V)})=c_0(1-\mathrm{e}^{-t/\tau})=c_0(1-\mathrm{e}^{-\theta}) \tag{5-8}$$

(2) 理想的推流式反应器 在理想的推流条件下，实测滞留时间 t 应与理论滞留时间 t 相同。为了验证图 5-2(b) 中给出的反应器模型，为理想的推流式反应器（无轴向扩散）构建一个物料平衡是有指导意义的，其中非活性示踪剂的浓度 c 均匀分布在控制单元的横截面积上。图 5-3 所示的微分体积元件的非活性示踪剂的物料平衡可以写成如下形式。

①一般语言描述 如式(5-9) 所示：

示踪剂在不同体积元件的积累速率＝示踪剂流入体积元件的速率－示踪剂流出体积元件的速率 (5-9)

② 简化描述 如式(5-10) 所示：

积累＝输入－输出 (5-10)

③ 符号化表示 如式(5-11) 所示：

$$\frac{\partial c}{\partial t}\Delta V=Qc|_x-Qc|_{x+\Delta x} \tag{5-11}$$

式中，$\partial c/\partial t$ 为组分浓度在一段时间内的变化，$\mathrm{g/(m^3\cdot s)}$；ΔV 为单位体积元件体积，$\mathrm{m^3}$；t 为时间，s；Q 为体积流速，$\mathrm{m^3/s}$；x 为反应器长度距离上的某个点。

浓度随时间的变化（$\partial c/\partial t$）被写成偏微分，因为浓度也随距离变化（即浓度的变化是时间和距离的函数）。

用微分形式代替这项 $Qc|_{(x+\Delta x)}$，可得式(5-12)：

$$\frac{\partial c}{\partial t}\Delta V=Qc-Q\left(c+\frac{\Delta c}{\Delta x}\Delta x\right) \tag{5-12}$$

用 $A\Delta x$ 代替 ΔV，A 是 x 方向上的截面积，简化方程为 (5-13)：

$$\frac{\partial c}{\partial t}A\Delta x=-Q\frac{\Delta c}{\Delta x}\Delta x \tag{5-13}$$

两边同时除以 $A\Delta x$，得式(5-14)：

$$\frac{\partial c}{\partial t}=-\frac{Q}{A}\frac{\Delta c}{\Delta x} \tag{5-14}$$

当 Δx 趋于 0 时，得式(5-15)：

$$\frac{\partial c}{\partial t}=-\frac{Q}{A}\frac{\partial c}{\partial x}=-v\frac{\partial c}{\partial x} \tag{5-15}$$

式中，v 为流速，m/s。

理想状态下推流反应器中的物质平衡计算模型如图 5-3 所示。

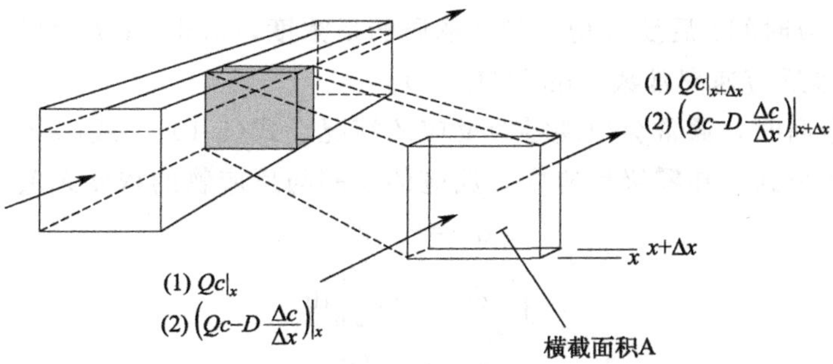

图 5-3　理想的推流反应器模型示意图

5.3　反应速率与反应级数

5.3.1　反应速率

反应速率是描述物质质量或体积随时间变化的数学表达式。反应物的反应速率为负，生成物的反应速率为正。

控制化学计量数和反应速率是工艺选择和设计中主要考虑的问题。许多反应的速率与一、二或更多反应物的浓度成正比。式(5-16) 和式(5-17) 展示了反应速率与反应物浓度的关系。

$$\mathrm{A}\longrightarrow 产物 \tag{5-16}$$

$$r=-\frac{\mathrm{d}[\mathrm{A}]}{\mathrm{d}t}=k[\mathrm{A}]^n \tag{5-17}$$

二维码 5-2：反应速率相关推导

式中，A 为反应物 A，能被转化成其他产物；r 为总反应速率，mol/(L·s)；t 为时间，单位可以是 s、min、h 或 d；[A] 为 A 在任意时刻的物质的量浓度，mol/L；k 为反应速率常数，$(\mathrm{mol/L})^{1-n}/\mathrm{s}$；$n$ 为指数，通常通过实验确定，用于定义反应的级数与反应物浓度的关系，无量纲。

5.3.2　反应级数

在化学动力学中，反应的级数是速率方程中浓度项的指数。根据条件的不同，反应速率可能不同，其中 $n=0$ 表示零级反应，$n=1$ 表示一级反应，$n=2$ 表示二级反应。

5.4　反应级数数据分析与设计

在水和废水处理设施的设计中，采用了物理、化学和生物工艺。最常见的是通过进行实验室实验来模拟反应器的性能。通过对实验数据的分析，得到了诸如反应级数、反应速率常数、反应范围和极限等有价值的信息。接下来将列出关于零级、一级和二级反应的例子，以描述这些分析中使用的模型。

5.4.1 零级反应

如果 $n=0$，则零级反应的速率方程如式(5-18) 所示：

$$-\frac{dc}{dt}=k \tag{5-18}$$

式中，c 为反应时间 t 后反应物的剩余物质的量浓度，mol/L；t 为反应时间，瞬时时间单位，s；k 为零级反应速率常数，mol/(L·s)。

反应物浓度很高时，通常会出现零级反应的情况。式(5-19)、式(5-20)、式(5-21) 是描述零级反应的速率公式。在零级反应中，反应的速率与反应物的浓度无关。

$$dc=-k\,dt \tag{5-19}$$

$$\int_{c_0}^{c} dc=-k\int_{0}^{t} dt \tag{5-20}$$

$$c=c_0-kt \tag{5-21}$$

式中，c_0 表示 $t=0$ 时反应物的初始浓度，mol/L。

将浓度作为自变量，时间为因变量作图，所得结果为一条直线。直线的斜率为零级速率常数 k，k 的单位为浓度/时间，如 mol/(L·s)。用半衰期表示该零级反应比较常见。半衰期（$t_{1/2}$）的定义为浓度降低到原浓度的 1/2（$c=1/2c_0$）所需的时间，如式(5-22)、式(5-23) 所示：

$$\frac{1}{2}c_0=c_0-kt_{1/2} \tag{5-22}$$

$$t_{1/2}=\frac{1}{2}\frac{c_0}{k} \tag{5-23}$$

5.4.2 一级反应

如果 $n=1$，则一级反应的速率方程如式(5-24) 所示：

$$-\frac{dc}{dt}=kc \tag{5-24}$$

该式表明一级反应的反应速率取决于剩余化学物质的浓度。随着反应的进行，剩余化学物质的浓度 c 随着时间的推移而降低。因此，一级反应速率随时间减慢。式(5-26) 至式(5-28) 是对式(5-25) 的整理和积分。

$$\frac{1}{c}dc=-k\,dt \tag{5-25}$$

$$\int_{c_0}^{c}\frac{1}{c}dc=-k\int_{0}^{t} dt \tag{5-26}$$

$$\ln\left(\frac{c}{c_0}\right)=-kt \tag{5-27}$$

$$c=c_0e^{-kt} \tag{5-28a}$$

$$\ln(c)=\ln c_0-kt \text{ 或者 } c=c_0 10^{-Kt} \tag{5-28b}$$

式中，k 为以 e 为底的一级反应速率常数，s^{-1}；K 为以 10 为底的一级反应速率常数，s^{-1}。

根据式(5-28b) 作图能够得到线性关系图，直线的斜率即反应速率常数。一级反应的半衰期由式(5-29a) 和式(5-29b) 表示。

$$t_{1/2}=\frac{0.693}{k} \tag{5-29a}$$

$$t_{1/2}=\frac{0.301}{K} \tag{5-29b}$$

5.4.3　二级反应

二级反应有以下两种类型。

(1) 第一类反应　是两个相同的反应物 A 反应生成一个新的产物 P($2A \longrightarrow P$)，由式(5-30) 表示：

$$-\frac{d[A]}{dt}=k[A]^2 \tag{5-30}$$

(2) 第二类反应　是反应物 A 和 B 反应生成产物 P($2A \longrightarrow P$)，由式(5-31) 表示：

$$-\frac{d[A]}{dt}=k[A][B]\text{或者}-\frac{d[B]}{dt}=k[A][B] \tag{5-31}$$

式中，k 为反应速率常数，L/(mol·s)。

5.5　反应器或流程的动力学特性

从工艺流程的选择和设计观点来看，环境工程设计首要关注的问题是化学和生物单元工艺的化学计量关系和反应速率。参与反应的物质和产生物质的物质的量由反应的化学计量学来定义。反应的化学计量是指反应中所涉及的化合物数量的定义。在任何给定的化学计量反应中，一种物质消失或形成的速率被定义为反应速率。本节将对此展开讨论，讨论的速率表达式将与前述反应器的水力特性相结合，以定义处理动力学。

5.5.1　反应类型

在废水处理中发生的两种主要类型的反应为均相反应和非均相反应。

(1) 均相反应　在均相反应中，反应物均匀地分布在整个流体中，因此在流体中任何一点的反应势都是相同的。均相反应通常在间歇式、完全混合式和推流式反应器中进行。均相反应可以是不可逆的，也可以是可逆的。

不同不可逆反应的例子如下。

① 简单的反应　如式(5-32) 至式(5-34)：

$$A \longrightarrow B \tag{5-32}$$

$$A+A \longrightarrow C \tag{5-33}$$

$$aA+bB \longrightarrow C \tag{5-34}$$

② 平行反应　如式(5-35)、式(5-36)：

$$A+B \longrightarrow C \tag{5-35}$$

$$A+B \longrightarrow D \tag{5-36}$$

③ 连续反应　如式(5-37)、式(5-38)：

$$A+B \longrightarrow C \tag{5-37}$$

$$A+C \longrightarrow D \tag{5-38}$$

④ 可逆反应的例子　如式(5-39)、式(5-40)：

$$A \rightleftharpoons B \tag{5-39}$$

$$A+B \rightleftharpoons C+D \tag{5-40}$$

对于不可逆反应和可逆反应来说，反应速率将是进行这些反应的处理设施设计中的一个重要考虑因素。必须特别注意混合设备的设计，特别是快速反应的混合设备。

(2) 非均相反应　非均相反应发生在一种或多种成分之间，这些成分可以通过特定的位点进行识别，例如在离子交换树脂上，其中一个或多个离子被另一个离子取代。需要固相催化剂存在的反应也被归类为非均相反应。非均相反应通常在填料床反应器和流化床反应器中进行。这些反应比较难研究，因为可能涉及许多相互关联的步骤，这些步骤的典型顺序如下：①反应物从主体流体迁移到固液界面（催化剂颗粒外表面）；②反应物在催化剂颗粒内部转移（如果它是多孔的）；③反应物在催化剂颗粒内部位置的吸附；④吸附反应物被转化成产物的化学反应（表面反应）；⑤吸附产物的解吸；⑥将产物从催化剂颗粒的内部运输到外表面。

5.5.2 反应速率

反应速率是用来描述每单位时间内（均相反应）每单位体积的反应物质的物质的量的变化（减少或增加），或每单位时间内（非均相反应）每单位表面积或质量反应物质的物质的量的变化。

对于均相反应，反应速率 r 如式(5-41) 所示：

$$r=\frac{1}{V}\frac{\mathrm{d}[N]}{\mathrm{d}t} \tag{5-41}$$

如果用 Vc 代替 N，其中 V 是体积，c 是浓度，则式(5-41) 可转化为式(5-42)：

$$r=\frac{1}{V}\frac{\mathrm{d}[Vc]}{\mathrm{d}t}=\frac{1}{V}\frac{V\mathrm{d}c+c\,\mathrm{d}V}{\mathrm{d}t} \tag{5-42}$$

如果体积保持恒定（即等温条件下，无蒸发）方程可简化为式(5-43)：

$$r=\pm\frac{\mathrm{d}c}{\mathrm{d}t} \tag{5-43}$$

其中加号表示该物质的增加或积累，减号表示该物质的减少。

对于非均相反应，S 为表面积，对应表达式为式(5-44)：

$$r=\frac{1}{S}\frac{\mathrm{d}[N]}{\mathrm{d}t} \tag{5-44}$$

对于含有两种或两种以上化学计量系数不等的反应物的反应，用一种反应物表示的反应速率与用其他反应物表示的反应速率不相同。比如式(5-45) 的反应：

$$a\mathrm{A}+b\mathrm{B}\longrightarrow c\mathrm{C}+d\mathrm{D} \tag{5-45}$$

不同反应物的浓度变化有如式(5-46) 的关系：

$$-\frac{1}{a}\frac{\mathrm{d}[\mathrm{A}]}{\mathrm{d}t}=-\frac{1}{b}\frac{\mathrm{d}[\mathrm{B}]}{\mathrm{d}t}=\frac{1}{c}\frac{\mathrm{d}[\mathrm{c}]}{\mathrm{d}t}=\frac{1}{\mathrm{d}}\frac{\mathrm{d}[\mathrm{D}]}{\mathrm{d}t} \tag{5-46}$$

因此，对于化学计量系数不相等的反应，反应速率由式(5-47) 表示：

$$r=\frac{1}{c_i}\frac{\mathrm{d}[c_i]}{\mathrm{d}t} \tag{5-47}$$

其中系数 $(1/c_i)$ 对反应物是负的，对生成物是正的。

在废水处理中，反应进行的速率是一个重要的考虑因素。例如，在某些情况下，反应过程可能需要很长时间才能完成。在这种情况下，处理过程是根据反应进行的速率而不是反应的平衡位置来设计的。通常，超过化学计量或精确反应量的化学物质的量，可以通过驱动反应完成而在较短的时间内完成处理步骤。

5.5.3 比反应速率

从质量作用定律可以看出，给定反应的反应速率与反应物的剩余浓度成正比。因此，对于涉及单一组分 A 的反应，其反应速率如式(5-48) 所示：

$$r=\pm kc_{A} \tag{5-48}$$

式中，k 为比例常数，计算形式表示为比反应速率（也称为比例常数、速度常数和速率系数）。比反应速率以比反应浓度的单位时间变化为单位。其表示如式(5-49) 所示：

$$k=\frac{r}{c}=\frac{1}{V}\frac{\mathrm{d}N}{\mathrm{d}t}\frac{1}{c} \tag{5-49}$$

在实际应用中，反应速率 r 考虑了浓度的影响，而比反应速率常数 k 考虑了所有其他可能影响反应的变量。在任何特定情况下的许多变量中，温度通常是最重要的。

5.5.4 温度对反应速率常数的影响

温度是影响比反应速率常数的重要因素。比反应速率常数与温度的关系由范霍夫-阿伦尼乌斯关系式[式(5-50)]给出：

$$\frac{\mathrm{d}(\ln k)}{\mathrm{d}T}=\frac{E}{R^{2}} \tag{5-50}$$

式中，k 为在温度 T 时的比反应速率常数；T 为开尔文温度，K；E 为活化能（反应的特征值），J/mol；R 为理想气体常数，8.314J/(mol·K)。

将式(5-50) 在极限 T_1 和 T_2 之间积分，得式(5-51)：

$$\ln\frac{k_{1}}{k_{2}}=\frac{E(T_{2}-T_{1})}{RT_{1}T_{2}}=\frac{E}{RT_{1}T_{2}}(T_{2}-T_{1}) \tag{5-51}$$

在给定温度下 k_1 已知，E 已知，k_2 就可以计算出来。

接下来描述几个有关概念。

（1）活化能 通过确定两种不同温度下的 k，可以计算活化能 E。废水处理过程中常见的 E 值为 8400 至 84000J/mol（2000 至 20000cal/mol）。

（2）温度系数 θ 由于大多数废水处理过程都是在一个相对狭窄的温度范围内进行的，因此，对于所有实际情况，式(5-51) 中的 $E/(RT_1T_2)$ 项可以假定为常数。如果 $E/(RT_1T_2)$ 由 c 代替，则式(5-51) 可写成式(5-52)：

$$\ln\frac{k_{1}}{k_{2}}=c(T_{2}-T_{1}) \tag{5-52}$$

式(5-52) 进一步简化为式(5-53)：

$$\frac{k_{1}}{k_{2}}=\mathrm{e}^{c(T_{2}-T_{1})} \tag{5-53}$$

将式(5-53) 中的 e^c 替换为温度系数 θ，得到式(5-54)：

$$\frac{k_{1}}{k_{2}}=\theta^{(T_{2}-T_{1})} \tag{5-54}$$

工程领域常用式(5-54) 来调整反应速率常数的值，以反映温度对其的影响。然而，应该指出的是，尽管θ的值被假定为常数，但它常常会随着温度的变化而发生相当大的变化。因此，在为不同的温度范围选择合适的θ值时必须谨慎。生物处理系统的θ值在1.02～1.10之间变化。

5.5.5 反应级数

反应发生的速率通常是通过测量反应完成时反应物或生成物的浓度确定的。反应完成后，将测量结果与从各种标准速率方程中得到的相应结果进行比较，以进行相应反应的研究。

某一特定化合物的反应级数等于该化合物的化学计量系数。例如，在下面的反应中，化合物A的反应级数为a，化合物B的反应级数为a，以此类推，得式(5-55)：

$$aA+bB+\cdots\longrightarrow pP+qQ+\cdots \tag{5-55}$$

如果实验发现反应速率与A浓度的一次方成正比（即$a=1$），则该反应相对于A是一级反应。

当反应机理未知时，式(5-55) 的反应速率可近似为式(5-56)：

$$r=kc_A^a c_B^b c_C^c\cdots c_P^p=kc_A^n \tag{5-56}$$

其中a和b是反应物A和B的反应级数，n是总反应级数（$n=a+b+\cdots+p$）。不同反应级数的反应速率表达式如式(5-57) 至式(5-63)：

$$r=\pm k(\text{零级反应}) \tag{5-57}$$

$$r=\pm kc(\text{一级反应}) \tag{5-58}$$

$$r=\pm k(c-c_s)(\text{一级反应}) \tag{5-59}$$

$$r=\pm kc^2(\text{二级反应}) \tag{5-60}$$

$$r=\pm kc_A c_B(\text{二级反应}) \tag{5-61}$$

$$r=\pm\frac{kc}{K+c}(\text{饱和或混合反应}) \tag{5-62}$$

$$r=\pm\frac{kc}{(1+r_t t)^n}(\text{一级延迟反应}) \tag{5-63}$$

5.5.6 废水处理中使用的反应速率表达式

在废水处理中用于物质转化或分离的物理、化学和生物处理方式多种多样。表5-2中列出了环境中常见物质的转化和分离过程以及作用的物质。

表5-2 环境中常见物质的转化和分离过程（即归趋）以及作用的物质

过程	具体描述	作用的物质
吸附/解吸	许多化学成分往往会附着或吸附在固体上。废水中某些有毒化学物质的生成与废水中的悬浮固体关系很大。吸附作用与固体沉降相结合，可将原本不会降解的成分从水体中去除	金属、微量有机物、NH_4^+、PO_4^{3-}
藻类合成	利用废水中的营养物质合成藻类物质的细胞组织	NH_4^+、PO_4^{3-}、pH等
细菌转化	细菌转化(好氧和厌氧)是环境中的污染物发生转化的最重要途径；生化需氧量(BOD)和氮氧需求量(NOD)的产生是水质管理中最常见的细菌转化实例；有机废物好氧转化过程中氧气的耗尽过程也被称为脱氧；经处理的废水中排放的固体部分是有机物，当其沉淀到底部后，会根据当地条件进行厌氧或好氧分解。细菌对有毒有机化合物的转化也非常重要	BOD_5、硝化、反硝化、硫酸盐还原、厌氧发酵(在底层沉积物中)、重点有机污染物的转化等

续表

过程	具体描述	作用的物质
化学反应	环境中发生的重要化学反应包括水解反应、光化学反应和氧化还原反应。水解反应发生在污染物和水体之间	化学消毒、有机化合物分解、特定离子交换、元素置换
过滤	通过过滤(机械和偶然接触)、沉降、拦截、撞击和吸附去除水体中的悬浮物和胶体物质	TSS、胶体颗粒
絮凝	絮凝是指较小的颗粒聚集成较大的颗粒的过程,颗粒可通过沉淀和过滤去除。絮凝是由布朗运动、速度梯度差和沉降差引起的,其中大颗粒可挤压小颗粒,形成更大的颗粒	胶体和小颗粒物
气体吸收/解吸	气体被液体吸收的过程称为吸收。例如,当自由水面水体中的溶解氧浓度低于水中的饱和浓度时,氧气就会从大气转移到水中。转移速率(单位时间单位表面积的质量)与溶解氧低于饱和浓度的量成正比。向水中添加氧气也称为再曝气。当液体中的气体浓度超过饱和值时,就会发生解吸,并从液体转移到大气中	O_2、CO_2、CH_4、NH_3、H_2S
自然降解	在自然界中,污染物会因各种原因而衰变,包括细菌的死亡和某些有机成分的光氧化。自然衰变和放射性衰变通常遵循一阶动力学规律	植物、动物、藻类、真菌、原生动物、真细菌(大多数细菌)、古细菌、病毒、放射性物质、植物体
光化学反应	众所周知,太阳辐射会引发一系列化学反应。近紫外线(UV)和可见光范围内的辐射可导致多种有机化合物的分解	无机和有机化合物的分解
光合成/呼吸	白天,水体中的藻类细胞会通过光合作用产生氧气。据测定,溶解氧浓度高达 30～40mg/L。傍晚时分,藻类的呼吸作用会消耗氧气。在藻类大量生长的地方,傍晚时分会出现氧气耗尽的现象	藻类、浮萍、沉水植物、NH_4^+、PO_4^{3-}、pH 等
沉淀	经过处理的废水中的悬浮固体最终会沉降到受纳水体的底部。絮凝作用会促进沉降,而环境湍流则会阻碍沉降。在河流和沿海地区,湍流通常足以将悬浮固体分散到整个水深区域	TSS
沉积物需氧量	经过处理的废水中的残留固体会沉淀到溪流和河流的底部。由于这些颗粒部分是有机物,因此可以根据条件进行厌氧和好氧分解。沉淀到底部的藻类也会被分解,但速度要慢得多。沉积物的有氧分解过程中,消耗的氧气是水体中的另一种溶解氧需求	O_2、颗粒 BOD
挥发	挥发是指液体和固体蒸发并逸散到大气中的过程。容易挥发的有机化合物被称为 VOC(挥发性有机化合物)。这种现象的物理原理与气体吸收非常相似,只是净通量是从挥发性物质挥发进入大气	VOCs、NH_3、CH_4、H_2S 和其他气态物质

(1) 转化过程　速率表达式已用于描述废水成分在处理过程中的转化和释放到环境中的归趋。例如,一级反应式(5-58),表示为 ($r_C=-kc$),用于模拟 BOD 的降解和细菌的繁殖。虽然式(5-61) 总体上是二级的,但就 c_A 和 c_B 而言,它是一级的。方程 (5-62) 被称为饱和型方程 (也称为 Monod 型方程)。饱和条件下反应速率与浓度关系的实际过程如图 5-4 所示,当浓度 c 较大时,为零级反应的反应速率,而当浓度较低时,为一级反应的反应速率。

式(5-63) 给出的速率表达式被称为延迟一阶速率表达式,因为速率常数随距离、时间或处理程度的变化而变化,而处理程度又与距离或时间有关。分母上的 r_t 是延迟因子。在废水处理应用中,式(5-63) 中的指数 n 与粒径分布有关。例如,如果所有粒子的大小和组成相同,则指数 n 的值等于 1,而延迟因子 r_t 等于 0。延迟速率表达式也适用于从构成该有机物的各个组分的生物降解性不同的混合物中去除有机物。表 5-3 总结了常见物质转换和分离过程的速率表达式。

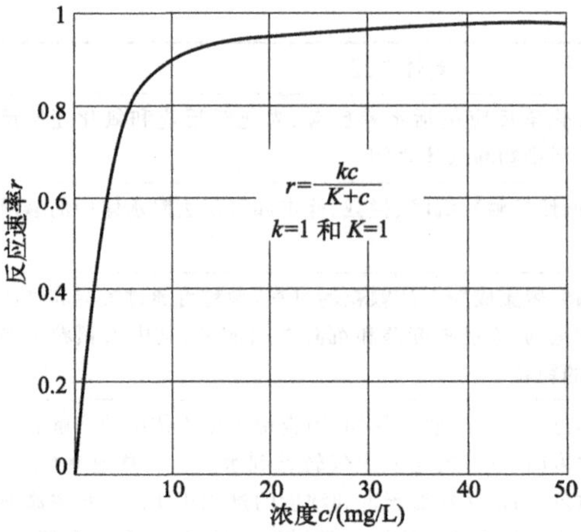

图 5-4　饱和条件下反应速率与浓度关系（当物质浓度超过约 20mg/L 时，反应级数基本上为零级）

表 5-3　某些转换和分离过程的速率表达式示例 α

过程	速率方程	描述
转化过程		
细菌转化	$r_c=-kc$	r_c 为转化速率，M/L^3T
		k 为一级反应速率常数，1/T
		c 为残留有机物的浓度，M/L^3
化学反应	$r_c=\pm k_n c_n$	r_c 为转化速率，M/L^3T
		k 为反应速率常数，$(M/L^3)^{n-1}/T$
		c 为物质浓度，$(M/L^3)^n$
		n 为反应级数(例如对于二级反应，n=2)
自然降解	$r_d=-k_d N$	r_d 为降解速率，no./T
		k_d 为一级反应速率常数，1/T
		N 为残留生物体数量，no.
分离过程		
气体吸收/解吸	$r_{ab}=-k_{ab}\frac{A}{V}(c_s-c)$ $r_{de}=-k_{de}\frac{A}{V}(c_s-c)$	r_{ab} 为吸附速率，M/L^3T
		r_{ab} 为解吸速率，M/L^3T
		k_{ab} 为吸收系数，L/T
		K_{de} 为解吸系数，L/T
		A 为面积，L^2
		V 为体积，L^3
		c_s 为液体中成分的饱和浓度，M/L^3
		c 为液体中成分的浓度，M/L^3
沉淀	$r_s=\frac{v_s}{H}(SS)$	r_s 为沉淀速率，1/T
		v_s 为沉降速度，L/T
		H 为深度，L
		SS 为沉降固体浓度，L^3/L^3
挥发	$r_v=-k_v(c-c_s)$	r_v 为单位时间、单位体积的挥发速率，M/L^3T
		k_v 为挥发速率常数，1/T
		c 为液体中组分浓度，M/L^3
		c_s 为液体中组分饱和浓度，M/L^3

（2）分离过程　与通过转化去除组分的转换过程不同，分离过程通过将组分从稀释状态转移到浓缩状态来将其去除。分离过程利用成分的特殊特性实现物质的分离。颗粒和溶解成分的去除方法如下所述。

① 颗粒组分　颗粒成分的去除取决于该成分的性质和大小，但主要是通过施加重力和压力来实现的。例如，废水中较大的固体，大于约 6mm 可通过筛分去除。重力法被用来分离除去砂砾和其他可沉淀的物质。很轻的成分，如油和油脂也可被重力法和浮选法除去，因为它们的密度比水小。不能通过重力法去除的较小颗粒成分可以通过过滤法去除，其中的水分在压力作用下通过过滤介质。图 5-5 说明，使用颗粒介质过滤器或人工湿地处理粒径分布如图所示的废水时，去除系数随距离或时间的变化情况。

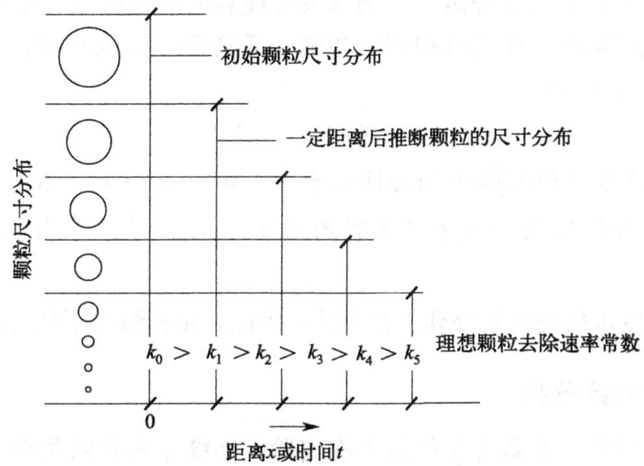

图 5-5　废水中不同粒径分布的颗粒去除系数随距离或时间的变化情况

② 溶解组分　溶解组分也可以通过在固体表面上的吸附将其从水中去除（例如活性炭吸附和离子交换）。在吸附型分离过程建模中需要考虑的一个重要问题是，由于假定反应在组分到达相关表面后是瞬时的，因此反应速率由组分到达反应点的迁移过程控制。静止系统中分子扩散的质量传递可以用菲克第一定律表示，如式(5-64）所示：

$$r=-D_{\mathrm{m}}\frac{\partial c}{\partial x} \tag{5-64}$$

式中，r 为单位面积单位时间内的传质率，$\mathrm{mol/(m^2 \cdot s)}$；$D_{\mathrm{m}}$ 为分子在 x 方向上的扩散系数，$\mathrm{m^2/s}$；c 为被转移组分的浓度，$\mathrm{mol/m^3}$；x 为距离，m。

式(5-64）中的负号是用来表示扩散发生在浓度降低的方向上。此外，应该注意的是，浓度梯度（$\partial c/\partial x$）假定为常数。在化学工程中，符号 J 用于表示以质量浓度为单位的质量传递，而符号 N 则用于表示以物质的量浓度为单位的质量传递。

分子扩散系数与粒子的摩擦系数有关，由斯托克斯-爱因斯坦方程给出。对于球形粒子，扩散系数由式(5-65）表示：

$$D=\frac{k_{\mathrm{B}}T}{6\pi\mu r_{\mathrm{p}}}=\frac{RT}{6\pi\mu r_{\mathrm{p}}N} \tag{5-65}$$

式中，D 为扩散系数，$\mathrm{m^2/s}$；k_{B} 为玻尔兹曼常数，$1.3805\times10^{-23}\mathrm{J/K}$；$T$ 为开尔文温度，℃；R 为理想气体常数，8.3145J/mol・K；μ 为动力黏度，$\mathrm{N \cdot s/m^2}$；r_{p} 为粒子半径，

m；N 为阿伏伽德罗常数，6.02×10^{23} 分子/g·mol。

式(5-65) 中分母中的项对应的是斯托克斯方程定义的粒子的摩擦系数。半径为 10^{-7}m (0.01mm) 的粒子，其扩散系数对应于最小细菌的大小，在 $T=20℃$、$\mu=1.002\times10^{-3}$N·s/m^2 的条件下，扩散系数为：

$$D=\frac{RT}{6\pi\mu r_p N}=\frac{8.3145\times293}{6\times3.14\times1.002\times10^{-3}\times10^{-7}\times6.02\times10^{23}}$$
$$=2.143\times10^{-8}(\mathrm{cm^2/s})$$

由上述计算可以看出，粒子越小，分子扩散系数越大。根据流体状态的不同，式(5-65) 中的分子扩散系数可被湍流扩散系数所取代。

废水处理中使用的许多重要分离工艺都涉及气液界面的传质（如曝气）或特定成分去除（如汽提）。例如，微可溶性气体从气相到液相的传质通量（液膜控制转移速率），基于菲克第一定律，可近似为式(5-66)：

$$r=K_L(c_s-c_t) \tag{5-66}$$

式中，r 为单位面积单位时间内的传质速率，mol/（m^2·s)；K_L 为总液体传质系数，m/s；c_s 为由亨利定律给出的与气体平衡时的浓度，mol/m^3；c_t 为 t 时刻液相体积浓度，mol/m^3。

传质系数取决于废水的特性和处理工艺设计，因此，每种情况下的传质系数都是不同的。

5.5.7 反应速率常数分析

通常情况下，反应速率常数是根据从批次实验、连续流实验以及中试和现场规模实验中获得的数据进行确定的。利用批量实验数据，可以采用多种方法确定反应速率常数，包括积分法和微分法，如表 5-4 所示。

表 5-4 用积分和微分法确定反应速率常数

速率表达式			测定反应速率常数的方法
积分方法			
零级反应	$r_c=\frac{dc}{dt}=-k$	$c-c_0=-kt$	用图形表示 c 和 t 的关系
一级反应	$r_c=\frac{dc}{dt}=-kc$	$\ln\frac{c}{c_0}=-kt$	用图形表示 $\ln(c/c_0)$和 t 的关系
二级反应	$r_c=\frac{dc}{dt}=-kc^2$	$\frac{1}{c}-\frac{1}{c_0}=kt$	用图形表示 $1/c$ 和 t 的关系
饱和反应	$r_c=\frac{dc}{dt}=-\frac{kc}{k+c}$	$k_t=k\ln\frac{c_0}{c_t}+(c_0-c_t)$	用图形表示，通过画出 $1/t\ \ln(c_0-c_t)$和 $(c_0-c_t)/t$ 的关系
微分方法			通过求解 $n=\frac{\log[-(dc_1/dt)]-\log[-(dc_2/dt)]}{\log(c_1)-\log(c_2)}$
$r_c=\frac{dc}{dt}=-kc^n$			一旦确定了反应的级数，就可以用取代法解出反应速率常数

如表 5-4 所示，积分方法是将各时间点反应物剩余量的数据代入速率表达式后转化为积分形式的方法。在微分法中，反应级数是未知的，不同时间的剩余物质的浓度被用来代入求解速率表达式，并用微分形式表示。在确定反应级数后，代入试验数据确定反应速率常数。通过所做图形，分析反应级数和反应速率常数，如图 5-6 所示。

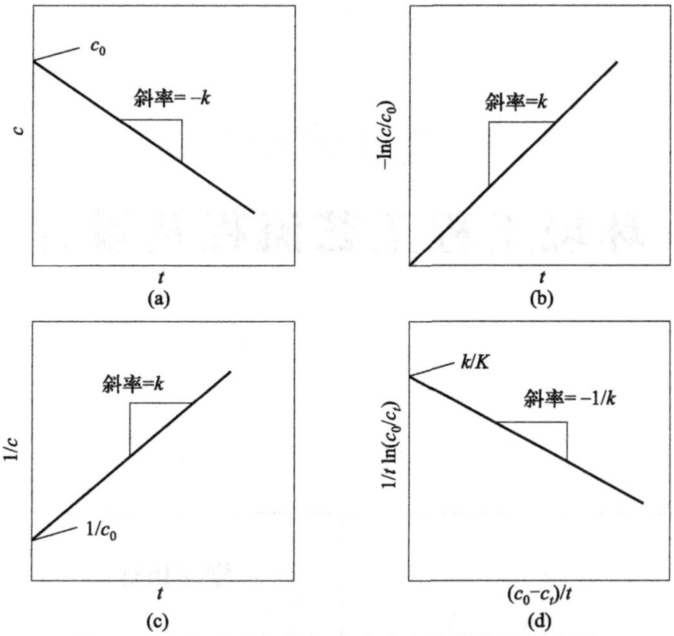

图 5-6　确定反应级数和反应速率常数的图形分析

(a)—零级反应；(b)——级反应；(c)—二级反应；(d)—饱和型反应

练习与思考

1. 连续反应的反应速率

在连续的一级反应中，第一步的产物会成为后续反应步骤的反应物。连续不可逆反应如下所示：

$$aA \xrightarrow{k_1} bB \xrightarrow{k_2} cC$$

请思考总反应速率表示、单个反应物的反应速率与总反应速率的关系，以及单个反应物的反应速率与反应物浓度的关系。

2. 氨的硝化，一个连续的反应

环境工程中连续反应的一个经典例子是氨的硝化反应。以下为根据氨的硝化反应所建立的化学计量反应关系：

$$NH_3 \xrightarrow[k_1]{O_2\text{和亚硝化细菌}} NO_2^- \xrightarrow[k_2]{O_2\text{和硝化细菌}} NO_3^-$$

请思考总反应速率的表示，以及 NH_3、NO_2^- 和 NO_3^- 反应速率的表示方式。

3. 单独的可逆反应

一个可逆的一级反应及反应物的反应速率如下表示：

$$aA \underset{k_2}{\overset{k_1}{\rightleftharpoons}} bB$$

请思考总反应速率的表示、总反应速率与单个反应速率的关系，并用浓度表示单个反应速率。

第6章

环境工程工艺流程及设计

内容提要

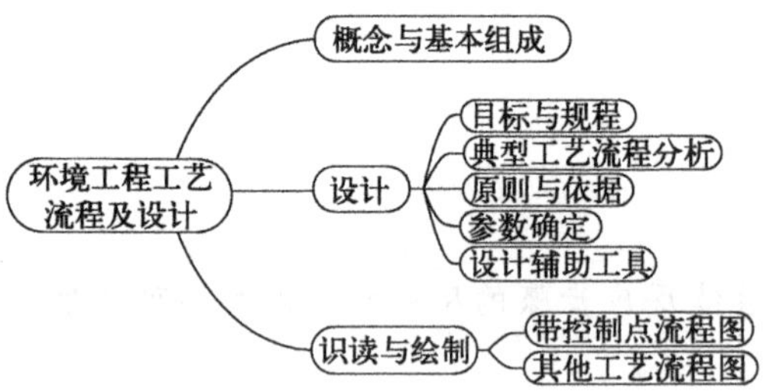

学习目标

知识目标

掌握工艺流程的概念和组成；

理解工艺流程的设计原理、目标、规程及思路，了解工艺设计考虑因素；

熟悉水处理过程的典型工艺流程，了解其组成和作用；

了解工艺流程的选择原则、依据和方法。

能力目标

能够正确选择工艺流程并进行绘制；

能够利用模拟设计工具进行流程设计。

素质目标

培养项目协作和团队精神，培养全面思考问题的习惯。

导读

环境工程工艺流程及设计的团队协作与跨学科创新

环境工程工艺流程设计是环境工程领域实现污染治理与资源循环利用的关键环节，是对传统工艺流程的优化与创新，更是对现代环境需求的积极回应。其理论基础可追溯至经典化学工程与环境科学原理，如早期对流体力学与传质理论的研究为环境工程工艺流程设计奠定基础。在当代，随着环境问题日益复杂，对工艺流程及设计的创新需求愈发迫切。近年来，众多学者致力于开发更高效、更环保的工艺流程，以满足可持续发展的要求。

在我国，环境工程工艺流程及设计的发展与创新受到高度重视。随着生态文明建设的推进，工艺流程的创新成为环境工程领域的重要课题。科研人员不断探索新技术、新方法，以提高工艺流程的性能和效率，减少能源消耗和污染物排放。例如，开发新型的污水处理工艺流程，提高处理效率和出水质量；设计高效的废气处理工艺流程，降低有害气体排放。

环境工程工艺流程及设计的发展与创新离不开团队精神与协作。在实际项目中，从工艺设计到实施落地，需要多学科背景的专业人员协同工作。团队成员来自化学工程、环境科学、自动化控制等多个领域，他们通过跨学科的协作，优化工艺流程，提高处理效率，同时降低能耗和运行成本。这种跨学科的团队协作不仅提高了项目的成功率，还培养了团队成员之间的信任和默契。

在生态文明建设的背景下，环境工程工艺流程及设计的发展与创新更加重要。通过技术创新，可以实现对城市和农村生态环境的有效治理和修复，如开发高效的污水处理工艺流程、大气污染控制工艺流程和土壤修复工艺流程等。同时，工艺流程及设计的创新也为生态文明建设提供了重要的技术支持和保障，例如通过绿色化学工艺流程的设计，推动资源的循环利用和可持续发展。

环境工程工艺流程及设计的发展与创新与生态文明建设的融合体现在教育和人才培养方面。生态文明建设需要大量具备环境工程专业知识和技能的人才，他们能够运用科学的方法和工程技术解决实际的环境问题，推动生态文明建设的实施。因此，环境工程教育在培养专业技能的同时，也需要注重培养团队协作能力和沟通能力。

面向未来，环境工程工艺流程及设计的发展将更加依赖于团队协作和跨学科创新。随着大数据、人工智能等新兴技术的引入，环境工程领域将面临更多的机遇和挑战。只有通过团队协作，整合多学科资源，才能在复杂多变的环境中实现可持续发展的目标。

6.1　工艺流程的概念与基本组成

(1) 单元操作与单元流程　处理大量污染物的水处理装置一般分为两大类：单元操作和单元流程。单元操作中污染物的处理或去除是物理作用。然而，单元流程中的处理主要是由化学和生物反应发挥作用的。通常，“单元操作”和“单元流程”这两个术语是可以替换使用的，因为许多流程是服务于单一、主要目的的操作的集合。例如，活性污泥法结合了混合、气体转移、絮凝和生物反应来去除可生物降解的有机物。

(2) 工艺流程图　污水处理厂利用许多单元操作和流程来达到所需的处理目的。处理示意图的集合称为流程图、工艺流程图、工艺序列或流程示意图。为达到所需处理目的，可以对不同的单元操作和工艺进行开发，得到许多不同的工艺系列。然而，最理想的工艺流程应该是最具成本效益的。

(3) 设备选择　每个污水处理设施的许多设计细节在于所选设备的尺寸和安装要求。事实上，许多设计细节往往取决于所选设备的尺寸和安装要求。设计工程师必须审查设计标准、设计程序和设计要求，进行初步设计计算，研究制造商的产品目录。设计工程师有必要与设备供应商密切合作，以确保选择的设备最适合特定应用场景。

(4) 连接管道、泵单元、流量测量和流量均衡　污水处理厂使用连接管道、泵单元、流量测量和流量均衡。这些组件的基本信息如表 6-1 所示。

表 6-1 连接管道、泵单元、流量测量和流量均衡

组件	描述
连接管道	污水处理厂设有多种类型的管道和渠道，用于将污水从上游输送到下游。这些输送系统大多是明渠、部分流动的环形下水道和压力管道
泵站(PS)	污水处理厂通常位于地势较低的地方，以便在重力作用下流入收集系统。在污水处理厂现场，废水被泵送到足够的高度，以便通过重力流过各个处理单元。此外，还需要用泵来清除砂砾、初级污泥、废污泥、回流污泥、浓缩污泥和消化污泥，并输送化学溶液
流量测量(FM)	对污水处理设施中的污水流量、污泥和化学溶液进行测量，对于工厂运行、过程控制和记录保存至关重要。流量测量装置可安装在污水截流管道、泵站之后或工厂内的任何其他位置
流量和质量均衡(EQ)	流量和质量均衡是对流量和质量负荷变化的简单控制。通过流量均衡，工厂可以在几乎恒定的理想流量和质量负荷条件下进行设计和运行。这样可以最大限度地减少冲击，实现设备的最大利用率

6.2 工艺流程设计的目标、规程与考虑因素

6.2.1 处理目标

污水处理厂的目标是满足政府和地区监管机构制定的污水排放质量标准，并防止因废水处理不当而可能引发的各种环境污染问题。其中一些环境污染状况是：①在污水处理和处置场所有令人难受和恶心的气味；②污染水源；③破坏鱼类、贝类和其他水生生物的生存环境；④受纳水体使用价值的损害；⑤土地利用价值下降，制约区域发展。理想情况下，污水处理厂必须积极践行中水和残留物的回收利用，并促进区域发展。

6.2.2 设计规程

《中华人民共和国水污染防治法》是我国水环境保护领域的综合性法律，旨在防治水污染、改善水环境质量并保障饮用水安全。该法确立了“预防为主、防治结合、综合治理”的基本原则，构建了包括水环境质量标准、污染物排放标准、排污许可管理等在内的制度体系。法律明确规定了政府监管责任和企业治污主体责任，要求重点排污单位必须取得排污许可证并安装在线监测设备，同时强化了对饮用水水源保护区的特殊保护。当前，随着 2023 年修订工作的启动，法律内容正不断完善以适应新污染物治理等新形势下的环境保护需求。这些规定的重点如下。

① 新建、改建、扩建项目的污水处理设施必须与主体工程同时设计、同时施工、同时投产使用。验收不合格的，项目不得投入生产或使用。

② 工业集聚区应配套建设污水集中处理设施，安装自动监测设备。逾期未完成的，可暂停审批其新增水污染物排放的建设项目。

③ 医疗机构：含病原体的污水须严格消毒处理。畜禽养殖场：应建设污水处理设施，废弃物综合利用。

④ 重点排污单位必须取得排污许可证，明确排放污染物的种类、浓度、总量及排放去向。禁止无证排污或不按许可证要求排污。

⑤ 执行国家或地方水污染物排放标准，如《污水综合排放标准》(GB 8978—1996)。重点流域（如长江、黄河）可制定更严格的特别排放限值。

⑥ 排污口位置和数量须经生态环境主管部门审批。禁止在饮用水水源保护区内新建排污口。

⑦ 重点排污单位应安装水污染物排放自动监测设备，与环保部门联网。监测数据保存

至少 3 年，并向社会公开。

⑧ 污泥处理处置应符合国家标准，如《城镇污水处理厂污泥泥质》(GB/T 24188—2009)。禁止擅自倾倒、堆放或直接填埋污泥。

⑨ 企业应建设事故应急池，制订突发环境事件应急预案。发生事故导致污染的，须立即启动应急预案并报告。

⑩ 污水处理设施设计需符合《室外排水设计标准》(GB 50014—2021)。工业废水处理执行行业技术规范，如《电镀废水治理工程技术规范》(HJ 2002—2010)。

二维码 6-1：《城镇污水再生利用工程设计规范》

6.2.3 基本设计考虑因素

在污水处理项目的初期规划和设计阶段，必须考虑许多重要的设计因素。

(1) 初始年份、设计年份与设计人数

① 初始年与设计年　污水处理设施的规划、设计与建设一般需要数年时间。因此，污水处理厂的大部分组件都要做得足够大，以满足未来几年的社区需求。初始年是指建设完成并开始运行的年份。设计年或规划年是设施预计达到全部设计能力的年份。选择设计年需要根据社区过去的社会与经济趋势，对未来人口增长做出正确的判断并掌握相关技能。设计期的选择一般考虑以下因素：处理装置的使用寿命；扩建的难易程度；处理设施最初几年的性能；未来人口增长、工商业发展；用水需求与废水特性的未来增长；当前与未来的建设成本以及资金供应情况。

② 设计人口　社区产生的废水量取决于人口和人均废水量。因此，估算设计年的服务人口非常重要。准确预测人口数量相当困难，因为影响城市发展的因素很多。其中重要的因素包括：工业增长；周边地区的发展状况；交通位置；原材料、土地和水资源的可用性；地方税收和政府活动；移民趋势等。

③ 人口数据来源　人口数据可从多个来源获得。对于过渡时期的数据，通常可从地方人口普查局，市、县或地方规划委员会，商会，选民登记名单，邮局、报纸和公用事业部门获得可靠数据。设计工程师必须熟悉人口数据来源以及可从这些来源获得的信息类型。

④ 人口密度　整个城市的平均人口密度很少超过 7500～10000 人/km^2。通常，了解城市不同地区的人口密度对于估计废水流量和设计收集网络非常重要。一个城市的人口密度因土地用途的不同而有很大差异。

(2) 服务区和处理厂选址

① 服务区　服务区（又称污水处理区）是指拟建污水处理设施最终将提供服务的土地总面积。该地区可能基于自然排水或政治边界选址，或两者兼而有之。应研究实地考察、地形、地质、水文、气候等生态要素，社会与经济条件以及土地利用或分区规划等方面的工程资料。

② 选址　污水处理设施的选址应仔细考虑该地区的土地利用和发展模式，以及社会、环境和工程方面的限制。重要的是，污水处理厂厂址的选择将对受影响的社区和邻里产生长期的社会、经济和政治影响。在场地评估过程中必须考虑的基本原则是：a. 低海拔允许污水不同处理单元在重力作用下流动；b. 将场地与目前的建筑区域和未来的发展隔离开来；c. 大片土地以保持隔离（缓冲地）；d. 就地处置残余物的机会；e. 在洪泛区以上的低洼地区，必须采取适当的防洪措施；f. 全年、全天候的道路；g. 备用电力来源；h. 污水再利用

和处置的潜力；i. 保证地基稳定的地质条件，适合按正常顺序放置单元的适度坡度；j. 没有考古和历史遗址，以及不是濒危或受威胁的动植物物种的重要栖息地。

项目规划团队必须调查地形、排水、地表水和地下水、土壤类型、盛行风、温度、降水、季节性太阳角度、野生动物栖息地、生态系统、区域和当地土地利用和分区、交通、考古和历史特征以及其他因素。

（3）监管要求与排放限制 随着有关废水特性、处理过程的有效性和环境影响的信息越来越多，相关法规总是会发生变化。二级处理的监管趋势和最低国家标准也可能发生变化。

（4）废水的特性与处理程度 污水特性的可靠估计对于设计处理设施非常重要。废水的特性是根据流动条件、物理、化学和生物质量确定的。初始年和设计年都需要废水特性数据。数据包括：最小、平均和最大旱季流量；雨季峰值流量；持续最大流量；化学参数如BOD_5、TSS、pH 值、TDS 以及氮、磷和有毒化学物质含量。

处理程度是根据处理厂的进水特性和所要求的出水质量来确定的。如果废水排放到自然水中，则应符合《排污许可管理条例》的要求。如果用于灌溉，植物流出物还必须符合有关所灌溉作物类型的健康条例。其他污水用途，如休闲湖泊、农业、工业和市政，可能决定污水的质量，从而决定处理的程度。

（5）处理工艺、设备与工艺流程的选择 城市废水含有大约 99.9%的水。废水处理设施设计用于处理液体和固体。液体中的一小部分固体包括有机物、无机悬浮物和溶解固体。具体内容见 6.1 节。

（6）工厂布局 厂区布置是指选定场地上处理单元、管道和建筑物的布置。紧凑和模块化的布局是可取的。考虑的重要因素包括地形、土壤条件、可达性、未来扩展能力、水力学、美学和环境控制。

（7）工厂水力条件 污水处理厂利用管道和通道连接处理单元。虽然这些组件不提供任何直接的处理，但它们被认为是液体和污泥流整体工艺设计的组成部分。

（8）工厂水力概况 水力剖面图是污水处理厂水力坡度线的图示。绘制水力剖面图有以下几个目的：①有足够的水力坡度，使废水在重力作用下流动；②泵能提供足够的扬程；③处理单元在流量高峰期不会被淹没或倒灌。连接管道、收集箱和分流箱用于将污水从一个处理单元输送到另一个处理单元，并将某些处理单元与工艺流程隔离，以便进行维护。水力剖面是一个重要的课题。

（9）能源与资源需求及工厂经济性 一次能源是工厂运行所使用的能源，而二次能源则是生产化学品、其他消耗材料和建筑材料所需的能源。所需资源包括土地、设备、仪器和劳动力。因此，工厂的经济性不仅取决于初始建设成本，还取决于每年的运行和维护(O&M)成本。此外，有必要进行成本效益分析，以确保建设和运行维护成本合理，并符合计划的处理水平。

（10）环境影响评估 《中华人民共和国环境影响评价法》是我国环境保护领域的一项重要法律，旨在从源头预防规划和建设项目实施后对环境造成的不良影响，促进经济社会与生态环境的协调发展。该法于 2002 年首次颁布，并在 2018 年进行了修订完善。该法要求对各类开发建设规划和建设项目实施分类管理，根据可能对环境造成的影响程度，分别编制环境影响报告书、报告表或填写登记表，其中重大影响项目必须开展全面的环境影响评价并征求公众意见。

6.3　水处理中的典型工艺流程分析

6.3.1　水处理常见单元和过程

水处理过程涉及诸多处理工艺流程，表 6-2 列出了应用于大量水处理的主要单元操作与工艺。

二维码 6-2：单元和工艺

表 6-2　应用于大量水处理的主要单元操作与工艺

单元运行及流程(UO 与 UP)	主要应用	去除率/%
筛滤	格栅或筛网通常是废水处理的第一步。它们用于去除大型物体。细筛也用于去除较小的物体，包括砂砾和有机物，以进行预处理或初级处理	可忽略
沉砂	作为一种预处理工艺，沉砂池可去除砾石、沙子、煤渣、蛋壳等重物	去除少量污染物
初沉池(或沉淀)	初沉的主要目的是去除可沉淀和可漂浮的无机和有机固体。细筛也可代替初沉池，尤其是在膜生物反应器(MBR)工艺之前	BOD_5 和 COD 为 20～40 TSS 为 50～70 TP 为 10～20 ON 为 20～30 AN 为 0
混凝和化学沉淀	混凝和化学沉淀包括添加化学品、快速混合(RM)或分散，然后是絮凝(FLOC)和沉淀。该工艺用于提高 TSS、BOD_5 和 TP 的去除率。常用的化学品有明矾、铁盐、聚合物和石灰，分一至两个阶段使用	BOD_5 和 COD 为 40～70 TSS 为 50～80 TP 为 70～90 ON 为 70～95 AN 为 0
传统悬浮生长好氧生物反应器(活性污泥)	该工艺用于去除溶解性有机物。空气用于给水处理过程氧气提供。需要对出水进行澄清，以便将生物质从出水和回流污泥中分离出来，使反应器中的混合液悬浮固体(MLSS)浓度保持在理想水平。主要的影响因素是活性污泥	BOD_5 和 COD 为 85～95 TSS 为 80～90 TP 为 10～25 ON 为 60～85 AN 为 8～15 出水中含有高的 NO_3-N
附着式好氧生物反应器(滴滤池)	该工艺用于去除溶解的有机物。废水流经含有生物质的固定介质。生物膜去除有机物。出水经过澄清以去除生物质。主体是生物滤池	BOD_5 和 COD 为 60～80 TSS 为 60～85 TP 为 8～12 ON 为 60～80 AN 为 8～15 出水中含有高的 NO_3-N
旋转生物接触反应器(RBC)	RBC 也称为生物转盘，由圆形塑料板或盘组成，安装在一个缓慢旋转的轴上，部分浸没在基质和空气交替流动的水槽中。生物在圆盘上生长。出水可得到澄清	BOD_5 和 COD 为 60～80 TSS 为 60～85 TP 为 8～12 ON 为 60～80 AN 为 8～15 出水中含有高的 NO_3-N
附着和悬浮生长相结合的反应器	通过将附着生长工艺集成到传统的悬浮生长好氧反应器中，开发出了附着生长和悬浮生长相结合的工艺。该工艺整体生物处理性能得到改善。主要工艺有滴滤/固体接触(TF/SC)、活性生物滤池(ABF)、集成固定膜活性污泥(IFAS)和移动床生物反应器(MBBR)。澄清和污泥回流可能需要单级或多级澄清池	BOD_5 和 COD 为 80～95 TSS 为 80～90 TP 为 10～25 ON 为 60～80 AN 为 8～15 出水中含有高的 NO_3-N

续表

单元运行及流程(UO与UP)	主要应用	去除率/%
悬浮生长厌氧生物反应器	悬浮生长厌氧处理工艺在密闭的混合反应器中进行,可加热或不加热。该工艺适用于处理中高浓度的工业废物。可产生沼气。主要的工艺包括:厌氧接触工艺(ACP),然后进行固体分离和回流;上流式厌氧污泥床工艺(UASB),反应器顶部设有气-固-液一体化分离区	BOD_5 和 COD 为 75~90 TSS 为 80~90 TP 为 8~12 ON 为 50~70 出水中含有高的 AN
硝化	硝化过程将大部分氨氮转化为硝态氮。它可在悬浮或附着生长生物反应器中实现。硝化可在单级好氧反应器中与去除生化需氧量同时进行,也可在去除生化需氧量后在单独的一级好氧反应器中进行。氨氧化细菌(AOB)将氨氧化成亚硝酸盐,而亚硝酸盐氧化细菌(NOB)将亚硝酸盐氧化成硝酸盐	ON 为 75~85 AN 为 85~95 出水中含有高的 NO_3-N
反硝化	硝酸盐和亚硝酸盐在缺氧条件下,并在有合适碳源(如进水中的可生物降解有机物或作为外部碳源补充的甲醇)存在的情况下,被微生物还原成氮气	TP 为 5~10 NO_3-N 和 NO_2-N 为 90~100
强化生物除磷(EBPR)	磷的去除是通过聚磷菌(PAO)来实现的。磷酸盐在厌氧区释放,然后在好氧区被聚磷菌吸收	TP 为 70~90
厌氧、缺氧、好氧联合的连续流生物脱氮除磷(BNR)反应器	该工艺采用多个反应器,包括厌氧、缺氧和好氧、沉淀、回流污泥和内部再循环组成工艺流程。该工艺具有提高生物除磷脱氮能力的功能	BOD_5 和 COD 为 90~95 TSS 为 90~95 TP 为 70~90 ON 为 70~95 AN 为 90~99 出水中 NO_3-N 为 4~8mg/L
序批式生物脱氮除磷反应器(SBR)	这是一种进水排水式或连续流活性污泥工艺。它采用的原理与推流式连续系统基本相同。进水、排水和再进水操作可使反应器获得厌氧、缺氧和好氧环境,从而提高生物除磷脱氮能力以及 BOD_5 和 TSS 去除率。与二级处理厂相比,该工艺能够获得更高的出水质量	BOD_5 和 COD 为 90~95 TSS 为 90~95 TP 为 70~90 ON 为 70~95 AN 为 90~98 出水中 NO_3-N 为 4~8mg/L
二级沉淀池/终沉池	二级沉淀池或最终沉淀池与生物或化学处理过程结合使用,以去除生物和化学絮凝物	它通常作为悬浮生长生物反应器系统的组成部分
消毒	消毒用于消灭污水中的水生病原体。常见的消毒方法有紫外线辐射、臭氧消毒、加氯消毒和其他化学品消毒。氯化是最常见的消毒方法。污水中的残余氯会导致受纳水体中毒。因此,采用脱氯法来消除污水中的余氯	不去除化学成分。消灭病原体和大肠菌群
自然系统	许多自然系统,如稳定塘、土地处理系统、自然湿地和人工湿地,都被用来对二级污水处理厂的尾水进行进一步处理	BOD_5 为 50~90 COD 为 40~90 TSS 为 50~80 TP 为 60~90 ON 为 60~90 AN 为 85~95
氨的汽提	氨气在汽提塔中从废水中分离出来。高 pH 值对氨的剥离是必要的。其他挥发性有机化合物也可用汽提法去除	AN 为 60~95
过滤	过滤通过去除 TSS 和浊度强化二级出水水质,作为三级处理和出水回用,并去除稳定池出水中的藻类	BOD_5 为 30~60 COD 为 0~50 TSS 为 60~80 TP 为 20~30 ON 为 50~70 AN 为 0

续表

单元运行及流程(UO与UP)	主要应用	去除率/%
碳吸附	碳吸附是用来去除废水中难降解和其他不可生物降解的有机物。粉末活性炭(PAC)和颗粒活性炭(GAC)柱都可被使用	BOD_5为50～80 COD为50～85 TSS为40～80 TP为10～30 ON为30～50 AN为0
离子交换	离子交换是一种去除污水中溶解固体的脱盐工艺。它还用于在沸石树脂床中选择性地去除氨	TDS为70～95 BOD_5、COD、TSS和TP去除效果不明显 沸石床中AN为85～95
微滤(MF)和超滤(UF)	这些膜工艺主要用于实现高质量的固体分离。无需对进料流进行澄清和过滤	TSS为90～95
膜生物反应器(MBR)	膜生物反应器(MBR)工艺是一种改良的悬浮生长生物系统。在该工艺中,集成MF/UF膜组件的反应池取代了沉淀池,用于在曝气池内直接进行固液分离	BOD_5为95～99 TSS为90～95 TP为90～95 ON为85～95 AN为30～50
纳滤(NF)	作为一种部分脱盐工艺,这种膜工艺通常用于软化水或降低TDS	TDS为40～70
反渗透(RO)	这是一种脱盐工艺,能够从污水中生产出高质量的再生水。水在高压下通过半透膜渗透。浓缩液中含有高浓度的溶解固体	TDS为80～95 BOD_5、COD、TSS、TP和ON去除为90～100 AN为60～90
电渗析(ED)	这是一个脱盐的过程。利用电压通过选择性离子交换膜转移阳离子和阴离子,这样就产生了溶解固体含量低的出水和含盐量高的浓缩液	TDS为70～95 BOD_5和COD为20～60 TP为90～100 ON为80～95 AN为30～50

6.3.2 污水处理的分级与生物处理机制

6.3.2.1 污水处理的分级

污水处理按处理程度分为一级处理、一级强化处理、二级处理、二级强化处理或三级处理。

一级处理主要采用沉淀法去除污水中的悬浮固体颗粒物，一般可去除30% BOD，一般作为预处理。

一级强化处理是在一级处理的基础上，通过投加化学絮凝剂或者生物絮凝剂，去除70%左右的SS、50%左右的BOD和绝大部分磷。

二级处理是指采用传统生物技术去除污水中的胶体状和溶解态的有机物，能去除90%左右的COD、BOD，但氮、磷含量可能不达标。常用方法有传统活性污泥法、AB法和生物膜法。

二级强化或三级处理是在二级处理的基础上，进一步去除难降解有机物和氮、磷，常见技术为在生物脱氮除磷过程、生物化学协同脱氮除磷的基础上，对处理尾水进行混凝沉淀、砂滤、活性炭吸附和膜分离等。

6.3.2.2 污水生物处理机制

污水生物处理是微生物在酶的催化作用下，利用微生物的新陈代谢功能，对污水中的污染物质进行分解和转化的过程。微生物代谢分为分解代谢和合成代谢。微生物可以利用污水中大部分有机物和部分无机物作为营养源。

(1) 降碳 好氧生物处理是污水中存在分子氧的情况下，微生物利用污水中存在的有机物为底物进行好氧代谢，经过一系列生化反应，将污染物转化成稳定的无机物，以便进行下一步处置或排入自然环境。好氧处理过程 O_2 作为最终电子受体，有机物最终被氧化成 CO_2、水和氨等无机物。污水中有机物被微生物摄取后，约 1/3 被分解，用于提供微生物生理活动所需的能量，约 2/3 被转化合成细菌细胞物质。后者成为污水处理过程中活性污泥或生物膜的增长部分，通常称为剩余活性污泥或生物膜，又称为生物污泥。在污水处理过程中，生物污泥经过固液分离后，需要进一步的处理处置。

厌氧生物处理是在没有分子氧及化合态氧的情况下，利用兼性细菌和厌氧细菌降解和稳定有机物的处理方法。在厌氧生物处理过程中，复杂有机化合物被分解、转化为简单有机物，同时释放能量。在这个过程，有机物转化成三个部分：一部分转化成甲烷，可回收利用作为可燃气体；一部分被分解为二氧化碳、水、氨、硫化氢等无机物，并为细胞合成提供能量；少量有机物被转化成新的细菌细胞物质。由于只有少部分用于合成细胞物质，厌氧生物处理的污泥增长率相对于好氧生物处理小很多。

(2) 脱氮 在水体中，溶解形态的氮包括氨氮、亚硝酸盐氮、硝酸盐氮以及有机氮（如氨基酸）。氮化合物在水体中的转化过程包括固氮、同化、氨化、硝化及反硝化过程。生物处理过程中，污水中的一部分氮（氨氮或有机氮）被同化成微生物细胞组分，并以剩余活性污泥的形式从污水中去除，成为脱氮的一个途径。另外，有机氮通过氨化作用转化成氨氮，然后通过生物硝化和反硝化作用把氨氮转化成氮气，这是脱氮的另一个途径。

氨氮转变成硝酸盐氮的过程主要依靠亚硝化细菌和硝化细菌，前者将氨氮氧化成亚硝酸盐氮，后者将亚硝酸盐氮氧化成硝酸盐氮。这类自养菌通过氧化无机氮获得能量维持生长和活动，同时还原 CO_2 获取细胞合成所需的碳源。这个过程需要大量的氧，因此主要在污水处理过程的曝气阶段完成。

反硝化细菌能够将污水中的氧化态氮转化成 N_2。大部分反硝化微生物是好氧化能异养菌，在缺氧条件下以亚硝酸盐和硝酸盐取代 O_2 作为电子受体，而以有机物作为电子供体实现氧化还原反应。因此，反硝化过程主要在污水处理过程的缺氧阶段完成，同时需要充足的有机物作为电子供体。

厌氧氨氧化是一种新的脱氮工艺，在缺氧条件下，厌氧氨氧化细菌能够将亚硝酸盐作为电子受体，将氨作为电子供体生成 N_2。催化厌氧氨氧化过程的细菌为自养细菌，因此这个过程不需要碳源，同时能够减少 60%的曝气能量，净 CO_2 排放量大大减少。与传统工艺相比，运行费用也大幅降低。

(3) 除磷 在厌氧区，聚磷菌细胞内存储的聚磷酸盐水解为正磷酸盐，从中获得能量产生 ATP。同时聚磷菌将污水中已降解的 COD，如挥发性脂肪酸（volatile fatty acid，VFA）吸收进入细胞，以碳能源存储物质聚 β-羟基丁酸（poly-β-hydroxybutyrate，PHB）的形式存储于细胞内。当混合液进入好氧或缺氧区，聚磷菌以分子氧或者化合态氧作为电子受体，氧化代谢细胞内存储的聚 β-羟基丁酸并产生能量，过量地从污水中摄取磷酸盐，能量以高能物质 ATP 的形式存储，其中一部分又转化成聚磷，作为能量存储于细胞内。

生物除磷的基本原理，即通过厌氧-好氧或厌氧-缺氧交替运行，利用聚磷菌具有的厌氧释磷及好氧（缺氧）超量吸磷的特性，使好氧段或者缺氧段中混合液磷的浓度大大降低，最终通过排放含有大量富磷细菌的污泥达到污水中除磷的目的。

6.3.2.3 常见污水处理工艺

(1) 活性污泥法 活性污泥法具备对水质水量的广泛适应性、灵活多样的运行方式、良好的可控制性和运行的经济性，因而获得广泛应用。活性污泥法能从污水中去除溶解的和胶体的可生物降解有机物，同时通过厌氧或缺氧段的设置使之具有生物脱氮、除磷的效能。

活性污泥法是向曝气池中富含有机污染物并有细菌的废水中不断地通入空气（曝气），在一定的时间后就会出现悬浮态絮状的泥粒，这实际上是由好氧细菌（及兼性好氧细菌）所吸附的有机物和好氧细菌代谢活动的产物所组成的聚集体，具有很强的分解有机物的能力，称之为“活性污泥”。活性污泥法有多种池型及运行方式，通常有普通活性污泥法、完全混合式表面曝气法和吸附再生法等。具体工艺包括厌氧/缺氧/好氧（A/A/O）法、生物吸附氧化法（AB 法）、序批式活性污泥法（SBR）、氧化沟和膜生物反应器等。

(2) 生物膜法 使污水连续流经固体填料（碎石、煤渣或塑料填料），微生物在填料上大量繁殖，形成污泥状的胶膜称为生物膜。利用生物膜处理污水的方法，称为生物膜法。生物膜主要由大量的菌胶团、真菌、藻类和原生动物组成。生物膜上的微生物起到和活性污泥同样的净化作用，吸附并降解水中的有机污染物，从填料上脱落的衰老的生物膜随处理后的污水流入沉淀池，经过沉淀池沉淀分离后，污水得到净化。常见的生物膜法处理设施有生物滤池、生物接触氧化池、生物转盘和曝气生物滤池等。

(3) 厌氧生物工艺 近年来，世界性的能源紧张使污水处理向节能和实现能源化的方向发展，从而促进了厌氧微生物处理方法的发展。一大批高效、新型的厌氧生物反应器相继出现，包括厌氧生物滤池、升流式厌氧污泥床、厌氧流化床等。它们的共同特点是反应器中生物团体浓度很高，污泥龄很长，因此处理能力大大提高，从而使厌氧生物处理法所具有的能耗小、可以回收能源、剩余的污泥量少、生成的污泥稳定易处理、对高浓度有机废水处理效率高等优点。厌氧生物处理法经过多年的发展，已经成为污水处理的主要方法之一。

6.4 工艺流程的选择原则与依据

6.4.1 工艺流程的选择原则

在选择处理的工艺路线时，应注意考虑如下基本原则。

(1) 合法性 环境保护设计必须遵循有关的环境保护法律、法规，合理开发和利用各种自然资源，严格控制环境污染，保护和改善生态环境。

(2) 先进性 先进性主要是指技术上的先进性和经济上的合理可行，具体包括处理项目的总投资、处理系统的运行费用和管理等方面的内容，应该选择处理能耗小、效率高、管理方便和处理后得到的产物能直接利用的处理工艺路线。随着经济的发展和人们环境意识的提高，各种污染物的排放要求会越来越高，因此还要考虑处理的工艺路线要有一定前瞻性。

(3) 可靠性 可靠性是指所选择的处理工艺路线是否成熟可靠。工程设计中可能采用的技术有：成熟技术、成熟技术基础上延伸的技术、不成熟技术和新技术。如果采用了不成熟技术，就会影响处理的效果和环境的质量，甚至造成极大的浪费。对于尚在试验阶段的新处理技术、新处理工艺和新处理设备，应该慎重对待，防止只考虑和追求新的一面，而忽略可靠性和不稳妥的一面。必须坚持一切经过试验的原则。在实际中，要处理的污染物种类很多，有的是新的从来没有处理过的污染物，这就需要慎重考虑处理的工艺路线，一种是进行类比选择，另一种是进行试验确定。设计中考虑可靠性设计是提高工程项目质量的重要途径。

(4) 安全性 无论是大气污染物、水污染物，还是固体废物，它们中有一些是具有毒性的，选择对这些污染物的处理工艺路线时要特别注意，要防止污染物作为毒物散发，要有较合理的补救措施。同时还要考虑劳动保护和消防的要求。

(5) 结合实际情况 选择处理工艺路线时，要考虑企业的承受能力、管理水平和操作水平等各个具体问题，也就是说具体问题要具体分析。

(6) 简洁和简单性 选择处理工艺路线时，简洁和简单的处理工艺路线往往是比较可靠的工艺路线。同时要考虑当系统中某一个设备出问题时，不会对整个系统有较大的影响。

6.4.2 工艺流程的选择依据

工艺路线的选择依据一般包括以下5个方面，视治理项目具体情况收集和使用而定。

(1) 污染物理化性质及原始数据 这是开展污染控制工艺路线选择设计（方案设计、初步设计）的最基本、最重要的依据。污染物理化性质主要包括污染物排放量及变化范围、环境温度及变化范围、污染物理化性质及转移过程、污染物成分及浓度。

(2) 有关工程设计依据性文件 包括设计委托书、设计任务书、协议书、合同等，政府主管部门的批文，可行性研究报告、立项书、方案文件等文号和名称，有关项目建设的会议纪要、选址及环境影响评价报告，城市规划设计或总图运输设计的要求（若必要的话），设计中涉及的相关政策、法规。

(3) 设计基础资料 包括工程所在地区气象资料，水文地质、地形地貌资料，地震设防与抗震要求，公用设施、交通运输与通信条件，防火、防爆、消防等要求与资料，用地、绿化、环保、劳动卫生、节能等要求与资料，工程所在地的现场状况、条件及相关图纸资料，如平立面布局、交通、水电气供应和接口等状况，建设单位提供的工艺资料、图纸和测试数据。

(4) 设计采用的技术法规及标准 包括国家和地方制定的污染物排放标准和总量控制指标，国家和行业制定的有关技术措施、技术规程、技术规定，相关专业的设计规范、设计规定、施工验收规范。

目前我国与环境工程建设设计相关的标准，大体上分为工艺技术规范、工程设计规范、管理规范、运行维护规范四类。其中，《室外排水设计标准》《城镇污水再生利用工程设计规范》《火电厂烟气脱硫工程技术规范 海水法》《生活垃圾卫生填埋处理技术规范》《生活垃圾焚烧处理与能源利用工程技术标准》《危险废物集中焚烧处置工程建设技术规范》等工艺技术规范、工程设计规范是环境工程师进行工程设计的技术依据，应在实际工作中熟练应用。此外，化工、石化、石油、冶金、交通、建材、机械、纺织等行业还制定了20余项本行业建设项目环境保护设计规范，如《石油化工环境保护设计规范》《有色金属工业环境保护工程设计规范》和《化工建设项目环境保护工程设计标准》等。这些规范内容与环境保护法规、环境标准、环境保护行业标准规定存在不一致时，应以国家环境保护法规、标准的规定为准。

6.5　工艺流程单元设计参数的确定及工艺参数设计

6.5.1　流程选择中的主要考虑因素

表 6-3 列出了工艺分析和选择中必须评估的最重要因素。每个因素本身都很重要，但有些因素需要额外的关注和解释。第一个因素“适用性”高于其他所有因素，它直接反映了设计工程师的技能和经验。设计者可以利用许多资源来确定适用性，包括以往类似项目的经验。可用资源包括运行装置的性能数据，技术期刊上发表的信息，相关机构出版的实践手册、工艺设计手册以及试验工厂研究的结果。

表 6-3　工艺分析和选择中必须评估的最重要因素

因素	说明
工艺适用性	工艺的适用性是根据过去的经验、工厂的数据、已发表的数据和中试工厂的研究来评估的。如果遇到新的或不寻常的条件，试点工厂研究是必不可少的
适用流量范围	该工艺应与预期的流量范围相匹配。例如，在人口密集的地区，稳定池不适合超大流量
适用流量变化	大多数单元操作和过程必须设计成在大流量范围内运行。大多数工艺在相对恒定的流量下效果最好。如果流量变化太大，如何平衡可能是必要的
进水废水特性	进水废水的特性会影响所采用的工艺类型(例如化学或生物)及其正确操作的要求
抑制和不受影响的成分	判断有哪些成分存在并且可能对处理过程有哪些抑制作用，以及水处理期间哪些成分不受影响
气候约束	温度影响大多数化学和生物过程的反应速率。温度也可能影响设施的物理运行效果。高温可能会加速气味的产生，也会限制大气的扩散
根据反应动力学或工艺负荷标准确定的工艺规模	反应器的大小是基于控制反应动力学和动力学系数设计的。如果动力学表达式不可用，则使用过程加载标准。动力学表达式和过程加载标准的数据通常来自经验、已发表的文献和中试工厂研究的结果
基于质量转移率或工艺负荷标准的工艺规模	反应器的大小取决于传质系数。如果传质系数不可用，则使用过程负荷标准。传质系数和过程负荷标准的数据通常来自经验、已发表的文献和中试工厂研究的结果
性能	通常以污水质量和可变性来衡量，这必须与污水排放要求一致
水处理残留物	必须知道或估计产生的固体、液体和气体残留物的类型和数量。通常，中试工厂研究用于确定和量化残留物
污泥处理	判断是否有任何使污泥处理和处置不可行或成本高昂的限制，污泥处理的再循环负荷如何影响液体装置的操作或过程。污泥处理系统的选择应与液体处理系统的选择齐头并进
环境限制	环境因素，如盛行风和风向以及是否靠近居民区，可能限制或影响某些工艺的使用，特别是在可能产生气味的地方。噪声和交通可能影响植物的选址。接收水可能有特殊的限制，需要去除特定的成分，如营养物质
化学成分要求	判断为了单元操作或流程的成功运行，在很长一段时间内必须投入哪些资源和数量，添加化学物质对处理残留物的特性和处理成本有什么影响
能源需求	如果要设计具有成本效益的处理系统，就必须了解能源需求以及未来可能的能源成本
其他资源需求	如果有的话，必须投入哪些额外的资源？
人员需求	判断操作单元操作或流程需要多少人，需要什么水平的技能。这些技能是现成的吗？需要多少次培训？
操作和维护需求	判断需要提供什么特殊的操作或维护要求，需要什么备件，它们的可用性和成本是多少
辅助过程	判断需要什么支持过程，以及它们如何影响出水质量，特别是当它们失效时
可靠度	判断所考虑的单元操作或过程的长期可靠性是什么，操作或过程是否容易出错，是否能承受周期性的冲击载荷。若有上述情况，如何影响污水的水质
复杂度	判断在常规或紧急情况下操作的过程有多复杂，操作人员必须经过什么级别的培训才能操作该流程

续表

因素	说明
兼容性	判断单元操作或工艺能否成功地与现有设施配合使用，工厂扩建是否容易完成
适应性	判断是否可以修改工艺以满足未来的处理要求
经济生命周期分析	成本评估必须考虑初始资本成本和长期运营的维护成本。在运营和维护成本方面，初始资本成本最低的工厂可能不是最有效的。可用资金的性质也会影响到程序的选择
土地利用率	判断是否有足够的空间容纳目前正在考虑的设施和将来可能的扩建，有多少缓冲区可提供景观美化，以尽量减少视觉和其他影响

6.5.2 处理流程稳定性与设计参数选择

工艺选择与设计的重要考虑因素是达到工厂的性能和可靠性，以满足排放许可要求。可将工厂或处理过程的可靠性定义为特定条件下、特定时间段内达到适当性能的可能性，或就工厂性能而言，定义为污水浓度达到特定许可要求的时间的百分比。因此，本节的目的是研究如何评估处理过程的可变性以及如何评估工艺组合过程的性能。要讨论的具体主题是废水处理的可变性、工艺设计参数的选择、组合工艺的性能，以及投入产出关系的发展。

影响污水处理厂设计、性能和可靠性的不确定性有三类：①进水废水流量和特性的不确定性；②废水处理过程的固有不确定性；③由机械故障、设计缺陷和操作故障引起的不确定性。

描述废水参数和处理过程可变性的一种常用方法是使用几何标准偏差，做参数和过程不确定性的表征。如果平均值已知或可以估计，则可以使用几何标准偏差的值来近似所有期望值的整个分布。几何标准偏差的数值越大，测量值中的观测范围就越大。

流入废水流量的变异性。处理设施的进水流量取决于诸如一天中的时间、季节、人口的规模和特征以及收集系统的渗透和流出等因素。

6.6 现代流程模拟设计辅助工具

一些商业上可用的计算机软件具有设计和分析废水处理设施系统组件的能力。本节将简要讨论两种商业上可用的计算机软件。最常用的两种软件是：Biowin 和 GPS-X。这些程序不仅包括基础 ASM 和改进 ASM，还包括各自的专用模型，为污水处理设施的设计提供综合的分析平台。许多单元操作和过程的通用流程配置以程序包的形式提供，可用于构建特定和复杂的处理厂配置。这些计算机程序能够协助设计师进行很多常规的操作，如故障排除和“假设”分析、工厂设计和改造、工厂容量分析和重新评估、控制系统设计和优化、数据和传感器验证、工厂审计和调度。

这些程序中可用的建模和仿真专业知识可用于研究许多不同的处理系统和组件，如：①BNR 系统设计和运行；②连续流搅拌反应器和推流反应器，以及分段进水反应器；③曝气系统设置和控制；④污泥循环和外排控制；⑤内部循环过程，物质质量平衡分析和侧流分析；⑥沉降性分析；⑦工厂能耗管理。这些程序能够连接微软的应用程序接口，并允许以 word 或电子表格文件导出数据、表格和图表，以创建方便易用的专业报告。

二维码 6-3：BioWin 软件介绍

(1) 模型校正 模型校正是应用前的一个重要步骤。模型校正通过将许多工艺参数的模型预测值与实际运行值或期望设计值进行比较来实现。输入数据包括废水特性、动力学参数和不同反应速率，以及不同底物的化学计量比。可以通过出水质量参数，厌氧、缺氧和好氧区中可溶性底物浓度数据，以及不同阶段的耗氧速率进行比较。

(2) 模型应用 计算机模型为获得活性污泥处理过程的有用信息提供了有价值的工具。建模的一些好处是：①纳入人工计算无法实现的大量生物动力学系数、反应过程和废水特性；②能够在稳态和动态模拟中评估工艺性能；③能够设计单步反应器和包括从全混流到推流模式的多级反应器的废水处理厂；④评估现有设施的处理能力；⑤作为一种研究工具，用于更好地理解工艺参数的重要性，如耗氧量、基质利用、污泥产量、可生物降解、底物惰性、可溶性、悬浮物和生物质碎片对污水厂性能的影响。

6.7 工艺流程图的内容、要求及绘制

环境污染治理工艺流程设计是否合理，直接影响到污染治理效果的好坏。操作管理的方便程度、初投资的大小和运行费用的高低以及处理后得到的物料回收利用的效果，甚至会影响生产工艺的正常运行。

(1) 污染物处理后必须达到排放标准 要注意到改建项目和新建项目的排放标准有所不同。另外还要注意排放标准中不仅有相对排放浓度（单位体积中的污染物的质量），还有绝对排放浓度。绝对排放浓度是指单位时间内排放污染物的质量（单位 kg/h 或 t/d），它是控制污染物排放非常重要的指标之一，往往在设计中仅注意了相对排放浓度，而忽略了绝对排放浓度。

(2) 采用成熟的、先进的、效率高的处理技术 例如采用 A-B 法、A^2O 法、SBR 法、ICEAS（改进的 SBR 法）、氧化沟及酸化水解与好氧方法等。

(3) 防止处理污染物过程中产生二次污染或污染转移 污染物处理如果在设计流程时考虑不周全，就可能产生二次污染或造成污染物的转移。要避免和抑制污染物的无组织排放，如设计专用的设备回收，采样、溢流、事故、检修排出的污染物的处理等。

(4) 充分利用和回收能量 设计流程时要注意实际场地的高差，特别是废水处理工艺流程的布置要充分考虑和利用地势的高差，减少能量的消耗，同时还要充分利用和回收处理过程中产生的能量。

(5) 处理量较大时选择连续的处理工艺 连续生产造成的污染处理的量较大时，采用连续的处理工艺较为适宜。

(6) 处理量较小时选择间歇处理工艺 生产规模较小，产生的污染不是连续的，且要处理的量小时，可采用间歇的处理工艺。

(7) 尽可能回收有用的物质 在生产中排放的污染物有些是有回收价值的，在处理时要充分考虑这些污染物的回收利用，尽量做到直接利用收集的污染物，同时还要考虑以废治废。

(8) 考虑处理能力的一致性且要有一定操作的弹性 设计的处理能力一般要略大于实际所需要的处理量，使处理能力有一定的富余量，以使处理系统能适应实际的变化。选择设备的处理能力不能过大或过小，与实际要基本一致；对易损和易坏的部件应采用双套切换系统，保证系统能正常运行；一般配件的选择要基本一致，如选择法兰的螺钉时，尽量使整个系统的一致。

(9) 确定公用工程的配套措施 在处理工艺流程中必须使用的工艺用水（包括吸收水、

冷却水、溶剂用水和洗涤用水)、蒸汽、压缩空气、氮气、氧气以及冷冻设备、真空设备都是工艺设计中要考虑的配套设施,此外还要考虑设备的用电量等。其他的用电、上下水、空调、采暖通风都应与相关专业密切配合。

(10) 确定运行条件与控制方案 一个完善的处理工艺的设计除了工艺流程以外,还应把建成后运行的操作条件确定下来,这也是设计的内容。这些条件包括整个系统中各单元设备运行时的温度、压力、电压、电流等,并提出控制方案(与仪表自动化控制专业密切配合)以保证处理系统能按照设计正常运行。

(11) 操作检修方便,运行可靠 以目前的管理水平,设计中要考虑操作的简单性和检修的方便性,人体操作的最佳位置等,如阀门的位置和仪表的位置。系统要运转持久且可靠。

(12) 制订切实可靠的安全措施,并且考虑特殊情况的发生 在工艺设计中要考虑到处理系统的启动和停止,长期运行和检修过程中可能存在的各种不安全因素,根据污染物的性质采用合理的防范措施,避免意外的发生。如必须用电除尘器或布袋除尘器处理爆炸性粉尘时,就要在系统中加入防爆阀门。

(13) 节能 设计中要考虑节能的问题,尽量选择低能耗的处理工艺和设备。

(14) 节水 某些处理工艺中要用水进行处理,设计中要尽量少用水且考虑将水经过处理后重复循环使用,以达到节水的目的。

(15) 保温、防腐设计 处理工艺设计中保温和防腐也是很重要的一个方面。根据污染物的特性和选用设备的特性确定设备、构筑物和管道是否需要保温和防腐,以及需要时的防护措施。

(16) 在满足治理要求前提下简化流程、节约资金 设计的工艺流程能达到排放标准和要求时,尽量简化流程,这样不仅管理方便,而且又能节约资金。

(17) 经济上最省 一个处理工程项目无论是新建还是改建,从经济学的角度考察建设方是否能承受,是看项目总投资和项目建成后运转费用的大小。从化学的角度来说,世界上没有废物,任何污染物都能处理,只不过在经济上是否能承受。因此,处理工程项目与经济性是不可分离的。

6.8 工艺流程图的识读与绘制

工艺流程图是工艺设计关键的文件,是以规定形象的图形、符号、文字表示工艺流程中选用的设备、构筑物、管道、附件、仪表等,表示排列次序与连接方式,并反映物料流向与操作条件的工程图纸。

6.8.1 工艺方案流程图

工艺方案流程图又名工艺流程示意图或工艺流程简图,它的内容如定性地标出污染治理的路线,画出采用的各种过程及设备以及连接的管线。

工艺方案流程图的组成包括流程、图例、设备一览表三部分。流程中有设备示意图、流程管线及流向箭头、文字注解。图例中只需标出管线图例,阀门、仪表等无须标出。

工艺方案流程图的绘制步骤如下:

① 用细实线画出厂房各层地平线;

② 根据流程用细实线从左到右依次画出各种设备示意图，近似反映设备外形尺寸和高低位置；各设备之间留有一定的距离用于布置管线；每个设备从左到右依次加上流程编号；

③ 用粗实线画出主要流程线，并配上流向箭头。在流程线开始和终点位置用中文注出污染物的名称、来源和去处；

④ 用中实线画出非主要流程线，如空气、水，并配上方向箭头，在开始和终点部位用文字注明介质的名称；

⑤ 流程线的位置应近似反映管线安装的位置高低；

⑥ 两流程线相交时，一般是细实线让粗实线，粗实线流程线不断，细实线断开，视具体情况而定；

⑦ 在图的下方或标题中标明图例与设备编号及名称。

6.8.2　工艺安装流程图

工艺安装流程图又称工艺施工流程图，或带控制点的工艺流程图。工艺方案流程图确定，并进行了物料衡算、热量衡算与设备工艺设计后，可着手进行施工流程图的设计与绘制。

(1) 工艺安装流程图的内容　①带编号、名称与管口的各种设备示意图；②编号、规格、阀门与控制点的表示；③表示管件、阀门与控制点的图例；④标题栏注明图名、图号、设计阶段。

(2) 工艺安装流程图的比例与图幅

①比例　设备图形及相对位置大致按 1∶50、1∶100 或 1∶200 绘制，整个图形因展开等各种原因，实际上并不完全按比例绘制，因此标题栏中“比例”一项不予注明。

②图幅　由于图形采用展开图的形式，多是长条形，因而以前的图纸幅面常采用标准幅面加长的规格，加长后的长度以方便阅读为宜。近年来，考虑到图纸绘读使用和底图档案保管方便，已有统一的规定，一般均采用 A1 图幅，特别简单的可采用 A2 图幅，且不宜加长或加宽。绘图比例如表 6-4 所示。

表 6-4　绘图比例

<table>
<tr><th>名称</th><th>比例</th><th>名称</th><th>比例</th></tr>
<tr><td>区域规划图</td><td>1∶50000、1∶10000、1∶5000、1∶2000</td><td>泵房平剖面图</td><td>1∶100、1∶60、1∶50、1∶40、1∶30</td></tr>
<tr><td>区域位置图</td><td>1∶10000、1∶5000、1∶2000、1∶1000</td><td>室内给水排水平面图</td><td>1∶300、1∶200、1∶100、1∶50</td></tr>
<tr><td>厂区(小区)平面图</td><td>1∶2000、1∶1000、1∶500、1∶200</td><td rowspan="2">给水排水系统图</td><td>1∶200、1∶100、1∶50</td></tr>
<tr><td>管道纵断面图</td><td>横向为 1∶1000、1∶500、纵向为 1∶200、1∶100</td><td>或不按比例</td></tr>
<tr><td>水处理厂(站)平面图</td><td>1∶1000、1∶500、1∶200、1∶100</td><td rowspan="2">设备加工图</td><td>1∶100、1∶50、1∶40、1∶30</td></tr>
<tr><td>水处理流程图</td><td>无比例</td><td>1∶20、1∶10、1∶2、1∶1</td></tr>
<tr><td>水处理高程图</td><td>无比例</td><td rowspan="2">部件、零件详图</td><td>1∶50、1∶40、1∶30、1∶20、1∶10</td></tr>
<tr><td>水处理构筑物平剖面图</td><td>1∶60、1∶50、1∶40、1∶30、1∶10</td><td>1∶5、1∶3、1∶2、1∶1、2∶1</td></tr>
</table>

(3) 工艺安装流程图中设备的表示方法

① 设备的画法

a. 图形　设备一般按比例用细实线（$b/3$）绘制，要求能显示形状的特征和主要的轮廓。有时也要画出具有工艺特征的内件示意结构，如填料、加热管、搅拌器、冷却管等，内件可用细虚线画出，或可用剖视形式表现。

b. 相对位置　设备或构筑物的高低一般也按比例绘制。低于地面的须相应画在地平线以下，尽量符合实际安装情况。有位差要求的设备，还要注明其限定的尺寸。

②设备的标注

a. 标注的内容　设备在图中应标注位号（序号）及名称。应注意设备位号在同一系统中不能重复，初步设计与施工图设计中的位号应该一致。如果施工图设计中有设备的增减，则位号应按顺序补充或取消（即保留空号），设备的名称应前后一致。

b. 标注的方式　设备的位号、名称一般标注在相应设备图形的上方或下方。设备位号一般为 3 位数，如 206 中 2 为处理工艺系统号，06 为序号。同一规格的设备有两台以上时，位号要加下角码。

(4) 工艺安装流程图中管道的表示方法　图中一般应画出所有的处理工艺的物料和辅助物料（如蒸汽、冷却水等）的管道。当辅助管道系统比较简单时，可将其总管绘制在流程图的上方，其支管则下引至有关设备；当辅助管道系统比较复杂时，待处理工艺管道布置设计完毕后，另绘制辅助管道及仪表流程图以补充。

① 线型规定　主工艺管道及大管径管道（$\varphi>108$mm）用粗实线绘制（$b=0.9$mm 左右），辅助管道用中实线绘制（$b=0.6$mm 左右），仪表管线则用细虚线或细实线绘制（$b=0.3$mm 左右）。图纸上保温管道、水冷管道除了按规定线型画出外，还要画出一小段的示意。表 6-5 中列出了不同线型的线宽和一般用途。

② 交叉与转弯　绘制管道时，应尽量注意避免穿过设备或管道交叉；不能避免时，应将横管断开，或是辅让主、细让粗、后让先，断开处间隙要明显。管道尽量画成垂直或水平的，若斜管不可避免，要尽可能地画短。转弯处要画成直角。

③ 高低位置　图中管道应尽量反映管道在安装中的高低位置，地下管道应画在地平线以下。

④ 管道的标注　管道标注要配有流向箭头、编号、规格及尺寸，并要有测试点、分析点的标注。

表 6-5　绘图线型

名称	线型	线宽	一般用途
粗实线	——	b	新建各种给水排水管道线
中实线	——	$0.5b$	给水排水设备、构件的可见轮廓线；厂区（小区）给水排水管道图中新建建筑物、构筑物的可见轮廓线；原有给水排水的管道线
细实线	——	$0.35b$	平、剖面图中被剖切的建筑构造（包括构配件）的可见轮廓线；厂区（小区）给水排水管道周围原有建筑物、构筑物的可见轮廓线；尺寸线、尺寸界线、局部放大部分的范围线、引出线、标高符号线、较小图形的中心线
粗虚线	----	b	新建的各种给水排水管道线
中虚线	----	$0.5b$	给水排水设备、构件的不可见轮廓线；厂区（小区）给水排水管道图中新建建筑物、构筑物的不可见轮廓线，原有给水排水管道线

续表

名称	线型	线宽	一般用途
细虚线	----	0.35b	平、剖面图中被剖切的建筑构造(包括构配件)的不可见轮廓线;厂区(小区)给水排水管道图中原有建筑物、构筑物的可见轮廓线
细点画线	-·-·-	0.35b	中心线、定位轴线
折断线	—⌇—	0.35b	断开界面
波浪线	////////	0.35b	断开界面

(5) 工艺安装流程图中的图例　在管道上需要用细实线画出全部的阀门和部分管件（如阻火器、变径管、盲板等）的符号，有关规定可参阅国家标准《技术制图　管路系统的图形符号　阀门和控制元件》(GB/T 6567.4—2008)。管道中的一般连接，如法兰、三通、弯头等没有特殊的要求均不予画出。

6.8.3　带控制节点的工艺流程图

带控制节点的工艺流程图（piping and instrumentation diagram，PID）是环境工程领域描述工艺流程、设备连接及自动化控制的核心技术文件。它以标准化图形符号和文字代号系统展示装置中所有的设备、管道、仪表、阀门及其控制逻辑，是工程设计（作为多专业协作的枢纽)、施工调试和运行维护的基准依据。

在环境工程中，PID通过以下要素体现其特殊性和专业性：

① 设备与管道　标注所有处理单元（如反应器、泵、过滤器）的位号、规格及连接关系，并明确管道材质、管径、流向和等级。

② 仪表与控制　集成流量计、pH计、压力传感器等在线仪表，并展示调节阀、安全阀的控制逻辑（如事故开/关状态），确保污染物的实时监测与工艺稳定性。

③ 特殊设计　针对环境工程特点，需标注伴热管道（防冻)、放空/排净点（安全操作）及两相流标识（防振动），同时体现设备标高和坡度要求。

练习与思考

1. 在选择污水处理厂设备时，如何综合考虑设备的性能、成本和可靠性？

2. 请结合第6章内容，查阅相关资料，绘制一个典型的工业废水处理厂或者城市污水处理厂的完整工艺流程图。

3. 请根据混凝反应单元的控制原理和工艺流程，通过自行查找PID相关标准，绘制混凝反应单元的PID。

第7章

车间设备与管线的布置设计

内容提要

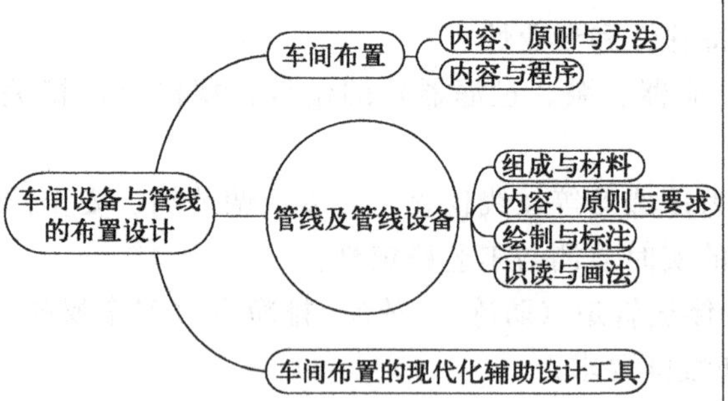

学习目标

知识目标

了解车间布置的内容、要求和原则；

熟悉车间布置的基本方法；

了解管线及管道设备的组成及材料；

了解管线及管道布置的内容、要求及原则。

能力目标

能够识读车间布置图，了解其绘制方法；

了解车间布置的常用工具；能够根据描述进行车间布置图绘制。

素质目标

培养脚踏实地、精益求精的工作作风，以人为本进行单元设计的品质。

导读

工程设计中的眼高手低

环境工程车间设备与管线的布置设计是环境工程领域实现污染治理与资源循环利用的关键环节，是对理论知识的综合应用与实践创新。这一过程不仅需要扎实的专业知识，更需要脚踏实地的实践精神和强烈的责任担当。避免设计中的“眼高手低”，即避免理论与实践脱节，这是确保设计方案科学性、可行性和有效性的关键。

在我国，环境工程车间设备与管线布置设计的发展受到高度重视。随着生态文明建设的推进，环境工程项目的复杂性和标准要求越来越高，对设计人员的专业素养和实践能力提出了更高的要求。设计人员需要在理论学习的基础上，深入实践，注重细节，确保设计方案能够有效解决实际问题。

环境工程车间设备与管线布置设计需要设计人员具备扎实的理论基础和丰富的实践经

验。理论知识为设计提供科学依据，而实践经验则确保设计方案在实际操作中的可行性和有效性。避免“眼高手低”，要求设计人员在设计过程中注重实践，深入现场，了解设备运行的实际需求和环境条件。正如纪伯伦所说：“我们不能因走得太远，而忘记为什么出发。”这句话提醒我们，在追求技术进步的同时，不能忘记设计的初衷和目标，即解决实际环境问题，保护生态环境。

环境工程车间设备与管线布置设计不仅是一项技术工作，更是一项责任重大的任务。设计人员需要对设计方案的科学性、可行性和安全性负责，对环境保护事业负责。设计人员在设计过程中应严谨细致，注重每一个细节，确保设计方案能够有效解决环境问题，同时保障设备运行的安全和稳定。

环境工程车间设备与管线布置设计的发展与生态文明建设的融合体现在教育和人才培养方面。生态文明建设需要大量具备环境工程专业知识和实践能力的人才，他们能够运用科学的方法和工程技术解决实际的环境问题，推动生态文明建设的实施。因此，环境工程教育在培养专业技能的同时，也需要注重培养实践精神和责任意识。

避免“眼高手低”的具体措施：

① 深入现场调研。设计人员在设计前应深入现场，了解实际工况，与操作人员和维护人员沟通，收集第一手资料，确保设计方案符合实际需求。

② 注重细节把控。在设计过程中，注重每一个细节，从设备选型到管线走向，从安全防护到操作便利性，都要进行细致的考虑和优化。

③ 加强实践锻炼。设计人员应积极参与实际项目，通过实践积累经验，提升解决实际问题的能力。

④ 强化责任意识。设计人员应树立强烈的责任意识，对设计方案的科学性、可行性和安全性负责，确保设计方案能够有效解决环境问题，同时保障设备运行的安全和稳定。

总之，环境工程车间设备与管线布置设计的发展不仅是技术进步的体现，更是实践精神与责任担当的胜利。通过脚踏实地的实践和严谨细致的工作态度，相信能够更好地应对环境挑战，推动生态文明建设，为实现可持续发展贡献力量。

7.1　车间布置的内容、原则与方法

7.1.1　车间设备布置的主要内容

车间内设备布置的内容有：确定各个设备在车间平面与空间的位置；确定场地与建筑物、构筑物的尺寸；确定管道、电气仪表管线、采暖通风管道的走向和位置；确定各个处理工艺设备在车间平面和空间的位置；确定在工艺流程图中不予表达的辅助设备或公用设备的位置；确定供安装、操作与维修所用通道的位置和尺寸；在上述各项的基础上确定建筑物与场地的尺寸。

二维码 7-1：车间布置设计内容

7.1.2　车间设备布置的原则

一个实用美观的设备设计应符合有关国家标准和设计规范，同时又做到经济合理，操作维修方便，设备布置有序、合理、美观。可以参考已经完成设计和经过实践检验的有价值的参考资料，这样可提高设计人员的设计水平

和可靠性。车间设备布置的原则如下。

(1) 满足处理工艺要求

①设备布置首先要满足处理工艺的要求，每一个处理工艺过程所需的设备应按照顺序布置，保证处理工艺能正常运行；②同类设备应尽量布置在一起，有利于统一管理、集中操作和维修，还可减少备用设备；③充分利用位能减少能源的消耗，尽可能利用高程，使处理的污染物自动流送，一般可将计量设备布置在高层，主要处理设备布置在中层，储藏、重型设备，如泵和风机等布置在最下层。

(2) 符合安全技术要求

①易燃易爆车间应加强通风；②车间内防爆墙上的门窗应向外开；③设备和通道布置时要考虑安全距离，一般的设备和安全通道的距离可参考下表；④处理过程产生有毒或有害物时，要注意毒性大的与毒性小的隔开，产生有毒有害物的工作点应布置在下风向，通入的风先通过人体，后通过污染源，处理过程中如有产生热量和毒物的设备应布置在多层厂房的上层；⑤具有尘、酸、碱性介质的车间应布置冲洗水源和应有的排水；⑥人行道不应铺设有毒气体、液体管道；⑦车间内有害物质不应超过最高容许浓度。

(3) 便于安装检修设备 布置要充分考虑安装、拆卸和检修的方便，如检修人孔要对应检修通道等。

(4) 保证良好的操作环境

①保证有良好的采光，设备应尽量避免布置在窗前，设备与墙的距离要大于600mm；②热源尽量放置在车间外，否则要有降温措施；③车间内工作地点的夏季空气温度规定应符合要求；④冬季工作地点的温度要求，轻作业的不低于15℃，中作业的不低于12℃，重作业的不低于10℃；⑤呼吸要求，要保证人员呼吸到足够的新鲜空气，如20m^3的空间内，每人每小时不少于30m^3的新鲜空气；⑥噪声对人的危害较大，如果设备会产生较大的噪声就必须有降噪措施，如果不能很好地降噪，就必须有较好的个人防护，或减少人员接触噪声的时间。

(5) 其他要求

①最大限度满足处理工艺，包括设备维修的要求；②有效利用车间建筑面积（包括空间）和土地；③要为车间的技术经济指标、先进合理性以及节能等要求创造条件；④考虑其他专业对本车间布置的要求；⑤要考虑车间的发展和厂房的扩建；⑥车间中所采用的劳动保护、防腐、防火、防毒、防爆及安全卫生等措施符合要求；⑦各个车间在总平面图上的位置合理，力求它们之间的输送管线最短，联系最方便；⑧考虑本地区的气象、水文地质等条件；⑨车间内交通方便。

施工图设计阶段的车间布置是其他设计的基础，其他设计能根据它进行各自的施工图设计。施工图设计阶段的车间布置确定后，一般不能进行较大的改动。

7.1.3 车间布置的基本方法

(1) 初步设计 ①处理、处理辅助、生活行政设施的空间布置；②设备布置；③通道与运输设计；④决定车间场地与建筑物的大小；⑤安装、操作、维修空间设计。

(2) 施工图设计 ①落实车间布置内容；②确定设备管口及仪表位置详图；③确定物料与设备移动运输设计；④确定与设备安装有关的建筑与结构的尺寸；⑤确定设备安装方案；⑥安装管道、仪表、电气管线走向，确定管廊位置。

7.1.4　环保车间布置设计的内容与程序

(1) 车间厂房布置　对整个车间各处理工序、各设施，在车间场地范围内，按照在处理和生活中的次序和作用进行合理排列布置。

(2) 车间设备布置　根据处理流程及各种有关因素，把各种设备在规定的区域内进行合理的排列。在设备布置中也分初步设计和施工图设计，每个设计阶段均要求平面和剖面设计。

7.2　管线及管线设备

管道布置与设计是环境工程设计中一个重要的组成部分。管道布置与设计是在完成设备平、立面布置之后进行的一项工作。环保处理设备、构筑物之间的物料输送都是通过管道进行的。管道布置与设计的主要内容包括管道材质、管径的选择与计算，管道支架的设计，管道布置图（配管图），管道投资概算，施工说明。

7.2.1　管道组成

表 7-1 列出了管道组成及费用占比。

表 7-1　管道组成及费用占比

管道组成部分	所占费用比例/%	管道组成部分	所占费用比例/%
管道	22	法兰	12
管件(弯头、三通、异径管、管帽等)	7.5	螺栓/垫片	3
阀门	53	其他	2.5

7.2.2　金属管

(1) 无缝管　无缝管用途很广泛。一般用途的无缝管由普通碳素结构钢、低合金结构钢或合金结构钢轧制，产量最多，主要用作输送流体的管道或结构零件。

(2) 焊接管　焊接钢管是指用钢带或钢板弯曲变形为圆形、方形等形状后再焊接成的、表面有接缝的钢管。焊接钢管采用的坯料是钢板或带钢。焊接钢管生产工艺简单，生产效率高，品种规格多，设备投资少，但一般强度低于无缝钢管。

(3) 铸铁管　铸铁管是指用铸铁浇铸成型的管子。铸铁管用于给水、排水和煤气输送管线，它包括铸铁直管和管件。按铸造方法不同，分为连续铸铁管和离心铸铁管，其中离心铸铁管又分为砂型和金属型两种。按材质不同分为灰口铸铁管和球墨铸铁管。

7.2.3　非金属管-塑料管

(1) 硬聚氯乙烯 (PVC-U) 管材　以聚氯乙烯（PVC）树脂为主要原料，加入适量助剂，经混合挤出加工成型的塑料管材，管材中不含增塑剂。给水用硬聚氯乙烯 PVC-U 管材的外观、规格尺寸和标志应符合《给水用硬聚氯乙烯（PVC-U）管材》(GB/T 10002.1—2023) 的要求。

(2) 硬聚氯乙烯 (PVC-U) 加筋管　以聚氯乙烯（PVC）树脂为主要原料，加入适当助剂，由挤出机挤出成型。该管内壁光滑、外壁带有等距排列环形肋（垂直加强筋）的管材。管材的外观、规格尺寸、标志等应符合相关标准要求。

(3) 硬聚氯乙烯 (PVC-U) 双壁波纹管 以聚氯乙烯（PVC）树脂为主要原料，加入有利于管材性能的添加剂挤出成型。管壁截面为双层结构，内壁光滑平整，外壁为等距排列的具有梯形或弧形中空结构的管材。管材的外观、规格尺寸、标志应符合《埋地排水用硬聚氯乙烯（PVC-U）结构壁管道系统 第1部分：双壁波纹管材》（GB/T 18477.1—2007）的要求。

(4) 聚乙烯 (PE) 管 是指以聚乙烯（PE）树脂为主要原料，以相同或不同材料作为辅助支撑结构，采用缠绕成型工艺，经加工制成结构壁管材。管材的结构形式分A型和B型两类。管材外观、规格尺寸、标志符合《埋地用聚乙烯（PE）结构壁管道系统 第2部分：聚乙烯缠绕结构壁管材》（GB/T 19472.2—2017）。聚乙烯缠绕结构壁管应用于新建、扩建和改建的室外埋地排水、排污管道工程和埋地农用排水等工程，在直径大于1m的大口径排水排污管道中具有明显的优势。

(5) 聚乙烯 (PE) 双壁波纹管 是指以聚乙烯（PE）树脂为主要原料，加入适当的可提高性能的助剂，经塑化挤出成型的管道。管壁截面为双层结构，其内壁光滑平整，外壁为等距排列的具有梯形或弧形中空结构的管材。管材的外观、规格尺寸、标志等应符合《埋地用聚乙烯（PE）结构壁管道系统 第1部分：聚乙烯双壁波纹管材》（GB/T 19472.1—2019）的要求。

(6) 玻璃钢夹砂管 玻璃纤维增强塑料夹砂管是以玻璃纤维及其制品为增强材料，以不饱和聚酯树脂、环氧树脂等为基体材料，以石英砂及碳酸钙等无机非金属颗粒材料填料作为主要原料，按一定工艺方法制成的管道，通常简称玻璃钢夹砂管（RPM）。玻璃钢夹砂管生产工艺有3种：定长缠绕成型工艺、离心浇铸成型工艺、连续缠绕工艺。

(7) ABS 管 ABS即为丙烯腈-丁二烯塑料，它综合了丙烯腈、丁二烯、苯乙烯共聚物各组分的特点，三种组分的共同作用使之成为一种综合性能良好的树脂：丙烯腈提供了良好的耐腐蚀性和表面硬度；丁二烯作为一种橡胶体提供了韧性；苯乙烯提供了优良的加工性能。用于生产管材和管件的ABS树脂中丙烯腈应大于20%（质量分数），其他助剂不大于5%（质量分数）。

(8) 冷热水用交联聚乙烯 (PE-X) 管 冷热水用交联聚乙烯（PE-X）管是以交联聚乙烯材料为原料，挤出成型的管材。生产管材所用的主体原料为高密度聚乙烯，聚乙烯在管材成型过程中或成型后进行交联。交联的目的是使聚乙烯的分子链之间形成化学键，获得三维网状结构。管材的外观、规格尺寸和标志应符合国家标准《冷热水用交联聚乙烯（PE-X）管道系统 第2部分：管材》（GB/T 18992.2—2003）的要求。

(9) 冷热水用聚丙烯 (PP-R) 管 冷热水用聚丙烯（PP-R）管材又称无规共聚聚丙烯（PP-R）管材，是以无规共聚聚丙烯（PP-R）为原料，挤出成型的圆形横断面的管材。管材的外观、规格尺寸、标志等要求应符合国家标准《冷热水用聚丙烯管道系统 第2部分：管材》（GB/T 18742.2—2017）的要求。

7.2.4 有色金属管

有色金属管有铜管、铝管等。铜管分黄铜管与紫铜管，多用作低温管道（冷冻系统）、仪表的测压管线或传送有压力的液体（油压系统、润滑系统）的管道。当温度高于250℃时不宜在压力下工作。铝管常用于浓硝酸、醋酸、甲酸等物料的输送，不能抗碱，温度大于160℃时不宜在压力下使用，极限工作温度为200℃。

(1) 铝塑复合压力管　铝塑复合压力管是用搭接焊铝管或对接焊铝管作为嵌入金属层增强体，通过共挤热熔粘合剂与内外层聚乙烯（或交联聚乙烯）塑料复合而成的复合管道。管材的外观、规格尺寸、标志应符合《铝塑复合压力管　第 1 部分：铝管搭接焊式铝塑管》（GB/T 18997.1—2020）和《铝塑复合压力管　第 2 部分：铝管对接焊式铝塑管》（GB/T 18997.2—2020）标准要求。

(2) 钢丝骨架塑料复合管　钢丝骨架塑料复合管是以钢丝为增强体，塑料（高密度聚乙烯 HDPE）为基体，钢丝点焊成网和挤出塑料真空填注同步进行，在生产线上连续腊成型的新型双面防腐压力管道。

钢骨架塑料复合管克服了耐压不耐腐、塑料管耐腐不耐压、钢塑管易脱层等缺陷，具有耐腐蚀、耐低温、抗老化、耐磨、摩擦阻力小、不易结垢等优点。由于受钢骨架的牵引，管材热膨胀系数小，抗脆裂性能大幅度提高，寿命长达 50 年。

钢骨架塑料复合管综合成本随管径增大优点愈明显，在非开挖铺设技术、定位示踪实施等方面占有明显的优势，适用于市政工程如给水、排水、煤气输送、热网管道，还可用于化学工业如矿山、油田、农业、船舶等方面。

7.3　管线布置的内容、原则与要求

二维码 7-2：《压力管道规范　工业管道　第 3 部分：设计和计算》

管道布置与设计是环境工程设计中一个重要的组成部分。管道布置与设计是在完成设备平、立面布置之后进行的一项工作。

(1) 划分系统的原则　对于复杂管网，下列情况不能合为一个系统：污染物混合可能引起的燃烧和爆炸；不同温度气体混合引起的管道内结露；不同污染物混合影响回收利用。

(2) 管道布置设计的要求　管道布置应符合下列要求：符合处理工艺流程的要求，并能满足施工的要求；便于操作管理，并能保证安全运行；便于管道的安装和维护；要求管道整齐美观，标志明显，并尽量节约材料和投资。

管道布置除了符合上述要求外，还应仔细考虑下列问题。

① 物料特性　输送易燃、易爆物料时，管道中应设安全阀、防爆阀、阻火器、水封，且远离人们经常工作和生活的区域。腐蚀性物料的管道不要安装在通道的上方，在管束中应设置于下方或外侧；冷热管道尽量避开，一般是热管道在上，冷管道在下方。

② 考虑便于施工、操作和维修　管道要尽量明装架空，尽量减少管道暗装的长度；管道尽量成行、平行敷设，走直线，靠墙布置，减少交叉和拐弯；管道与梁、柱、墙、设备及其他管道之间留出距离，如管道距墙应不小于 150～200mm；阀门位置要便于操作和维修，阀门、法兰应尽量错开，以减小间距。

③ 管道与道路的关系　通过人行横道的管道与地面的净距离要大于 2m；通过公路的管道与道路的净距离要大于 4.5m；通过铁路的管道与铁路的净距离要大于 6m；高压电线下不宜架设管道。

④管道维护　一般金属管道要注意防锈，同时要用颜色表明管道的用途。输送冷或热的流体时，一般要注意保温，并要考虑热胀冷缩，尽量利用 L 或 Z 形管道，L 或 Z 形管道不足时，架设时需在管道中增加膨胀器。

⑤与处理工艺的配合　以除尘风管为例。风管应垂直或倾斜布置，倾斜角不小于 55°；

如必须水平敷设，要使管道内有足够的流速，保证在风管内不堆积尘。另外，在管道上要设置卸灰装置和清扫孔。

7.4 管道布置图的绘制、配置与标注

7.4.1 管道布置图的绘制

管道布置图又称管道安装图或配管图，是处理工艺管道安装施工的依据。管道布置图包括一组平面图和剖视图以及有关尺寸及方位等内容。

平面图上一般画出全部管道、设备、建筑物或构筑物的简单轮廓、管件阀门、仪表控制点及有关尺寸；立面图和剖视图则是用于表达清楚管道空间布置的不同。立面图或剖面图可以与平面图画在同一张图纸上，也可以单独画在另一张图纸上。

7.4.2 管道布置图的配置与画法

(1) 管道平面布置图 管道平面布置图一般应与设备的平面布置图一致，即按建筑标高平面分层绘制，各层管道平面布置图是将楼板以下的建（构）筑物、设备、管道等全部画出。

线条：除管道外的全部的内容用细实线画出。

考虑因素：设备的外形轮廓要按比例画出，要画出设备上连接管口和预留管口的位置。

(2) 立面与剖视图 剖切平面位置线的画法及标注方式与设备布置图相同。剖视图可按I—I、Ⅱ—Ⅱ或 $A—A$、$B—B$ 的顺序编号。

7.4.3 管道布置图的标注

(1) 建（构）筑物 建（构）筑物的结构构件常被用作管道布置的定位基准，所以在管道平面图和剖视图上都应标注建筑定位轴线编号，定位轴线间的分尺寸和总尺寸以及平台和地面、楼板、屋顶及构筑物的标高。

(2) 设备 设备是管道布置的定位标准，应标注设备编号名称及定位平面图上所有能标注的定位尺寸及标高，以及物料的尺寸。

(3) 管道 在流动方向和管号、立面或剖面图上也应标注定位尺寸和所有管道的标高。定位尺寸以 mm 为单位，标高以 m 为单位，但图中不注明。

普通的定位尺寸可以以设备中心线、设备管口法兰、建筑定位轴线或墙面、柱面为基准进行标注，同一管道的标注基准应一致。

管道安装标高均以厂房内地面±0.00 为基准，一般标注管底外表面的安装高度，标注方式为“5.00”“▽5.00”或“5.00 (Z) ”“▽5.00 (Z) ”(括号内的“Z”表示管道中线标高)。

(4) 管件与阀门 管件接头、变径管、弯头、三通、法兰等在管道布置图中应用常用符号画出，但一般不标注定位尺寸。阀门也用规定符号在平面图中画出，在立面图或剖面图中标注安装标高。

(5) 管道支架 应在管道布置图中的管架符号上用指引线引出方框标注管架代号。

(6) 比例、图幅

① 比例 管道布置图常用比例为 1∶50 和 1∶100，如必要也可采用 1∶20 或 1∶25 的比例。

② 图幅　根据实际情况，选择 A1 号或 A2 号图纸，有时也用 A0 号图纸。

(7) 视图配置　管道布置图由平面布置图和剖面图组成，以平面布置图为主，剖面图为辅绘制管道布置图。

① 管道平面布置图的画法　用细实线画出厂房平面图，画法与设备布置图相同，标注柱网轴线编号和柱距尺寸；用细实线画出所有设备的简单外形和所有管口，加注设备编号和名称；用粗实线画出所有处理工艺的管道，并标注管段编号、规格等；用常用或规定的符号在要求的部位画出管件、管架及阀门等；标注厂房定位轴线的分尺寸和总尺寸、设备的定位尺寸、管道定位尺寸和标高。

② 管道剖视图的画法　画出地平线或室内地面、各楼面和设备基础，标注其标高尺寸；用细实线按比例画出设备的简单外形及所有管口，标注其标高尺寸；用粗实线画出所有的主管道和辅助管道，可标明编号、规格等；用规定和常用的符号画出管道上的阀门和仪表控制点。

二维码 7-3：
车间管道
布置例图

7.5　环保设备布置图的识读与画法

7.5.1　环保设备布置图的内容

(1) 视图　包括平面图、立面图（剖面图）。

(2) 尺寸标注　在图中标出建筑物定位轴线的编号，与设备布置有关的尺寸，设备的位号与名称等。

(3) 安装方位标　指示安装方位基准的图标。

(4) 说明与附注　对设备安装有特殊要求的说明。

(5) 设备一览表　列表填写设备的型号、名称、数量、材料、重量等。

(6) 标题栏　写明图名、图号、比例、设计者等。

7.5.2　环保设备布置平面图

设备布置以平面图为主，反映设备平面上的相关位置。每层厂房均要画出一平面图，通常的比例为 1∶50、1∶100、1∶200 或 1∶500。平面图画时要注意以下方面：

① 为了突出平面图中的设备，厂房平面图要用细实线画出；

② 用粗实线画出设备可见的轮廓，只要求画出外形轮廓及主要接管口，标示出安装方位；

③ 用中实线画出设备的基础、操作台等的轮廓形状；

④ 尺寸标注时，设备中心线、尺寸线、尺寸管线用细实线画出。要注意以下几点：a. 建筑物定位轴线用点划线标注，要标注厂房长和宽的总尺寸，建筑物的水平定位轴线顺序用阿拉伯数字依次标注，垂直定位轴线用英文大写字母依次标注，数字和字母写在 8～10mm 的细线圆中，其尺寸标注允许标注成封闭的链状，单位为 mm，但图中不写单位；b. 设备定位尺寸标注时应注意尺寸界线是建筑物定位轴线、设备轴线及轮廓线的延长部分；c. 要标注设备基础、平台等的尺寸。

二维码 7-4：
车间布置例图

7.5.3　环保设备布置立面图

立面图又称剖面图或设备布置剖面图，它反映设备的空间位置，剖切位置如图 7-1。画立面图时的考虑因素有：确定剖面图的数目，以完全、清楚反映出设备与厂房高度方向的位置关系为准，剖面图下注明剖切的位置，如 $A—A$ 剖视；用细实线画出厂房的剖面图，立面图表示的剖切位置要在平面图中表示清楚；用粗实线画出设备的立面图，并注明设备的位号、名称等；注明厂房的定位轴线尺寸和标高，标高单位为 m，写成±0.000；注明设备基础标高尺寸；剖视图也可以与平面图画在同一张图纸上，按剖视的顺序，从左至右，由上而下，按顺序画出。

二维码 7-5：单元工艺例图

7.5.4 环保设备布置安装方位标

在平面图的右上方，绘制设备安装方位基础，用粗实线画出直径为 20mm 的圆，以细点划线画出垂直和水平的两条线，如图 7-2 所示。

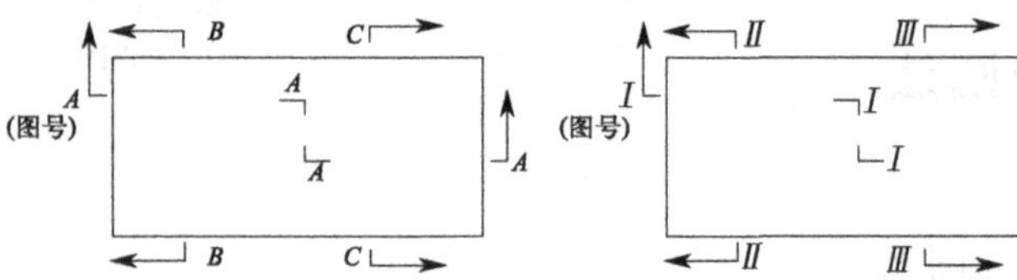

图 7-1 立面图的剖切位置

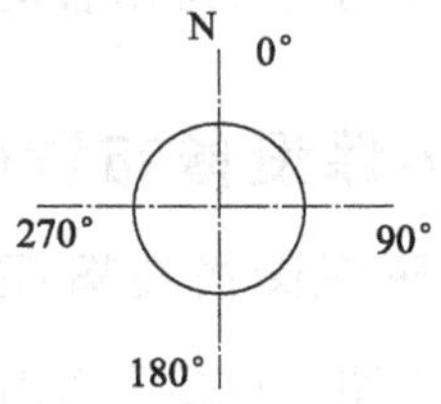

图 7-2 方位基础标注

7.6 车间布置的现代化辅助设计工具

CADWorx 是基于 AutoCAD 平台的全面的、智能的三维工厂设计系统，它基于等级设计，具有先进水平的自动化、集成化水平，同时易于使用。其全面囊括了管道、钢结构、设备、仪表、通风桥架等模块，并且拥有自动生成单线图和材料表等功能。

Siemens Tecnomatix 是一套全面的数字化制造解决方案组合，为工厂设计和优化解决方案提供基于参数的三维智能对象，能更快地设计工厂的布局。通过利用虚拟三维工厂设计和可视化技术进行工厂布局设计，并能对工厂物流进行分析和优化，对产品设计仿真模拟，提高在规划流程中发现设计缺陷的能力，如物料流、后勤和间接劳动力成本都可以通过使用材料流分析和分散事件仿真得到优化。

AutoCAD Plant 3D 是 AutoCAD 在工厂设计领域的应用扩展，是面向工厂设计的 3D 系统设计软件，其可以对流程工厂进行设计、建模和文档编制，能完整呈现工厂建成后的全貌，既能宏观显示工厂总体布局，又能小至展示一个阀门、一个管托，能在工厂建成前预先知道工厂情况，及时纠正在设计中的不合理情况，支持工厂设计师和工程师创建先进的三维设计。

AVEVA PDMS 能够快速、高效地实现高质量工厂的设计、建造和维护，满足制炼厂、电厂日益增长的产品需求。能够利用 PDMS 在各类工厂项目中取得非常高的生产效率，无论是小型工厂改造项目，还是超大规模、复杂的新建项目。PDMS 的用户既有小型工程承包商，亦有众多世界上最大的制炼厂和电厂等跨国公司。

AVEVA E3D 是一款功能强大的工厂设计软件，最新推出的增强型用户界面既降低了学习难度，又提高了操作效率。独有的激光扫描功能可带来巨大优势，在旧设施翻修改造项目中表现更加卓著，同时，结构设计模块和支吊架模块的明显变化将会最大限度地提升作业效能。

SmartPlant 3D 是一个完整的工厂设计软件系统，是下一代以数据为中心、规则驱动的解决方案，突破了传统技术带来的障碍，实现了真正的第一次工程设计环境。智能 3D 系统提供设计工厂、船舶和材料处理设施所需的所有功能，可以在整个工厂的生命周期中对工厂进行维护。

练习与思考

1. 现有一混凝沉淀单元，包括混凝反应池（4.0m×4.0m×4.5m）和沉淀池（8.0m×8.0m×4.5m），用钢筋混凝土建造，壁厚 350mm，混凝反应需投加 $FeSO_4$（*DN*25）和 PAM（*DN*15）进行搅拌反应。沉淀池出水经泵送至生化单元（*DN*150，另图设计），沉淀物经泵送至污泥调理池（*DN*65，另图设计）。请根据上述描述设计单元工艺图（草图）。

2. 1000m^3/h 的污泥（含水率 99.2%）经过污泥浓缩池进行初步浓缩后，加入 PAM 絮凝后使用带式压滤机进行脱水。试根据此过程选择合适的设备类型和数量，完成一污泥浓缩脱水机房的工艺设计图。

第8章

工程材料及容器的选择与设计

内容提要

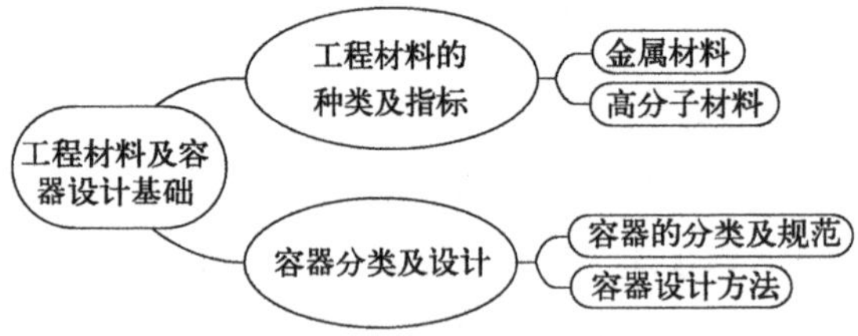

学习目标

知识目标

掌握工程材料的种类及特性；

熟悉碳钢的分类及工程应用；

了解合金钢的分类及工程应用；

了解有色金属的种类及工程应用；

了解高分子材料的类型；

掌握力学的基本概念及分析方法；

熟悉容器的分类及不同容器的特点。

能力目标

能够根据要求选择材料和设计容器；

能够使用力学基本定理计算容器的受力。

素质目标

培养安全意识和责任意识，培养创新思维和批判性思维能力。

导读

工程中材料的重要性和创新

要以创新为引领，推动高质量发展，建设美丽中国。这一重要论述，深刻指出了创新在推动高质量发展和生态文明建设中的关键作用。在环境工程领域，工程材料和容器的设计是实现污染治理与资源循环利用的重要基础，也是推动可持续发展的关键因素。材料的创新不仅提升了工程的性能和效率，更对环境保护起到了至关重要的作用。

近年来，环境工程材料的创新取得了显著进展，这些创新不仅提升了材料的性能，还减少了对环境的影响。例如，研究人员正在开发具有自清洁和防水特性的仿生材料，这些材料模仿荷叶的表面结构，可用于建筑和交通领域的自清洁表面，有效减少了清洁剂的使用和水资源的浪费。此外，纳米技术的应用也极大地推动了可持续材料的发展。通过纳米工程，材料的结构、热性能和机械性能得到了显著提升，使其更适合于极端应用。这些创新不仅延长了材料的使用寿命，还减少了资源的使用和废物的产生，为环境保护做出了积极贡献。

在容器设计方面，创新同样发挥着重要作用。例如，通过采用可回收材料和生物降解材料，容器设计不仅减少了对环境的负担，还提高了资源的循环利用率。此外，3D 打印技术的应用也使得容器的定制化生产成为可能，减少了材料浪费，提高了生产效率。这种创新不仅提升了容器的性能，还为资源的高效利用和循环再生提供了新的途径。

环境工程材料及容器设计不仅是一项技术工作，更是一项责任重大的任务。设计人员需要对设计方案的科学性、可行性和环境友好性负责，对环境保护事业负责。材料科学的进步是推动可持续发展的关键，设计人员应树立强烈的责任意识，对设计方案的科学性、可行性和环境友好性负责，确保设计方案能够有效解决环境问题，同时保障资源的高效利用和循环再生。这种责任意识不仅是对技术的追求，更是对环境保护事业的担当。

环境工程材料及容器设计的发展与生态文明建设的融合体现在教育和人才培养方面。生态文明建设需要大量具备环境工程专业知识和创新能力的人才，他们能够运用科学的方法和工程技术，解决实际的环境问题，推动生态文明建设的实施。因此，环境工程教育在培养专业技能的同时，也需要注重培养创新精神和责任意识。

通过材料创新和容器设计的优化，环境工程领域不仅能够有效应对污染治理和资源循环利用的挑战，还能为实现可持续发展目标提供坚实的技术支持。这些创新成果不仅提升了工程的性能和效率，而且体现了创新在推动高质量发展和生态文明建设中的重要作用。

8.1　工程材料及材料指标

工程材料主要是指用于机械、车辆、船舶、建筑、化工、能源、仪器仪表、航空航天等工程领域中的材料，用来制造工程构件和机械零件，也包括一些用于制造工具的材料和具有特殊性能（如耐蚀、耐高温等）的材料。

工程材料种类繁多，可以有不同的分类方法。比较科学的方法是根据材料的结合键进行分类。按材料的物质属性，一般将工程材料分为金属材料、高分子材料、陶瓷材料和复合材料四大类。

8.1.1　金属材料

金属材料是最重要的工程材料，包括金属和以金属为基的合金。工业上把金属和其合金分为两大部分：①黑色金属，指铁和以铁为基的合金（钢、铸铁和铁合金）；②有色金属，指黑色金属以外的所有金属及其合金。应用最广的是黑色金属。以铁为基的合金材料占整个结构材料和工具材料的 90%。这是因为黑色金属的工程性能比较优越，价格也比较便宜，是最重要的工程金属材料。

黑色金属材料包括钢和铸铁。钢按照化学成分分为碳素钢和合金钢；按照品质分为普通钢、优质钢和高级优质钢；按照冶炼方法分为平炉钢、转炉钢、电炉钢和奥氏体钢；按照用途分为建筑及工程用钢、结构钢、工具钢、特殊性能钢及专业用钢。铸铁通常分为灰铸铁、可锻铸铁、球墨铸铁、蠕墨铸铁和特殊性能铸铁等。钢铁是现代工业中的主要金属材料，在机械产品中占整个用材消耗的60%以上。有色金属材料是指除Fe以外的其他金属及其合金。这些金属有八十余种，分为轻金属（相对密度小于4）、重金属（相对密度大于4.5）、贵金属、类金属和稀有金属五类。工程上最重要的有色金属是Al、Cu、Zn、Sn、Pb、Mg、Ni、Ti及其合金。有色金属材料的消耗虽然只占金属材料总消耗的5%，但是因为它们具有优良的导电、导热性，同时密度小、化学性质稳定、耐热、耐腐蚀，因而在工程上占有重要地位。

8.1.2 有机高分子材料

有机高分子材料是以有机高分子化合物为主要组分，与各种添加剂（配合剂）配合，在适当的条件下加工而成。有机高分子化合物是由一种或多种低分子化合物经聚合反应而成的，也称为高聚物或聚合物。

有机高分子材料可分为天然高分子材料和合成高分子材料两大类。天然高分子材料包括蚕丝、羊毛、纤维素、天然橡胶和蛋白质等，合成高分子材料包括塑料、合成橡胶、合成纤维、胶黏剂和涂料等。工程上使用的主要是人工合成的高分子材料。

8.1.3 陶瓷材料

陶瓷是无机非金属材料中的一个重要的种类。它是指具有一定组成配比的矿物原料粉末或化工原料粉末成型后，经特定的工艺使其致密化，赋予其一定的强度和密度及其他特殊性能的固体材料。陶瓷是金属（类金属）和非金属元素之间形成的化合物，这些化合物中的原子（离子）主要以共价键或离子键相键合。通常陶瓷是一种多晶多相的聚集体。

按原料来源分，陶瓷可分为普通陶瓷和特种陶瓷。普通陶瓷又称传统陶瓷，以天然硅酸盐矿物为主要原料，如黏土、石英、长石等。特种陶瓷是以纯度较高的人工合成化合物为主要原料的，如Al_2O_3、ZrO_2、SiC、Si_3N_4、BN等。

陶瓷材料按照化学组分分类，可分为氧化物陶瓷、氮化物陶瓷、碳化物陶瓷、硼化物陶瓷等。氧化物陶瓷的结合键以离子键为主，常见的氧化物陶瓷有Al_2O_3陶瓷、ZrO_2陶瓷、MgO陶瓷、莫来石（$3Al_2O_3 \cdot 3SiO_2$）陶瓷、尖晶石（$MgAl_2O_4$）陶瓷等。氮化物陶瓷主要是以共价键结合为主的Si_3N_4、TiN、BN、AlN等。碳化物陶瓷主要是SiC、WC、TiC、B_4C、ZrC等高熔点碳化物为主的陶瓷。硼化物陶瓷主要以TiB_2、ZrB_2为主的陶瓷，属于超高温陶瓷，也作为添加剂使用。

8.1.4 复合材料

复合材料是指由两种或两种以上不同材料组成的组合材料，其性能优于它的组成材料。复合材料可以由各种不同种类的材料复合组成。如环氧树脂玻璃钢由玻璃纤维与环氧树脂复合而成，碳化硅增强铝基复合材料由碳化硅细粒与铝合金复合而成。复合材料的结合键复杂，强度、刚度和耐蚀性比单纯的金属、陶瓷和聚合物都优越，具有广阔的发展前景。

8.2 碳钢的分类及品种

在工业上使用的钢铁材料中，碳钢占有重要的地位。铁碳合金中，碳的质量分数大于

0.02%、小于等于 2.11%的合金称为钢，常用碳钢的碳的质量分数一般都小于 1.3%，其强度和韧性均较好。与合金钢相比，碳钢冶炼简便，加工容易，价格便宜，而且在一般情况下能满足使用性能的要求，故应用十分广泛。

8.2.1　碳钢的分类

碳钢有以下常用的分类方法。

(1) 按用途分类　建筑及工程用钢、结构钢、弹簧钢、轴承钢、工具钢、特种钢。

(2) 按含碳量分类　低碳钢、中碳钢、高碳钢。

(3) 按冶炼方法分类　镇静钢、沸腾钢、半镇静钢、特殊镇静钢。

(4) 按钢的质量分类　普通碳素钢、优质碳素钢、高级优质钢。

二维码 8-1：铁碳合金状态相图

8.2.2　碳钢的品种

(1) 钢板　是通过轧制工艺将钢坯加工而成的扁平矩形钢材制品。厚度范围广泛（从超薄板 0.2mm 到厚板超过 200mm）。宽度通常为 500～2500mm。按厚度可分为薄板（小于 3mm）、中板（3～20mm）、厚板（大于 20mm）。

(2) 钢管　是中空的长条圆形钢材，也可以是其他截面形状的空心管材。长度通常为 6～12m。按生产工艺可分为无缝钢管、焊接钢管。

8.3　合金钢的分类及应用

合金钢按用途分类较普遍，通常分为普通低合金钢、合金渗碳钢、合金调质钢、弹簧钢、滚动轴承钢、易切削钢。

(1) 低合金高强度结构钢用途　主要用于制造桥梁、船舶、车辆、锅炉、高压容器、输油输气管道、大型钢结构等。用它来代替碳素结构钢，可大大减轻结构质量，节省钢材，保证使用可靠、耐久。

(2) 合金渗碳钢用途　主要用于制造汽车、拖拉机中的变速齿轮，内燃机上的凸轮轴、活塞销等机器零件。这类零件在工作中能承受强烈的摩擦磨损，同时又承受较大的交变载荷，特别是冲击载荷。

(3) 合金调质钢用途　广泛用于制造汽车、拖拉机、机床和其他机器上的各种重要零件，如齿轮、轴类件、连杆、螺栓等。

(4) 非调质机械结构钢　这是用于制造汽车底盘、悬挂系统、车架等部件的材料，这些部件需要良好的韧性和可焊性。按截面形状可分为圆管、方管、异型管。

(5) 合金弹簧钢用途　弹簧钢是一种专用结构钢，主要用于制造各种弹簧和弹性元件。

(6) 滚动轴承钢用途　主要用来制造滚动轴承的滚动体（滚珠、滚柱、滚针）、内外套圈等，属专用结构钢。从化学成分上看它属于工具钢，所以也用于制造精密量具、冷冲模、机床丝杠等耐磨件。

8.4　有色金属的分类及应用

有色金属及其合金具有钢铁材料所没有的许多特殊的机械、物理和化学性能，为现代工业中不可缺少的金属材料。它的种类很多，本章仅就机械、仪器仪表、飞机制造等工业中广泛使用的铝、铜、钛等作一些简要介绍。

8.4.1 铝及铝合金

(1) 铝及铝合金特性

① 密度小、比强度高　纯铝的密度只有 $2.7g/cm^3$，仅为铁的1/3，采用各种强化手段后，铝合金可以达到与低合金高强钢相近的强度，因此比强度要比一般低合金结构钢高得多。

② 有优良的物理、化学性能　铝的导电性好，仅次于银、铜和金，室温电导率约为铜的64%。其磁化率极低，接近于非铁磁性材料。抗大气腐蚀能力强。

③ 加工性能良好　塑性好，可冷成形，易切削。铝合金热处理后可显著提高强度。铸造铝合金的铸造性能极好。

(2) 用途　铝资源丰富，成本较低。铝及铝合金在电气工程、航空航天工业、一般机械制造业和轻工业中都有广泛的用途。

8.4.2 铜及铜合金

(1) 铜及铜合金特性

① 优异的物理、化学性能　纯铜导电性、导热性极佳，铜合金的导电、导热性也很好。铜及铜合金对大气和水的抗腐蚀能力很高。铜还是抗磁性物质。

② 良好的加工性能　铜及其某些合金塑性很好，容易冷、热成形，易焊接。铸造铜合金有很好的铸造性能。

③ 具有某些特殊机械性能　例如优良的减摩性和耐磨性（如青铜及部分黄铜），高的弹性极限和疲劳极限（如铍青铜等）。

④ 色泽美观　铜及铜合金在电气工业、仪表工业、造船工业及机械制造工业部门中都获得了广泛的应用。但铜的储量较小，价格较贵，属于应节约使用的材料，只有在要求有特殊的磁性、耐蚀性、加工性能、机械性能以及特殊的外观等条件下，才考虑使用。

(2) 用途

① 黄铜　压力加工铅黄铜主要用于制造要求良好切削性能及耐磨性能的零件（如钟表零件等）。铸造铅黄铜可制作轴瓦和衬套。压力加工锡黄铜广泛用于制造海船零件。铝黄铜可制作海船零件及其他机器的耐蚀零件。铝黄铜中加入适量的镍、锰、铁后，还可得到高强度、高耐蚀性的复杂黄铜，用于制造大型蜗杆、海船用螺旋桨等重要零件。硅黄铜具有良好的铸造性能，并能进行焊接和切削加工，主要用于制造船舶及化工机械零件。

② 青铜　青铜原指铜锡合金，但工业上习惯称含铝、硅、铅、锰等的铜基合金为青铜，所以青铜实际上包括锡青铜、铝青铜、铍青铜等。青铜也分为压力加工青铜（以青铜加工产品的形式供应）和铸造青铜两类。

锡青铜在造船、化工、机械、仪表等工业中广泛应用，主要用于制造轴承、轴套等耐磨零件和弹簧等弹性元件，以及抗蚀、抗磁零件等。铝青铜可制造齿轮、轴套、涡轮等在复杂条件下工作的高强度抗磨零件，以及弹簧和其他高耐蚀性弹性元件。铍青铜主要用于制作精密仪器的重要弹簧和其他弹性元件、钟表齿轮、高速高压下工作的轴承及衬套等耐磨零件，以及电焊机电极、防爆工具、航海罗盘等重要机件。硅在铜中的最大溶解度为4.6%，室温时降为 3%。硅青铜中加入镍，因形成金属间化合物 NiZSi，可在进行固溶处理使时效获得较高的强度和硬度。含镍硅青铜的导电性、抗蚀性、耐热性都很高，广泛应用于航空工业。硅青铜可用于制作弹簧、齿轮、蜗轮、蜗杆等耐蚀、耐磨零件。

③ 白铜　以镍为主要合金元素。在固态下，铜与镍无限固溶，因此工业白铜的组织为单相 α 固溶体。它有较好的强度和优良的塑性，能进行冷、热变形。冷变形能提高强度和硬度。它的抗蚀性很好，电阻率较高。主要用于制造船舶仪器零件、化工机械零件及医疗器械等。锰含量高的锰白铜可用于制作热电偶丝。

8.4.3　钛及钛合金

钛及钛合金具有密度小、比强度高、耐高温、耐腐蚀以及良好低温韧性等优点，同时资源丰富，所以有着广泛应用前景。但钛及钛合金的生产和加工过程复杂，成本较昂贵，这限制了它们的应用。

(1) 纯钛　钛的熔点高，热膨胀系数小，导热性差。纯钛塑性好、强度低，容易加工成形，可制成细丝和薄片。钛在大气和海水中有优良的耐蚀性，在硫酸、盐酸、硝酸、氢氧化钠等介质中都很稳定。钛的抗氧化能力优于大多数奥氏体不锈钢。

(2) 钛合金　合金元素溶入 α-Ti 中，形成 α 固溶体，溶入 β-Ti 中形成 β 固溶体。铝、碳、氮、氧、硼等使 $\alpha \rightleftharpoons \beta$ 转变温度升高称为 α 稳定化元素。铁、钼、镁、铬、锰、钒等使同素异构转变温度下降，称为 β 稳定化元素。锡、锆等对转变温度的影响不明显，称为中性元素。

根据使用状态的组织，钛合金可分为三类，分别为钛合金、β 钛合金和 $\alpha+\beta$ 钛合金。牌号分别以 TA、TB、TC 加上编号来表示。

8.5　典型高分子材料的工程应用

8.5.1　工程塑料

塑料是一种以合成树脂为主要成分的高分子材料，它通常可在加热、加压条件下塑制成形，故称为塑料。

塑料按适用范围分类可分为以下几种。

(1) 通用塑料　指应用范围广、生产量大的塑料品种。主要有聚氯乙烯、聚苯乙烯、聚烯烃、酚醛塑料和氨基塑料等，是一般工农业生产和日常生活不可缺少的廉价材料，其产量约占塑料总产量的 3/4 以上。

二维码 8-2：金属材料的热处理

(2) 工程塑料　主要指综合工程性能（包括机械性能、耐热耐寒性能、耐蚀性和绝缘性能等）良好的各种塑料。主要有聚甲醛、聚酰胺、聚碳酸酯和 ABS 四种。它们是制造工程结构、机器零部件、工业容器和设备等的一类新型结构材料。

二维码 8-3：金属材料加工方法

(3) 耐热塑料　指能在较高温度下工作的各种塑料。常见的有聚四氟乙烯、聚三氟氯乙烯、聚酰亚胺、有机硅树脂、环氧树脂等。通常塑料的工作温度只有几十摄氏度，而耐热塑料可在 100～200℃。

8.5.2 合成纤维

合成纤维是以石油、天然气、煤等为原料，经过提炼和化学反应合成高分子化合物，再经过熔融或溶解后纺丝制得的纤维。合成纤维具有比天然纤维更优越的性能，如强度高、密度小、弹性好、耐磨、耐酸碱性好、不霉烂、不怕虫蛀等，除广泛用作衣料等生活用品外，在工农业生产、国防等部门也有许多重要的用途，如大量用于汽车、飞机轮胎帘子线、渔网、索桥、船缆、降落伞及绝缘布等，是一种发展迅速的工程材料。

8.5.3 合成橡胶

橡胶是一种具有极高弹性的高分子材料，其弹性变形量可达100%～1000%，而且回弹性好，回弹速度快。同时，橡胶还有一定的耐磨性，很好的绝缘性和不透气、不透水性。它是常用的弹性材料、密封材料、减震防震材料和传动材料。通用橡胶性能和天然橡胶接近，可以代替天然橡胶使用，如丁苯橡胶、顺丁橡胶、氯丁橡胶等。

8.6 容器的分类及主要规范

8.6.1 容器的分类

容器一般分为常压容器和压力容器，常压容器是只承受物料静压并与大气连通的容器，压力容器是承受一定介质工作压力的密闭容器，表8-1总结了不同容器的分类方式及类别。

表8-1 容器的分类方式及类别

分类方式	类别
压力方向	内压容器、外压容器
压力大小	常压、低压、中压、高压、超高压
容器安装方式	立式容器、卧式容器
容器形状	方形容器、筒形容器、球形容器
温度	低温、常温、中温、高温

压力容器按照压力的大小可分为：①超高压（U），$p\geqslant 100\text{MPa}$；②高压（H），$10\text{MPa}\leqslant p<100\text{MPa}$；③中压（M），$1.6\text{MPa}\leqslant p<10\text{MPa}$；④低压（L），$0.1\text{MPa}\leqslant p<1.6\text{MPa}$。

压力容器按照级别可分为3类。

① A类　A1级，指超高压容器、高压容器（结构形式主要包括单层、无缝、锻焊、多层包扎、绕带、热套、绕板等）；A2级，指第三类低、中压容器；A3级，指球形储罐；A4级，指非金属压力容器。

② B类　无缝气瓶（B1）；焊接气瓶（B2），B2注明含（限）溶解乙炔气瓶或液化石油气瓶；特种气瓶（B3）代表产品。

③ C类　C1级，指铁路罐车；C2级，指汽车罐车和长管拖车；C3级，指罐式集装箱。

④ D类　D1级，指第一类压力容器；D2级，指第二类低、中压容器。

纳入监测范围的压力容器包括（同时具备下列条件）：①设计压力，最高工作压力（p_w）大于等于0.1MPa（不含液体静压力，下同）；②尺寸，内直径（非圆形截面指其最大尺寸）大于等于0.15m，且容积（V）大于等于0.025m^3；③介质，盛装介质为气体、液化气体或最高工作温度大于等于标准沸点的液体。

8.6.2　容器的主要规范

相关标准涵盖了压力容器的材料选择、设计计算、制造工艺、检验方法和使用维护等多个方面。例如《压力容器》(GB/T 150.1～150.4—2024) 等。此外，还有《固定式压力容器安全技术监察规程》(TSG 21—2016) 等法规，对压力容器的安全监察和定期检验提出了具体要求。这些标准和规范的实施，旨在预防和控制压力容器可能引发的安全事故，保护人员安全和环境免受损害，同时促进压力容器行业的健康发展。

二维码 8-4：力学基础

8.7　容器的基本设计方法

8.7.1　容器设计的基本概念

① 工作压力　在正常工作情况下，容器顶部可能达到的最高压力。

② 设计压力　设定的容器顶部的最高压力，与相应的设计温度一起作为设计载荷条件，其值不低于工作压力。

③ 计算压力　在相应设计温度下，用以确定元件厚度的压力，其中包括液柱静压力。当元件所承受的液柱静压力小于 5%设计压力时，可忽略不计。

④ 设计温度　容器在正常工作情况下，设定的元件的金属温度(沿元件金属截面的温度平均值)。设计温度与设计压力一起作为设计载荷条件。标志在铭牌上的设计温度应是壳体设计温度的最高值或最低值。

⑤ 计算厚度　按设计公式计算得到的厚度。需要时，尚应计入其他载荷所需厚度。

二维码 8-5：《压力容器　第 1 部分　通用要求》

⑥ 设计厚度　计算厚度与腐蚀裕量之和。

⑦ 名义厚度　设计厚度加上钢材厚度负偏差后向上圆整至钢材标准规格的厚度。即标注在图样上的厚度。

⑧ 有效厚度　名义厚度减去腐蚀裕量和钢材厚度负偏差。

8.7.2　中低压容器的设计

根据给定的工艺设计条件，遵循现行的标准、规范、规定等，在确保安全的前提下，经济、正确地选择材料，并进行结构、强(刚)度和密封设计。

设计文件包括设计图样、技术条件、强度计算书，必要时还应包括设计或安装、使用说明书，若按分析设计标准设计，还应提供应力分析报告。

设计内容包括设计条件、所用规范和标准、材料、腐蚀裕量、计算厚度、名义厚度、计算应力等。

装设安全泄放装置的压力容器，还应计算压力容器安全泄放量、安全阀排量和爆破片泄放面积。

当采用计算机软件进行计算时，软件必须经全国锅炉压力容器标准化技术委员会评审鉴定，并在国家市场监督管理总局特种设备安全监察局认证备案。打印结果中应有软件程序编号、输入数据和计算结果等内容。

(1) 设计图样　包括总图和零部件图。总图包括压力容器名称、类别，设计条件，必要时应注明压力容器使用年限，主要受压元件材料牌号及材料要求，主要特性参数(如容积、换热器换热面积与程数等)，制造要求，热处理要求，防腐蚀要求，无损检测要求，耐压试验和气密性试验要求，安全附件的规格，压力容器铭牌的位置，包装、运输、现场组焊和安装要求，以及其他特殊要求。

(2) 压力容器设计步骤 包括物料衡算、热量衡算、设备的类型选择、设备工艺尺寸确定、设备部件的受力分析、材料的选择、设备初步设计、施工图设计、设备附件的选择、安全附件的配用。

(3) 强度理论 包括以下四个强度理论，其表达式分别如式(8-1)、式(8-2)、式(8-3)、式(8-4) 所示。

① 第一强度理论——最大拉应力理论：$\sigma \leqslant [\sigma]$ (8-1)

② 第二强度理论——最大拉应变理论：$\varepsilon_1 = \frac{1}{E}[\sigma_1 - \mu(\sigma_2 + \sigma_3)] \leqslant [\sigma]$ (8-2)

③ 第三强度理论——最大剪应力理论：$\tau_{\max} = \frac{\sigma_1 - \sigma_3}{\sigma_2} \leqslant [\sigma]$ (8-3)

④ 第四强度理论——最大八面体剪应力（形状改变比能）理论：

$$\tau_8 = \frac{1}{\sqrt{2}}\sqrt{(\sigma_1 - \sigma_3)^2 + (\sigma_2 - \sigma_3)^2 + (\sigma_3 - \sigma_1)^2} \leqslant [\sigma] \tag{8-4}$$

按照强度理论，钢制容器适宜采用第三、第四强度理论，但是，第一强度理论在容器设计历史上使用最早，有成熟的实践经验，而且由于强度条件不同而引起的误差已考虑在安全系数内，所以至今在容器常规设计中仍采用第一强度理论，即 $\sigma \leqslant [\sigma]$。式中，$\sigma_1$ 为器壁中三个主应力中最大的一个，对于内压薄壁回转壳体来说，通常第一主应力为周向应力 σ_θ，第二主应力为径向应力 σ_φ，另一个主应力为径向应力 σ_Z。

(4) 压力容器设计-圆筒 设圆筒的平均直径为 D，壁厚为 t，在承受均匀内压作用时，器壁产生的薄膜应力如式(8-5) 至式(8-7) 所示：

$$\sigma_\theta = \frac{pD}{2t} \tag{8-5}$$

$$\sigma_x = \frac{pD}{4t} \tag{8-6}$$

$$\sigma_Z \approx 0 \tag{8-7}$$

显然，$\sigma_1 = \sigma_\theta$，按照第一强度理论可得式(8-8)：$\sigma_1 = \frac{pD}{2t} \leqslant [\sigma]^t$ (8-8)

工艺设计中一般给出内径 D_i，$D = D_i + t$，如式(8-9) 所示：

$$\frac{p(D_i + t)}{2t} \leqslant [\sigma]^t \varphi, \text{即 } t = \frac{p_c D_i}{2[\sigma]^t \varphi - p_c} \tag{8-9}$$

应当注意的是，实际中大多数圆筒是由钢板卷制而成，焊缝区可能产生夹渣、气孔、未焊透等缺陷，导致焊缝及其附近区域强度可能低于钢材本体的强度。所以，上面钢板的$[\sigma]^t$应乘以焊接接头系数 φ，$\varphi \leqslant 1$。由于供货钢板有可能出现负偏差，实际采用钢板标准规格的厚度是圆整值，所以又定义了名义厚度，即向上圆整到钢板的标准规格厚度。筒体设计厚度加上厚度负偏差后向上圆整，即为筒体名义厚度。

实际圆筒钢板焊缝区金属一般低于母材，再考虑到容器腐蚀供货钢板厚度的负偏差，设计厚度应比计算厚度大，如式(8-10) 所示：

$$t_d=\frac{p_c D_i}{2[\sigma]^t\varphi-p_c}+C_2 \tag{8-10}$$

式中，t_d 为设计厚度，mm；p_c 为计算压力，MPa；D_i 为圆筒内径，mm；φ 为焊接接头系数，$\varphi \leqslant 1.0$；$[\sigma]^t$ 为设计温度下材料的许用应力，MPa；C_2 为腐蚀裕量，mm。

应注意，计算厚度为仅仅按照强度理论计算得到的厚度；设计厚度为计算厚度加上腐蚀裕量 C_2 的厚度；名义厚度为设计厚度加上钢板负偏差（用 C_1 表示），再向上圆整得到的标准规格钢板的厚度；另外，腐蚀裕量加上钢板负偏差叫作厚度附加量 C，$C=C_1+C_2$。

对于已有的圆筒，测量厚度为 t_e，则其最大许可承压的计算公式如式(8-11) 所示：

$$[p]=\frac{2[\sigma]^t\varphi(t_n-C)}{D_i+(t_n-C)}=\frac{2[\sigma]^t\varphi t_e}{D_i+t_e} \tag{8-11}$$

式中，t_n 为圆筒名义厚度，mm。

进行强度校核的公式如式(8-12) 所示：

$$\sigma^t=\frac{p_c(D_i+t_e)}{2t_e}\leqslant\varphi[\sigma]^t \tag{8-12}$$

式中，$[\sigma]^t$ 为校核温度下圆筒器壁中的计算应力，MPa；t_e 为有效厚度，等于名义厚度减去壁厚附加量。

(5) 压力容器设计-球壳　设球壳的平均直径为 D，壁厚为 t，在承受均匀内压 p 的作用时，器壁产生的薄膜应力如式(8-13)、式(8-14) 所示：

$$\sigma_\varphi=\sigma_\theta=\frac{pD}{4t} \tag{8-13}$$

$$\sigma_Z\approx 0 \tag{8-14}$$

按照第一强度理论可得式(8-15) 所示：$\sigma_1=\dfrac{pD}{4t}\leqslant[\sigma]^t$　(8-15)

得到球壳壁厚计算公式如式(8-16) 所示：$t=\dfrac{p_c D_i}{4[\sigma]^t\varphi-p_c}$　(8-16)

应力校核公式如式(8-17) 所示：$\sigma^t=\dfrac{p_c(D_i+t_e)}{4t_e}\leqslant[\sigma]^t\varphi$　(8-17)

由上式可知，当压力、直径相同时，球壳的壁厚仅为圆筒的一半，所以用球壳作容器，节省材料，占地面极小。但球壳是非可展曲面，拼接工作量大，所以制造工艺比圆筒复杂得多，对焊接的要求也高。大型带压的液化气或氧气等储罐常用球罐形式。

(6) 容器最小厚度　当容器压力很小或者处于常压状态时，按照前面介绍的厚度计算公式得到的厚度很小，这时候只能满足强度要求，无法满足刚度要求，没有办法加工制造和安装运输，因此应规定容器的最小壁厚。

最小壁厚已经包括钢板厚度负偏差 C_1，但是不包括腐蚀裕量 C_2；圆筒内径 $D_i\leqslant$ 3800mm 时，$\delta_{min}=2D/100\geqslant 3$mm；圆筒内径 $3800<D_i\leqslant 16000$mm 时，$\delta_{min}=5$mm；不锈钢容器和高合金钢容器，$\delta_{min}=2$mm。

应用：若钢材$[\sigma]^t\varphi>100$MPa，设计压力 $p<0.4$MPa，圆筒的计算厚度可以直接按最小厚度确定。

(7) 设计参数的确定

① 设计压力　相应设计温度下确定壳壁厚度的压力，亦即标注在铭牌上的容器设计压

力。其值稍高于最大工作压力。最大工作压力是指容器顶部在工作过程中可能产生的最大压力（表压）。

使用安全阀时设计压力不小于安全阀开启压力，或取最大工作压力的 1.05～1.10 倍；爆破膜根据其型式，一般取最大工作压力的 1.15～1.4 倍作为设计压力。容器内若盛有液体，其静压力不超过最大工作压力的 5%，则设计压力可不计入静压力，否则，须在设计压力中计入液体静压力。此外，某些容器的设计有时还必须考虑重力、风力、地震力等载荷及温度的影响，这些载荷不直接折算为设计压力，必须分别计算。设计压力的圆整为 0.01MPa、0.05MPa、0.1MPa。不同压力容器类型及设计压力取值范围见表 8-2。

表 8-2 压力容器类型和设计压力取值

类型	设计压力 p 取值
容器上装有安全阀时	取不小于安全阀的初始起跳压力，通常取≤1.05～1.1p_w
单个容器不装安全泄放装置时	取等于或略高于最高工作压力，通常取≤1.0～1.1p_w
容器内有爆炸性介质，装有防爆膜时	根据介质特性、气相容积、爆炸前的瞬时压力、防爆膜的破坏压力及排放面积等因素考虑（通常可取≤1.15～1.3p_w）
装有液化气体的容器	根据容器的充装系数和可能达到的最高温度确定（设置在地面的容器温度不低于 40℃，如 50℃、60℃时的气体压力考虑）
外压容器	取不小于在正常操作情况下可能出现的最大内外压差
真空容器	当有安全阀控制时，取 1.25 倍的内外最大压差与 0.1MPa 两者中的较小值；当没有安全控制装置时，取 0.1MPa
夹套容器	计算带夹套部分的容积时，应考虑在正常操作情况下可能出现的内外压差

② 许用应力和安全系数　许用应力是容器壳体等受压元件的材料许用强度，取材料的极限强度与相应的安全系数之比。极限强度要根据失效类型来确定，安全系数则受操作工况、材料、制造质量和计算方法等因素的影响。采用过小的许用应力或过大的安全系数，会使设计的部件过分笨重而浪费材料，反之则会使部件过于单薄而破损，因此合理选择许用应力或安全系数是关系设计先进可靠与否的关键。

材料的极限强度由试验求得。低碳钢之类的塑性材料有明显的规定非比例伸长应力 σ_p、屈服强度 σ_y 和抗拉强度 σ_b。为了使容器不产生过大的弹性或塑性变形，许用应力常以 σ_y 或 σ_p 作为极限强度，因它们十分接近，故常用屈服强度 σ_y。当材料无明显屈服点时，用规定残余伸长应力 $\sigma_{0.2}$，即产生 0.2%残留伸长时的应力值。有些材料在拉伸曲线上既无明显屈服点，又无明显的服从弹性关系区，如铜、铸铁或高强度钢（屈强比高的材料），在温度不很高的条件下，极限强度则取抗拉强度。

随着温度的变化，各种材料的力学性能也将产生不同的变化。如铜、铝、铅等材料，其抗拉强度随温度的升高而下降。因此当温度升高时，以设计温度下的抗拉强度 σ_b^t 作为极限强度。对于低碳钢材料而言，温度升高，材料的抗拉强度也升高，但当温度达到一定值时（250～300℃），抗拉强度会很快下降，而屈服强度始终随温度升高均匀下降。因此在温度较高时，极限强度用设计温度下的屈服强度 σ_y^t。

当碳钢和普通低合金钢制容器温度高于 420℃，铬钼合金钢容器高于 450℃，不锈钢制容器高于 550℃时，抗拉强度和屈服强度都不能作为极限强度。因为在高温下工作的容器往往不是由于强度不足，而是由于蠕变失效。蠕变是材料在高温、应力不增加的情况下，应变随时间而增加的现象。要求金属在高温下不蠕变是不可能的，只能选用蠕变速度较慢的材料或控制应力水平，因此高温时材料的极限强度要以蠕变极限 σ_n^t 为依据。用于容器的材料，要求在恒定温度下，蠕变速度不超过 10^{-7}mm/mm·h 的最大应力，或在 10 万小时下，蠕变总应变量不超过 1%的最大应力作为条件蠕变极限。

由于材料拉伸试验结果有一定分散性，受载情况的统计特性和理论计算方法与容器实际应力不同，同时由于有制造的允许偏差等因素，如用计算应力不超过极限强度的方法来校核，有很大的风险。

(8) 压力试验　试验内容包括强度试验和致密性试验。

强度试验：检查容器在超工作压力下的宏观强度，包括检查材料的缺陷、容器各部分的变形，焊接接管的强度和容器法兰连接的泄漏检查。通常包括液压和气压试验。

致密性试验：对密封性要求非常高的重要容器在强度合格后进行的泄漏检查。

液压试验压力如式(8-18) 及式(8-19) 所示：

$$p_T = 1.25p\frac{[\sigma]}{[\sigma]^t} \tag{8-18}$$

$$且\ p_T \geqslant (p+0.1) \tag{8-19}$$

式中，p_T 为内压容器的试验压力，MPa；p 为设计内压，MPa；$[\sigma]$ 为试验温度下材料的许用应力，MPa；$[\sigma]^t$ 为设计温度下材料的许用应力，MPa。

$[\sigma]/[\sigma]^t$ 大于 1.8 时，按 1.8 计算；如果容器各元件（圆筒、封头、接管、法兰及紧固件等）所用材料不同时，应取各元件材料比值中的最小者。容器铭牌上规定有最大允许工作压力时，公式中应以最大允许工作压力代替设计压力 p。

8.7.3 常压容器的设计

环保工程设备中的大部分容器都是常压容器，不同容器的具体适用范围见表 8-3。

表 8-3　各类容器的具体适用范围

容器类别	设计压力 p_b/MPa	设计温度 t_D/℃	容积限度
圆筒形容器	$-0.02 \leqslant p_b < 0.1$	$-20 \leqslant t_D \leqslant 350$	≥500L
立式圆筒形储罐	$-500 \leqslant p_b \leqslant 2000$	$-20 \leqslant t_D \leqslant 250$	20～10000m^3
圆筒形料仓		<100	不限
矩形容器	连通大气	常温	—

(1) 圆筒形容器设计

① 设计参数　圆筒-碳钢和低合金钢的最小厚度为 3mm，高合金钢为 2mm。

不锈钢复合钢板的许用应力如式(8-20) 所示：

$$[\sigma]^t = \frac{[\sigma]_1^t\sigma_1 + [\sigma]_2^t\sigma_2}{\sigma_1+\sigma_2} \tag{8-20}$$

其中，$[\sigma]_1^t$ 和 $[\sigma]_2^t$ 分别代表两种材料的许用应力，σ_1 和 σ_2 分别代表两种材料的厚度。这个公式用于计算混合材料的许用应力，其中每个材料的贡献由其相应的厚度决定。

② 圆筒形常压容器设计　与中低压容器的设计计算方法相同。

③ 立式圆筒形储罐设计　有如下限制条件：直接放置在砂垫层上；设计压力为－500～2000Pa（密闭时加装呼吸阀）；设计温度－20～250℃；容积为 20～10000m^3；拱顶或锥盖。

a. 罐壁板的设计　同内压圆筒计算（焊缝系数 $\varphi=0.9$）；当储存腐蚀性介质时，名义厚度不小于最小厚度。

b. 罐顶的设计　罐顶板的最小厚度为4.5mm（不包括腐蚀余量）。

c. 包边角钢设计　包边角钢是指罐壁板与罐顶板的连接部件。

包边角钢截面尺寸的确定：罐顶与罐壁连接的有效面积A（包边角钢截面积加上与其连接的罐壁和罐顶板上16倍板厚范围内的截面积之和）应满足式(8-21)：

$$A \geqslant \frac{pD_1^2}{8[\sigma]^t \phi \tan\theta} \tag{8-21}$$

式中，A为有效面积，m^2；p为压力，MPa；D_1为储罐内直径，mm；$[\sigma]^t$为材料许用应力，MPa；ϕ为焊缝接头系数，θ为坡度。

d. 储罐底板设计　底板的拼接可分为D大于12.5m和D小于12.5m两种进行拼接。

e. 风载荷作用下罐壁的稳定性校核。

f. 储罐的抗震校核与附件设计。

(2) 矩形容器设计

① 特点　容器数量多时布置灵活，省材料，占地少，承压能力远小于圆筒形容器。

② 限制条件　直接与大气连通；仅承受液体静压的矩形容器。

③ 一些设计要求　矩形容器要进行加固后使用，矩形容器的加固方式有顶边加固、垂直加固、横向加固、拉杆加固、组合加固等形式；矩形容器内部设置分隔板时，隔板应按壁板设计；矩形容器加固的基准是最大允许挠度小于$L/500$。

④ 容器设计内容

a. 顶边加固的壁板计算：在容器顶部壁板四周设置加强构件。

b. 垂直加固的壁板计算：在容器四周壁板设置垂直加固柱。

c. 横向加固的壁板计算：在容器四周壁板设置横向加固圈。

d. 拉杆加固的壁板计算：在容器内部四周壁板设置横向拉杆。

e. 垂直和横向组合加固的壁板计算：当容器较大时，一般设置组合加固（$H>2200$mm）。简化计算方法：假想按垂直加固柱间隔将容器分成数个小容器；对每个小容器按横向加强计算壁板和横向加强圈；按垂直加固容器计算垂直加固柱的规格（偏大）。

f. 带双向水平拉杆垂直加固的壁板计算。

g. 矩形容器底板计算。

(3) 容器的压力试验　容器在制成后，必须进行压力试验或试漏。试验可做盛（充）水试验、液压试验、气密性试验，以及煤油或肥皂水试漏。

练习与思考

1. 某化工厂欲设计一台石油气分离工程中的乙烯精馏塔。工艺要求为：塔体内径$D=600$mm；设计压力$p=2.2$MPa；工作温度$t=-3\sim20$℃。试选择塔体材料并确定塔体厚度。

2. 根据所学内容，对下述容器的筒体和封头厚度进行设计计算：H_2SO_4（30%，密度1.218g/cm^3）与NaOH（30%，密度为1.325g/cm^3）中和反应器，假设不考虑反应放热，反应温度为常温，反应压力设定为3.2MPa，反应的有效容积要求在2.5m^3左右，使用地点在某企业露天车间。

第9章 环保工程设备的选择与设计

内容提要

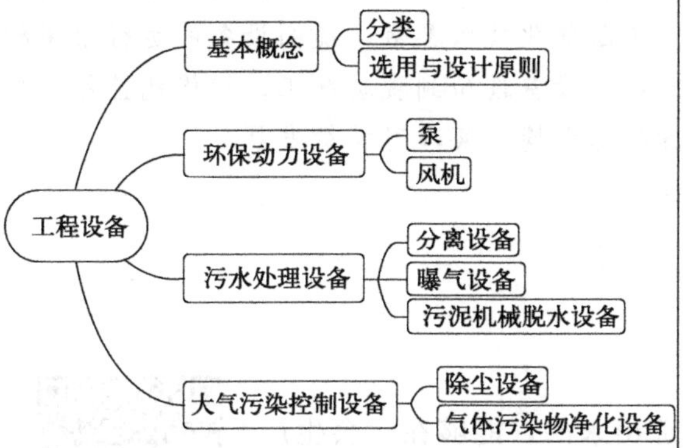

学习目标

知识目标

明确工程设备的分类和特点；

深入理解和掌握环保工程设备的选用与设计原则；

明确典型工艺设备的特点和应用条件；

能力目标

能够根据工艺流程进行工程设备的选用和配置。

素质目标

培养终身学习的态度，不断更新自己的知识和技能，以适应行业发展的需要。

导读

终身学习，适应行业发展

在当今时代，随着经济的快速发展和工业化进程的加速，环境保护已成为全球关注的焦点。我国明确提出“绿水青山就是金山银山”的发展理念，将生态文明建设提升到前所未有的战略高度。环保工程设备作为实现环境保护目标的重要技术手段，不仅在减少污染、改善环境质量方面发挥着关键作用，更是推动绿色发展、实现可持续发展的重要支撑。

环保工程设备是环境工程领域的重要组成部分，涵盖了废气处理设备、废水处理设备、固体废物处理设备等多个方面。这些设备的设计、制造和运行直接关系到污染治理的效果和环境质量的改善。例如，高效的污水处理设备能够有效减少水体污染，保护水资源；先进的废气处理设备能够降低大气污染物排放，改善空气质量；科学的固体废物处理设备能够实现垃圾的无害化处理和资源化利用，减少对土壤和地下水的污染。环保工程设备领域的技术创新和优化能有效推动环境工程实践中的绿色发展，实现经济与环境的双赢。

环保工程设备行业是一个快速发展的领域，新技术、新设备、新工艺不断涌现。例如，随着“双碳”目标的推进，环保设备行业迎来了新的发展机遇，如无人机监测、智能控制系统等新技术的应用，为环保设备产业带来了新的发展机遇。此外，环保领域的政策法规不断更新，如《中华人民共和国环境保护法》《中华人民共和国大气污染防治法》等法律法规的修订和实施，对环保工程设备的设计、制造和运行提出了新的要求。只有具备终身学习的能力，才能不断更新自己的知识和技能，及时了解和掌握最新的行业动态，适应行业发展的需要，为环境保护事业贡献力量。

环保工程设备行业涉及多个学科领域，如机械工程、环境科学、化学工程等，需要具备跨学科的知识和技能，通过终身学习，不断拓展自己的知识面，提高解决复杂问题的能力，适应不同岗位的需求。此外，在知识更新换代日益加速的今天，终身学习不仅是适应社会发展的需要，更是个人职业发展的必然要求。通过终身学习，可以不断提升自身的专业素养和综合能力，增强就业竞争力，实现个人的职业发展目标。

面对日益复杂的环境问题，传统的环保设备和技术难以满足要求，不断创新、积极探索新的解决方案才能提高解决复杂问题的能力。在环境工程领域，工匠精神是实现高质量环保工程设备设计、制造和维护的关键。工匠精神不仅体现在对技术的精益求精，还体现在对环境保护的责任感和使命感。例如，中科鼎实环境工程有限公司研发了多项先进的环境修复技术，如土壤修复技术、地下水修复技术等，通过不断优化技术参数，提高设备的运行效率和处理效果，并在项目实施过程中注重每一个细节，从设备选型到现场施工，严格把控每一个环节，确保项目的高质量完成，从而改善当地的生态环境，实现可持续发展。

9.1 工程设备概述

9.1.1 工程设备的概念

设备是指由工业或建筑安装部门制造或建造出来的，能够在社会生产和生活中发挥物质作用的物质资料，包括各种机械、构筑物等。它不仅是指单体设备，而且也指除尘系统、给排水系统、动力系统等整体设备或设备体系。环保工程设备是指以控制环境污染为主要目的的设备，是水污染治理设备、大气污染治理设备、固体废物处理设备、噪声与振动控制设备、放射性与电磁波污染防护设备的总称。环保工程设备是实现环境设计功能的载体。

二维码 9-1：我国环保设备产业发展现状和前景

9.1.2 环保工程设备的分类

（1）按设备的功能分类 按设备功能可分为污染控制设备、大气污染控制及除尘设备、固体废物处理设备、噪声与振动控制设备、环境监测及分析设备、采暖通风设备、放射性与电磁波污染防护设备。

（2）按设备的性质分类

① 机械设备 是指各种用于治理污染和改善环境质量的机械加工设备，如除尘器、机械式通风机、机械式水处理设备等。机械设备是目前环保设备中种类及型号最多，应用最普遍，使用最方便的环保设备。

② 仪器设备 包括大气监测仪器、水质自动连续监测仪器、噪声监测仪器及环境工程实验仪器四种。

③ 构筑物 为治理环境而用混凝土、钢筋混凝土、玻璃钢、钢结构或其他材料建造的设施，如各种沉砂池、沉淀池、塔滤、生化处理池等。

(3) 按设备的构成分类

① 单体设备 是环保设备的主体，如各种除尘器、单体水处理设备等。

② 成套设备 是以单体设备为主，加各种附属设备（如风机、电机等）组成的整体。

③ 生产线 指由一台或多台单体设备、各种附属设备及其管线所构成的整体，如污水处理生产线。

(4) 按设备的通用性分类

① 通用设备 常用已定型的可用于环境污染治理的设备，如各类水泵、风机等。

② 专用设备 专用为去除某种污染而选取或开发的设备，如吸收塔、填料塔等。

9.1.3 环保工程设备选用与设计原则

(1) 定型设备的选择 定型设备，也称为标准设备，如泵、风机、阀门等。这类设备有产品目录或样本手册，有各种规格牌号，有不同的生产厂家，国家有相应的技术标准，包括设备的型号规格、技术条件、使用条件、使用寿命、检测检验、适用范围等方面的规定，生产厂家均应按照国家标准执行。定型设备选择的原则如下：

① 合理性 必须满足处理工艺一般要求，与工艺流程、处理规模、操作条件、控制水平相适应，又能充分发挥设备的作用。

② 先进性 设备的运行可靠性、自控水平、处理能力、处理效率要尽量达到先进水平，同时还应满足规划发展的要求，还要查看所配置的设备是否属于国家规定的淘汰产品。

③ 安全性 要求安全可靠、操作稳定、有缓冲能力、无事故隐患，既要考虑处理工艺对介质的要求，还应注意周边环境的要求。

④ 经济性 选用时应考虑设备的性价比。

(2) 非定型设备的设计 环境工程设计中需要专门设计的特殊设备，称为非标准设备或非定型设备。这类设备一般是设计者根据所处理对象（污染物）进行选取或开发，没有国家规定的技术标准。非定型设备的设计原则与定型设备大致相同，主要设计程序如下。

① 根据工艺条件（流程）确定处理设备的类型 例如生活污水采用活性污泥法处理，曝气池和二沉池常为构筑物，除尘常用机械设备。

② 确定设备的材质 根据处理的污染物、工艺流程和操作条件，确定适合的设备材料。如上述处理水的曝气池和二沉池一般采用钢筋混凝土材料，除尘机械采用钢铁材料，气态污染物处理设备一般采用不锈钢或工程塑料等防腐材料。

③ 汇集设计条件和参数 根据污染物的处理量、处理效率、物料平衡和热量平衡等条件，确定设备的负荷、操作条件，如温度、压力、流速、卸灰形式、工作周期等，作为设备设计计算的主要依据。

④ 选定设备的基本结构形式 根据各类处理设备的性能、使用特点和使用范围，依据各类规范、样本和说明书，参照环境保护产品认定技术条件，确定设备的基本结构形式。

⑤ 设计设备的基本尺寸 根据设计数据进行有关的计算和分析，确定处理设备的外形尺寸，画出设备简图。

⑥ 进行结构计算　参考《化工设备设计手册》《机械设计手册》等资料，进行结构计算，明确设计使用寿命。

⑦ 按照有关国家标准，进行非标准设备图纸的操作，提出制作技术要求。

9.2 几种典型工艺设备的特点及应用

9.2.1 环保动力设备——泵与风机的选用

流体输送机械就是向流体做功以提高机械能的装置。通常，将输送液体的机械称为泵，将输送气体的机械称为风机。泵、风机是输送废水、污泥、混凝剂、空气、烟气等液相或气相物料的重要设备。譬如，泵通常被人比作废水处理工艺流程中的“心脏”，泵一旦出现故障，往往会使整个废水处理系统停止工作。风机常用于输送气体、产生高压气体和获得真空环境，不仅在大气污染控制工程中广泛应用，在部分水污染治理工程中也必不可少，如活性污泥法工艺的鼓风曝气等。为了选用符合生产要求且经济合理的泵和风机，不但要熟知被输送流体的性质、工作条件、输送要求，还要了解各种类型泵和风机的工作原理、结构和特性。

9.2.1.1 泵的选型及应用基础

根据泵的工作原理和结构，泵的类型分为叶片式、容积式和其他三种类型。叶片式泵主要利用叶片和液体相互作用（高速旋转的叶轮）来输送液体，又可分为离心泵、旋涡泵、混流泵和轴流泵等；容积式泵主要利用活塞或转子挤压导致的工作容积周期性变化来输送液体，又包括往复泵、转子泵等；其他类型泵一般包括喷射泵、气举泵、水锤泵、水轮泵等。在城镇及工业企业的环境工程建设中，大量使用的泵是叶片式泵，其中以离心泵最为普遍，下面将以离心泵为重点，进行详细的介绍和说明。

(1) 离心泵的工作原理与基本构造　离心泵的装置简图如图 9-1 所示，它的基本部件是高速旋转的叶轮和固定的泵壳。具有若干弯曲叶片的叶轮安装在泵壳内并紧固于泵轴上，泵轴可由电动机带动旋转。泵壳中央的吸入口与吸入管路相连接，在吸入管路底部装有单向底阀。泵壳侧旁的排出口与排出管路相连接，其上装有闸阀。离心泵在启动前，应先用液体灌满泵壳和吸水管路，然后驱动电动机，使叶轮和液体做高速旋转运动，液体在离心力作用下随叶轮旋转，沿叶片间通道向外缘运动，速度增加，机械能提高。液体离开叶轮进入蜗形泵壳，蜗形泵壳流道逐渐扩大，流体速度减慢，液体动能转换为静压能，压强不断升高，最后沿切向方向流出蜗形泵壳，通过压水管路输入管路系统。这样，就形成了离心泵的连续输水。

二维码 9-2：离心泵的工作原理

离心泵启动时，若泵内存有空气，由于空气密度很小，旋转后产生的离心力小，启动后叶轮中心气体被抛向四周时不能在该处形成足够大的真空度，这样槽内液体便不能被吸上，虽启动离心泵也不能输送液体。这一现象称为气缚，表示离心泵无自吸能力，所以在启动前必须向壳内灌满液体。

离心泵由两个主要部分构成，一是包括叶轮和泵轴的旋转部件，二是由泵壳、填料函和轴承组成的静止部件。

① 叶轮　叶轮是唯一的做功部件，泵通过叶轮对液体做功。叶轮通常由 4～12 片的后弯叶片组成，按其机械结构可分为闭式、半开式和开式三种，如图 9-2 所示。闭式叶轮的叶

片带有前后盖板，适合输送干净流体，效率较高；开式叶轮的叶片没有前后盖板，适合输送含有固体颗粒的液体悬浮物；半开式叶轮的叶片只有后盖板，可用于输送浆料或含固体悬浮物的液体，效率较低。

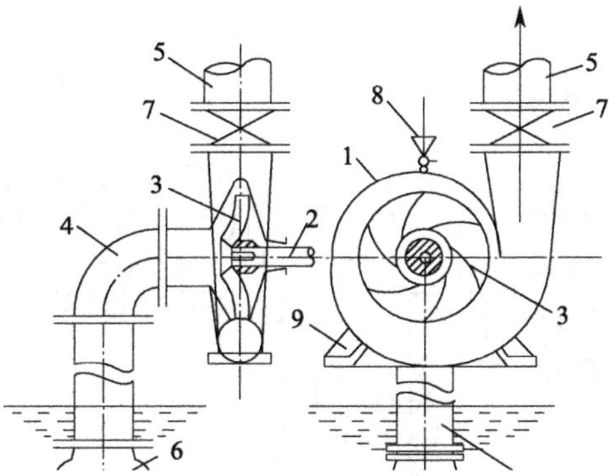

图 9-1　离心泵装置简图

1—泵壳；2—泵轴；3—叶轮；4—吸水管；5—压水管；6—底阀；7—闸阀；8—灌水漏斗；9—泵座

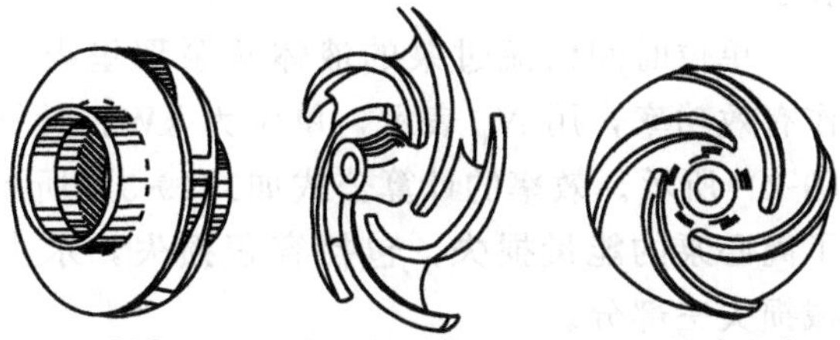

图 9-2　离心泵的叶轮

② 泵壳　泵壳通常制成蜗牛形，故又称为蜗壳。叶轮在泵壳内沿蜗形通道逐渐扩大的方向旋转，越接近液体的出口，流道面积越大。液体从叶轮外周高速流出后，流过泵壳蜗形通道时流速降低，因此减少了流动能量损失，使部分动能转换为静压能。所以泵壳不仅能汇集液体，作导出液体的通道，而且能使液体的能量发生转换，一部分动能转变为静压能。

③ 泵轴和轴承　泵轴是用来旋转叶轮的，其一端固定叶轮，一端装联轴器。根据泵的大小，轴承可选用滚动轴承和滑动轴承。

④ 轴封　由于泵轴转动而泵壳固定不动，泵轴穿过泵壳处必定会有间隙。为防止泵内高压液体沿间隙漏出或外界空气漏入泵内，必须设置轴封装置。常用的有机械密封和填料密封两种形式。一般泵均设计成既能装填料密封，又能装机械密封。

(2) 离心泵的性能参数和特性曲线　泵的主要性能参数有流量、扬程（压头）、功率、效率、转速、允许吸上真空高度、允许气蚀余量等。在泵的铭牌上，一般都标有这些参数的具体数值，以说明泵在最佳或额定状态时的性能。

① 流量　指泵在单位时间内输送的流体体积，一般用 Q 表示，常用单位为 m^3/s 或 m^3/h。

② 扬程　又称压头，指离心泵对单位重量（1N）液体所提供的有效能量，用 H 表示，单位为 m。显然，单位重量流体所获得的增量可用能量方程计算。如图 9-3 所示，以泵轴中心线所在的水平面为基准面，以进口 1-1 断面与出口 2-2 断面为计算断面，可列出扬程计算的数学表达式，如式(9-1) 所示：

$$H=Z_2-Z_1+\frac{p_2-p_1}{\rho g}+\frac{v_2^2-v_1^2}{2g} \tag{9-1}$$

式中　Z_1、Z_2——泵 1-1、2-2 断面中心到基准面的距离，m；

p_1、p_2——泵 1-1、2-2 断面中心处的液体压力，Pa；

v_1、v_2——泵 1-1、2-2 断面上液体的平均流速，m/s；

ρ——被输送液体的密度，kg/m^3。

③ 轴功率　指水泵从动力机实际获得的功率，用 N 表示，单位为 W 或 kW。

④ 效率　指泵的有效功率与轴功率之比值，用 η 表示。

单位时间内流过泵的液体从泵那里得到的能量叫作有效功率，用 N_e 表示，单位为 kW。计算公式如式(9-2) 所示。效率的计算公式如式(9-3) 所示，它反映了离心泵的能量损失，包括容积损失，水力损失和机械损失三部分。

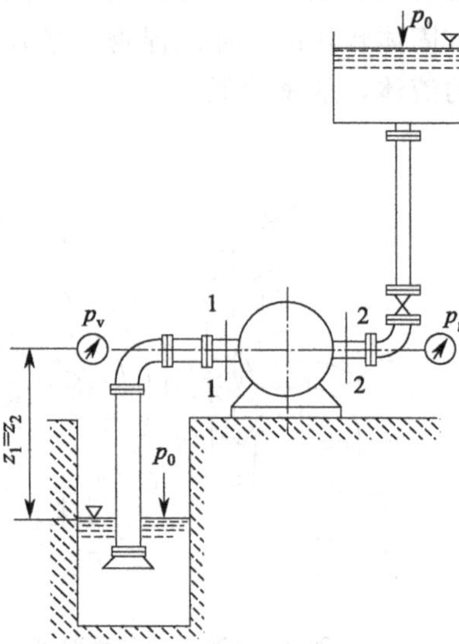

图 9-3　扬程的确定

$$N_e=\frac{\rho gQH}{1000}=\frac{\rho QH}{102} \tag{9-2}$$

$$\eta=\frac{N_e}{N} \tag{9-3}$$

式中　ρ——被输送液体的密度，kg/m^3；

Q——液体的流量，m^3/s；

H——扬程，m。

⑤ 转速　指水泵叶轮每分钟转动的次数，用 n 表示，单位为 r/min。它是影响泵性能的一个重要因素，当转速变化时，泵的流量、扬程、功率等都要发生变化。

⑥ 允许吸上真空高度和允许气蚀余量　泵的气蚀性能参数。允许吸上真空高度是指泵在标准状况下（20℃，101.325kPa）运行时，泵所允许的最大吸上真空高度，用 H_s 表示，单位为 mH_2O。允许气蚀余量是指为了不发生气蚀，在泵进口处用单位重量的水所具有的能量减去水的饱和气化压头后所剩余的值，一般用 Δh_{sv} 来表示，单位为 m。当允许吸上真空高度越小或允许气蚀余量越大时，泵的抗气蚀性能就越差。在泵的运行中，通常都要求掌握不同工况下泵的允许吸上真空高度或允许气蚀余量，以防止气蚀的发生。

水泵厂通常用特性曲线来表示上述六个性能参数之间的关系，如图 9-4 所示为某一型号离心泵的特性曲线。特性曲线随泵的转速而变，故特性曲线图上或说明书中一定要标出测定时的转速。各种型号的离心泵有其本身独自的特性曲线，但它们都具有以下共同点。

① H-Q 曲线　表示泵的扬程与流量的关系。扬程一般随流量的增大而减小（在流量极小时可能有例外）。每一流量都对应有一个 H、N、η、H_s，在各曲线上都对应有一个点。

② N-Q 曲线　表示泵的轴功率与流量的关系。轴功率随流量的增大而增大，流量为零时轴功率最小。所以，离心泵应“闭阀启动”，减小启动电流，以保护电机。

③ η-Q 曲线　表示泵的效率与流量的关系。当 $Q=0$ 时，$\eta=0$；随着流量的增大，泵的效率随之上升并达到一最大值；此后流量再增大时效率反而下降。一般把效率曲线的最高点称为设计点，设计点对应的流量、压头和轴功率称为额定流量、额定压头和额定轴功率，标注在泵的铭牌上。此外，一般将最高效率值 92% 的范围称为泵的高效区，选用离心泵时，应尽量使泵在此范围内操作。

④ H_s-Q 曲线　表示泵的允许吸上真空高度与流量的关系。允许吸上真空高度随流量

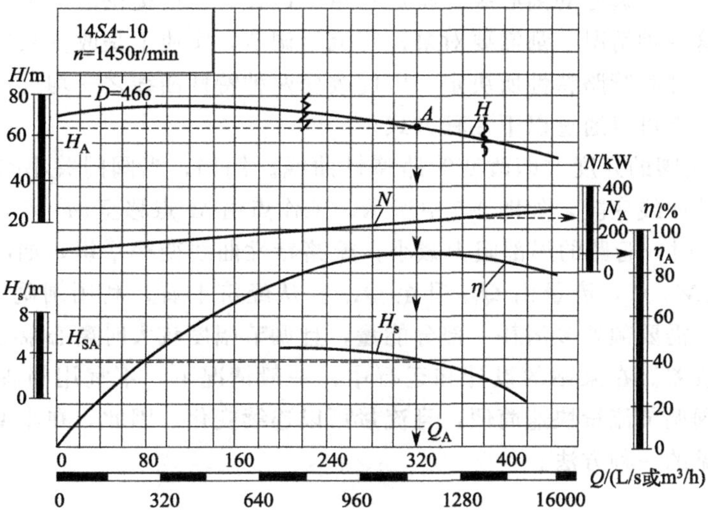

图 9-4　14SA-10 离心泵的特性曲线

的增大而减小。曲线上各点的纵坐标表示水泵在相应流量下工作时，水泵所允许的最大吸上真空高度值，并不表示水泵的实际吸上真空高度值。实际吸水真空值应小于曲线上对应的 H_s 值，否则，泵将产生气蚀现象。

泵的特性曲线是制造厂用 20℃清水在一定转速下实验测定的。若输送液体性质与此相差较大，泵的特性曲线将发生变化，应加以修正，使之变换为符合输送液体性质的新特性曲线。输送液体性质对泵的特性曲线影响如下。

a. 密度的影响　离心泵的理论流量和理论压头与液体密度无关，H-Q 曲线不随液体密度而变，η-Q 曲线也不随液体密度而变。轴功率则随液体密度的增加而增加。

b. 黏度的影响　若被输送液体的黏度大于常温下清水的黏度，则泵体内部液体的能量损失增大，导致泵的扬程、流量都要减小，效率下降，而轴功率增大，亦即泵的特性曲线发生改变。

(3) 离心泵的工作点和流量调节　当离心泵安装在一定管路系统中工作时，泵输出的流量即为管路流量、泵提供的压头即为管路所要求的压头。根据流体流动的基本方程式，管路特性方程可表示为式(9-4)：

$$H_e = K + BQ_e^2 \tag{9-4}$$

式中　H_e——管路所需的压头，m；

K——管路系统中动能和静压能之和，m，特定的管路系统其为一定值；

Q_e——液体的流量，m^3/s；

B——管路系统中管道的沿程摩阻和局部阻力之和的系数，称为阻抗。

由式(9-4) 可以看出，在特定的管路中输送液体时，管路所需的压头 H_e 随液体流量 Q_e 的平方而变。若将此关系标在相应的坐标图上，即得到如图 9-5 所示的 H_e-Q_e 曲线。这条曲线被称为管路特性曲线，它的形状由管路布局与操作条件确定，与泵的性能无关。将泵的特性曲线与管路特性曲线标绘在同一图上，两曲线的交点 M 即为离心泵的工作点，它表示离心泵在该管路中运行时，泵所提供的压头和流量恰为管路系统所要求的压头和流量。

离心泵在指定管路上工作时，由于生产任务发生变化，会出现泵的工作流量与生产要求不相适应的情况；或已选好的离心泵在特定管路中运转时，所提供的流量不一定符合输送任务的要求。对于这两种情况，都需要对泵进行流量调节，实质上是改变泵的工作点。由于泵的工作点为泵的特性和管路特性所决定，因此改变两种特性曲线之一均可达到调节流量的目的。改变泵的工作点可以通过以下几种方式。

① 改变出口闸阀的开度　即改变管路特性曲线。例如，当阀门关小时，管路的局部阻力加大，管路特性曲线变陡，如图 9-6 中所示，工作点由 M 点移至 M_1 点，流量由 Q_M 降至 Q_{M1}。当阀门开大时，管路的局部阻力减小，管路特性曲线变得平坦，如图 9-6 中所示，工作点由 M 点移至 M_2 点，流量由 Q_M 升至 Q_{M2}。从经济上看，利用闸阀开关调节流量时，因流动阻力加大，需要额外多消耗一部分能量，且调节幅度较大时离心泵往往在低效率区工作，因此经济性较差。在泵站的设计和运行中，一般情况下，不宜用闸阀来调节流量。但是，由于采用闸阀调节流量快速简便，且流量可以连续变化，因此，在小型泵站实际运行中闸阀调节仍是常见的一种方法。

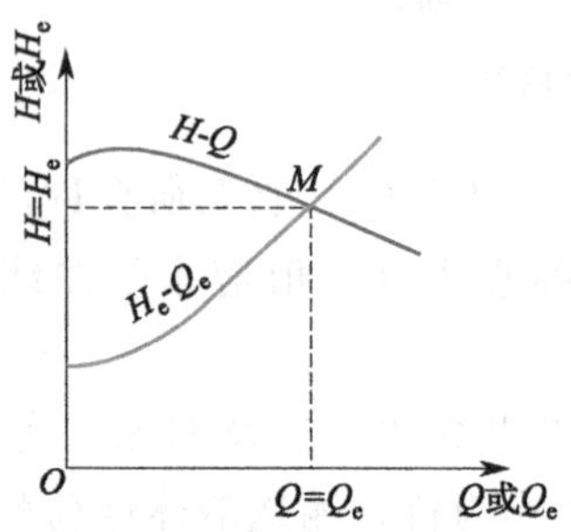

图 9-5　管路特性曲线与泵的工作点

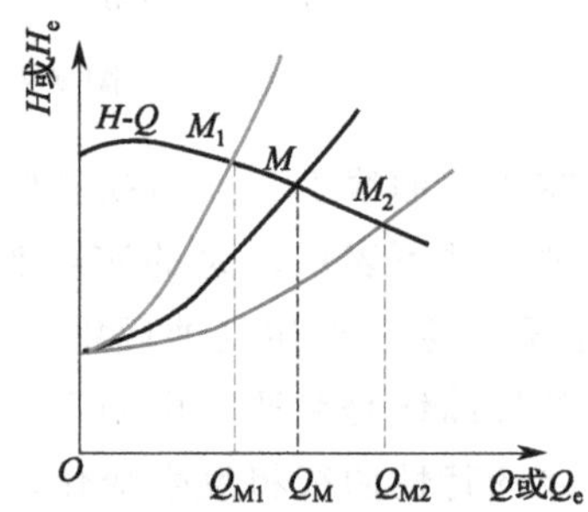

图 9-6　改变阀门开度时流量变化示意

② 改变叶轮的转速　即改变泵的特性曲线。在不同转速下，泵的压头、流量、轴功率与转速符合比例定律，计算公式如式(9-5) 所示：

$$\frac{Q'}{Q}=\frac{n'}{n},\frac{H'}{H}=\left(\frac{n'}{n}\right)^2,\frac{N'}{N}=\left(\frac{n'}{n}\right)^3 \tag{9-5}$$

如图 9-7 所示，泵原来的转速为 n，工作点为 M，若将泵的转速提高到 n_1，泵的特性曲线 H-Q 上移，工作点由 M 点移至 M_1 点，流量由 Q_M 加大到 Q_{M1}；若将泵的转速降至 n_2，泵的特性曲线 H-Q 下移，工作点由 M 点移至 M_2 点，流量由 Q_M 降至 Q_{M2}。这种调节方法能保持管路特性曲线不变，流量随转速的下降而减小，动力消耗也相应降低，因此从能量消耗上看是比较合理的。

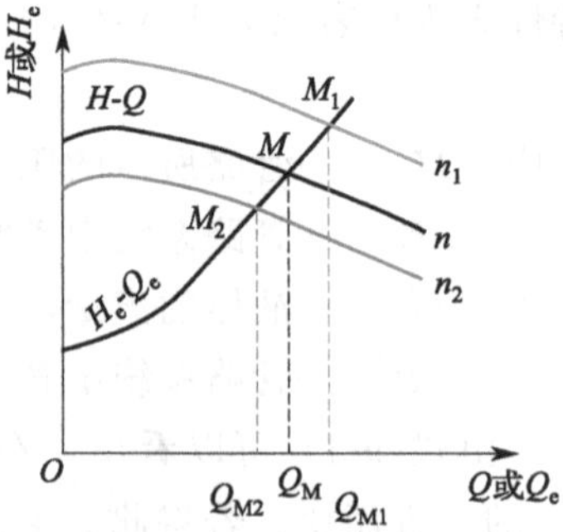

图 9-7　改变泵的转速时流量变化示意图

③ 离心泵的并联和串联操作　在实际生产中，当单台离心泵不能满足输送任务要求时，可采用离心泵的并联或串联操作。离心泵的并联和串联是指将组合安装的离心泵视为一个泵组，泵组的特性曲线或称合成特性曲线，据此确定泵组的工作点。

a. 离心泵的并联操作　设将两台同型号相同的离心泵并联操作，各自的吸入管路相同，则两泵的流量和压头必相同，且具有相同的管路特性曲线。在同一压头下工作时，泵组的流量为该压头下各泵对应的流量之和。于是，依据单台泵特性曲线Ⅰ上的一系列坐标点，保持其纵坐标（H）不变，使横坐标（Q）加倍，由此得到一系列对应的坐标点，即可绘得两台泵并联操作的合成特性曲线Ⅱ，如图 9-8 所示。合成特性曲线Ⅱ与管路特性曲线的交点即为并联泵的操作流量，其值大于一台单泵的流量，小于两台单泵的流量。

b. 离心泵的串联操作　假若将两台同型号相同的离心泵串联操作，则每台泵的压头和流量也是相同的，因此在同一流量下，两台串联泵的压头为单台泵的两倍。于是，依据单台泵特性曲线Ⅰ上的一系列坐标点，保持其横坐标（Q）不变，使纵坐标（H）加倍，由此得到一系列对应的坐标点，即可绘得两台泵串联操作的合成特性曲线Ⅱ，如图 9-9 所示。合成特性曲线Ⅱ与管路特性曲线的交点即为串联泵的工作点。串联泵的流量大于一台单泵的流量，小于两台单泵的流量。

在实际操作中究竟采用何种组合方式比较经济合理，应考虑管路要求的流量及管路特性曲线的形状。如图 9-10 所示，对于管路特性曲线较平坦的低阻管路，采用并联组合，可以获得较串联组合高的流量和压头；对于管路特性曲线较陡的高阻管路，采用串联组合，可以获得较并联组合高的流量和压头。

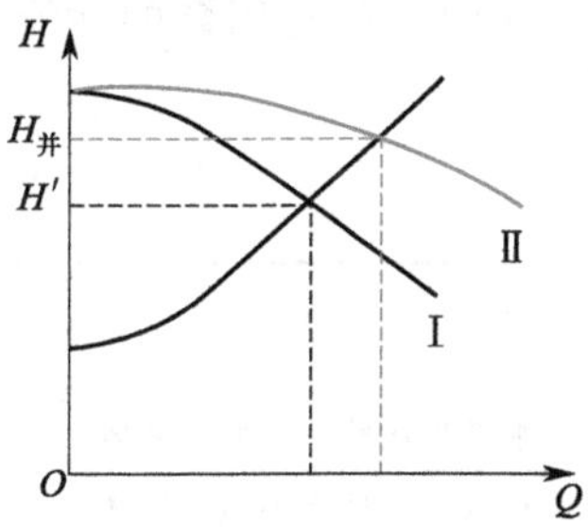

图 9-8　离心泵的并联

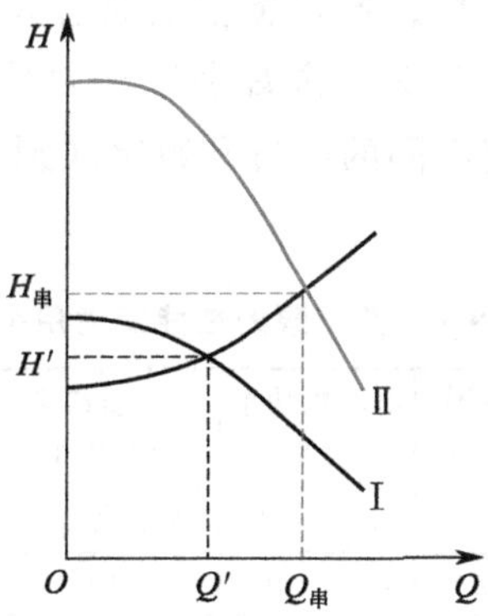

图 9-9　离心泵的串联

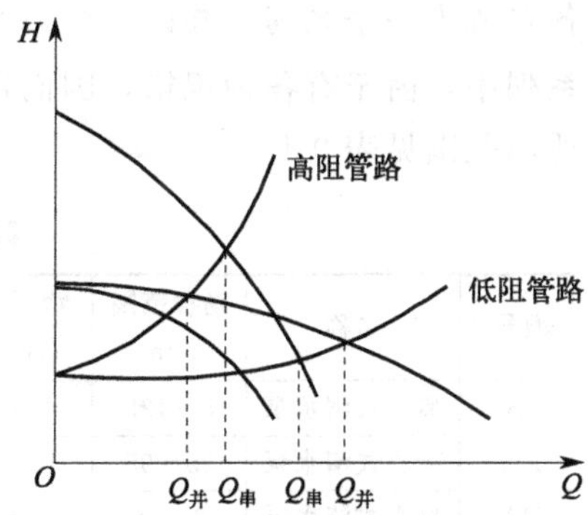

图 9-10　离心泵组合方式的选择

(4) 离心泵的气蚀现象和安装高度　由离心泵的工作原理可知，从整个吸入管路到泵的吸入口直至叶轮内缘，液体的压强是不断降低的。研究表明，叶轮内缘处的叶片背侧是泵内压强最低点。当泵内某点的压强低至液体饱和蒸气压时部分液体将气化，产生的气泡被液流带入叶轮内压力较高处再凝聚。由于凝聚点处会产生瞬间真空，这会造成周围液体高速冲击该点，产生剧烈的水击，瞬间压力可高达数十个兆帕，众多的水击点上水击频率可高达数万赫兹，且水击能量瞬时转化为热量，水击点局部瞬时温度可达 230℃以上。在这种巨大冲击力的反复作用下，泵壳和叶轮易被损坏，这种现象称为气蚀。气蚀具有以下危害性：

① 产生噪声和振动，影响离心泵的正常运行和工作环境；

② 离心泵的性能下降，泵的流量、压头和效率均降低。若生成大量的气泡，则可能出现气缚现象，且使离心泵停止工作；

③ 高频冲击加高温腐蚀同时作用使叶片表面产生一个个凹穴，严重时叶片呈海绵状而迅速被破坏，降低了泵的使用寿命。

为避免发生气蚀，通常通过调整离心泵的安装高度，即把离心泵安装在恰当的高度位置上，确保泵内压强最低点处的静压超过工作温度下被输送液体的饱和蒸气压。泵的允许几何安装高度可按照式(9-6) 计算：

$$[H_g]=\frac{p_0-p_v}{\rho g}-\sum h_s-\Delta h \tag{9-6}$$

式中 $[H_g]$——泵的允许几何安装高度，m；

p_0——液面的压力，Pa；

p_v——泵内气化压力，Pa；

ρ——被输送液体的密度，kg/m^3；

$\sum h_s$——吸液管路的水头损失，m；

Δh——实际气蚀余量，$\Delta h=\Delta h_{min}+0.3$，m。

(5) 离心泵的类型和选择

① 离心泵的类型 由于被输送液体的性质、压力和流量等差异很大，为了适应各种不同的要求，离心泵的类型也是多种多样的。按泵送液体的性质和使用条件，可分为清水泵、耐腐蚀泵、油泵、杂质泵、屏蔽泵、液下泵、管道泵和低温泵等；按叶轮吸入方式，可分为单吸泵和双吸泵；按叶轮数目，又可分为单级泵和多级泵。各种类型的离心泵按照其结构特点各自成为一个系列，并以一个或几个汉语拼音字母作为系列代号。在每一系列中，由于有各种规格，因而用不同的字母和数字区别。环境工程中一些常用泵的性能及适用范围见表 9-1。

二维码 9-3：常见水泵的种类及符号的意义

表 9-1 常用泵的性能及适用范围

型号	名称	扬程范围/m	流量范围/(m^3/h)	电动机功率/kW	介质最高温度/℃	适用范围
IS	离心式清水泵	5～125	6～400	1.55～110	气蚀余量 2m	输送清水或理化性质类似的液体
XA	离心式清水泵	25～96	10～340	1.50～100	105	输送清水或理化性质类似的液体
BA	离心式清水泵	8～98	4.5～360	1.50～55	80	输送清水或理化性质类似的液体
BL	直联式离心泵	8.8～62	4.5～62	1.50～18.5	60	输送清水或理化性质类似的液体
Sh	双吸离心泵	9～140	126～12500	22～1150	80	输送清水或理化性质类似的液体
D,DG	多级分段泵	12～1528	12～700	2.20～2500	80	输送清水或理化性质类似的液体
BG	管道泵	8～30	6～50	0.37～7.5	气蚀余量 4～2m	输送清水或理化性质类似的液体，装于水管上
NG	管道泵	2～15	6～27	0.20～1.3	95～150	输送清水或理化性质类似的液体，装于水管上
SG	管道泵	10～100	1.8～400	0.50～26	—	有耐腐蚀型、防爆型和热水型，装于水管上
GC	锅炉给水泵	46～576	6～55	3～185	110	小型锅炉给水
N,NL	冷凝泵	54～140	10～510	—	80	输送发电厂冷凝水
J,SD	深井泵	24～120	35～204	10～100	—	提取深井水
4PA-6	氨水泵	86～301	30	22～75	—	输送 20%浓度的氨水，吸收式冷冻机设备主机

② 离心泵的选择 离心泵的选择，一般可按下列方法与步骤进行。

a. 搜集原始资料，确定泵的类型 选型设计的原始资料包括整个工程工况、装置的用途、管路布置、地形条件、水位高度、装置的工艺参数、被输送介质的物理化学性能（固体颗粒含量、颗粒大小、密度、黏度、毒性等)、操作周期以及泵的结构特性等。

b. 确定泵的流量和压头　泵的数据表上往往只给出正常流量和额定流量。考虑到泵在实际运行中可能出现的流量波动以及开车、停车等情况，为了安全可靠，选泵时要求额定流量不小于装置的最大流量，或取正常流量的 1.1～1.5 倍。如果基本数据只给质量流量，应换算成体积流量，然后，根据输送系统管路的安排，用伯努利方程计算出在最大流量下管路所需压头。

c. 泵的系列和材料的选择　泵的系列是指泵厂生产的同一类结构和用途的泵，如 IS 型清水泵、Y 型油泵、ZA 型化工流程泵等。当泵的类型确定后，就可以根据工艺参数和介质特性来选择泵的系列和材料。

d. 确定泵的型号　按已确定的流量和压头从泵的样本或产品目录中选出适合的型号。若无一个型号的流量和压头与所要求的流量和压头相符，则在相邻型号中选用流量和压头都略大的型号。当有几个型号的流量和压头都能满足要求时，应该选取效率较高的泵，即点（Q、H）坐标位置靠在泵的高效率范围所对应的 H-Q 曲线的下方为宜。若有该系列泵的性能范围图，则方便确定型号。泵的型号选出后，应列出该泵的各种性能参数。

e. 流量和压头的校核　制造厂提供的泵的性能曲线或性能表一般是在常温下用清水测得的，若输送液体的物理性质与水的差异较大，则应将泵的性能指标扬程和流量换算成针对被输送液体的扬程和流量值，然后把处理工艺条件所要求的扬程和流量与换算后的泵的扬程和流量比较，确定所选泵的性能是否符合要求。

f. 泵安装高度的计算与校核　泵的安装高度高出吸液面的高差太大，即泵的几何安装高度 H_g 过大，泵安装地点的大气压较低，泵所输送的液体温度过高，都可能发生气蚀现象。选定泵后，从样本上查出标准条件下的允许吸上真空高度 $[H_s]$ 或临界气蚀余量 Δh_{min}，按照式(9-7) 验算其几何安装高度：

$$H_g < [H_g] \leqslant [H_s] - \left(\frac{v_s^2}{2g} - \sum h_s\right) \tag{9-7}$$

g. 确定泵的效率和功率，选用电机及其他附属　利用性能表选电机时，在性能表中附有电机的型号和传动部件型号。电机和传动部件可一并选用。用性能曲线选择电机时，因图中只有轴功率，电机的传动部件须另选。配套电机功率可按式(9-8) 计算：

$$N_m = K\frac{N}{\eta_i} = K\frac{\rho g Q H}{\eta_i \eta} \tag{9-8}$$

式中　N_m——泵的配套电机功率，kW；

Q——流量，m^3/s；

H——扬程，m；

K——电机安全系数，见表 9-2；

η——泵的效率，%；

N——泵的轴功率，kW；

ρ——被输送液体的密度，kg/m^3；

η_i——传动效率，电机直联传动的 η_i 为 1.00，联轴器直联传动的 η_i 为 0.95～0.98，三角皮带传动的 η_i 为 0.95～0.98。

表 9-2 为电机安全系数的取值。

表 9-2 电机安全系数

电机功率/kW	安全系数 K	电机功率/kW	安全系数 K
<0.5	1.50	2.0～5.0	1.20
0.5～1.0	1.40	>5.0	1.15
1.0～2.0	1.30		

h. 泵的台数和备用率 在进行泵的选型时，考虑一开一备是合理的，但如果为大型泵，一开一备的配置是不经济的，这种情况下可设两台较小的泵供正常使用，另设一台同样大小的泵作为备用。一般来说，重要岗位的泵应设备用泵，备用率为 100%，而其他情况下连续运转的泵可考虑用 50%的备用率。在连续操作的大型装置中使用的泵应考虑较大的备用率。

总之，泵的选择还要考虑方方面面的问题，如安装的场地大小、基础如何等。

9.2.1.2 风机的选型及应用基础

风机在环境工程领域应用十分广泛。风机的结构和原理与水泵大体相同，但由于气体具有可压缩性和比液体小得多的密度，从而使气体输送具有某些不同于液体输送的特点。通常所说的风机包括通风机、鼓风机、压缩机和真空泵。

(1) 风机的主要性能参数 风机的主要性能参数有风量、风压、功率、效率和转速等。风机铭牌上标明的特征值是在最高效率下的风量 Q、风压 H、轴功率 N。

① 风量 是指单位时间内从风机出口排出的气体体积，以风机进口处的气体状态计，以 Q 表示，单位为 m^3/h。气与水不同，气体体积随外界条件改变而变化，风机铭牌上写的风量是指标准状态下（20℃，101.325kPa）的风量。

② 风压 是指单位体积的气体流过风机时获得的能量，用 H 表示，单位为 Pa 或 mmH_2O。$1mmH_2O$ 的压强等于 $1kgf/m^2$。风机的风压也称为全压，其计算公式如式(9-9) 所示：

$$H=p_2-p_1+\frac{\rho v_2^2-\rho v_1^2}{2} \tag{9-9}$$

式中，p_1、p_2 为风机进口和出口截面处气体的压力，Pa；v_1、v_2 为风机进口和出口截面处气体的平均流速，m/s；ρ 为气体密度，kg/m^3。

风机全压 H 包括静压 H_j 和动压 H_d，其中风机动压 H_d 的计算公式如式(9-10) 所示：

$$H_d=\frac{\rho v_2^2}{2} \tag{9-10}$$

风机的静压 H_j 定义为风机全压减去风机出口动压，计算公式如式(9-11) 所示：

$$H_j=p_2-p_1-\frac{\rho v_1^2}{2} \tag{9-11}$$

由式(9-11) 可知，风机的静压不是风机出口的静压，也不是风机出口与进口的静压差。对于风机来说，被输送气体的流速相对较高，以致动压头在总压头中占有相当大的比重，而静压头比较小。

③ 转速 是指风机叶轮每分钟转的次数，用 n 表示，单位为 r/min。它是影响风机性能的一个重要因素，当转速变化时，风机的风量、风压、功率等都要发生变化。增加转速可加大排量，但会造成动力机械超载或带不动。降低转速会使排量和风压减少，设备利用率降低，所以通常不允许改变泵的转速。一般转速 $n=1000\sim3000$r/min。

④ 功率与效率 风机的输入功率，又称轴功率，是电机传到风机轴上的功率，用 N 表

示，单位为 kW。计算公式如式(9-12) 所示：

$$N=\frac{QH}{1000\eta} \tag{9-12}$$

式中，Q 为风机的风量，m^3/s；H 为风机的风压，Pa；η 为风机的效率，%。

(2) 通风机　环境工程中最常用的一种通风机是离心式通风机，其次是轴流式通风机。

① 离心式通风机　离心式通风机的结构和工作原理与离心泵类似，只不过是所输送的介质不同。如图 9-11 所示，风机机壳内的叶轮安装在由电机或其他转动装置带动的传动轴上。叶轮内有些弯曲的叶片，叶片间形成气体通道，进风口安装在靠近机壳中心处，出风口同机壳的周边相切。当电机等原动机带动叶轮转动时，叶片间的气体也随叶轮旋转而获得离心力，并从叶片间的出口甩出。被甩出的气体挤进机壳，于是机壳内的气体压强增高，最后由出口排出。与此同时，叶轮中心处由于气体被甩出而形成真空状态，使外界的气体在大气压强的作用下立即补入。由于叶轮不停地旋转，气体便不断地排出和补入，从而达到了风机连续输送气体的目的。离心式通风机结构简单，制造方便。

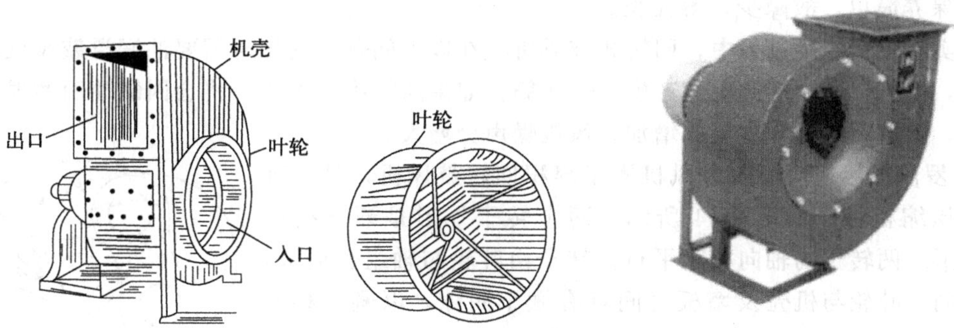

图 9-11　离心式通风机

② 轴流式通风机　轴流式通风机类似轴流式泵，都是依靠叶轮旋转时叶片产生的升力来输送液体，把机械能转化为流体能量的机械。由于气流进入和离开叶轮时都是轴向的，故称为轴流式，如电风扇、空调外机风扇。轴流式通风机主要由圆筒形机壳和带螺旋桨式叶片的叶轮组成（图 9-12）。当电机带动叶轮作高速旋转运动时，由于叶片对流体的推力作用，迫使自吸入管吸入机壳的气体产生回旋上升运动，从而使气体的压强及流速增高。增速增压后的气体经固定在机壳上的导叶作用，使气体的旋转运动变为轴向运动，把旋转的动能变为压力能而自压出管流出。轴流式通风机具有结构紧凑、外形尺寸小、重量轻等特点，适用于大流量、低压头的场合，用于工厂、仓库、办公室、住宅等地方的通风换气。

(3) 鼓风机　在环境工程中，回转式鼓风机和罗茨鼓风机是两种常用的鼓风机。

① 回转式鼓风机　回转式鼓风机属于风机的一种，是通过压缩空气来实现曝气，又叫曝气鼓风机。它主要由电机、空气过滤器、鼓风机本体、空气室、底座（兼油箱）、滴油嘴六部分组成。图 9-13 为 HC 系列回转式鼓风机实物图。

回转式鼓风机的特点如下：

a. 回转式鼓风机采用运转压缩空气的原理，虽然体积小，但风量大，节能，静音运转是其他形式的风机无法比拟的；

b. 小型机型运转时只要放置妥当则振动很小，不需要加装防振装置，安装方便；

c. 负荷能随曝气槽压力变化而变化，但风量稳定，基本不随压力变化；

图 9-12 轴流式通风机

图 9-13 HC 系列回转式鼓风机

d. 全部机型附有空气室，可防止空气脉动，散气平稳；

e. 鼓风机全部采用优质的材料，结构精巧，坚固耐用，性能卓越，长期使用故障少；

f. 保养简单，故障少，寿命长。

在实际工程使用过程中，回转式鼓风机存在以下问题：使用时需要油润滑鼓风机，油耗量较大，排气口有油雾产生，产生二次污染，如果风机维护不当，将会因缺油而磨损；若长期使用，随着风机叶片磨损的增加，风机噪声会增大。

② 罗茨鼓风机 罗茨鼓风机属于容积回转鼓风机，是一种双转子压缩机械，如图 9-14 所示。两个转子外形是渐开线的“8”字形，两转子的轴向相互平行。转子由叶轮与轴组合而成，叶轮之间、叶轮与机壳及墙板之间具有微小间隙，以避免相互接触。转子由装在轴末端的一对齿轮带动而做同步反向旋转。借助于两个“8”字形转子的打开和啮合来间歇改变工作空间容积的大小，从而吸入和排出气体。

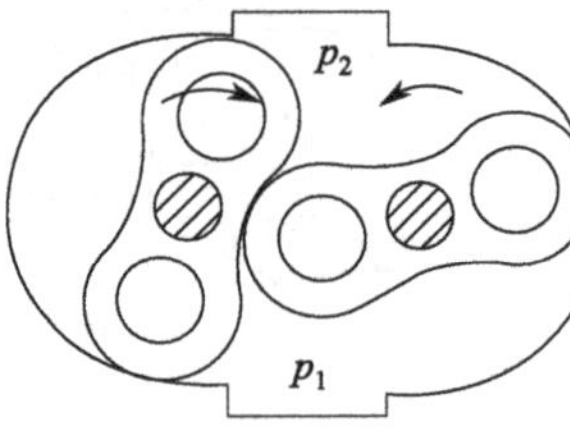

图 9-14 罗茨鼓风机结构原理图

使用罗茨鼓风机时，当压力在允许范围内调节时流量的变动甚微，压力选择范围很宽，具有强制输气的特点。罗茨鼓风机内腔不需要润滑油，结构简单，运转平稳，性能稳定，使用寿命长，整机振动小，但运行中磨损严重，噪声大。就应用而言，罗茨鼓风机大多做空气鼓风机使用，其广泛用于建材、电力、冶炼、石油化工、矿山、港口、轻纺、邮电、食品、造纸、水产养殖和污水处理等许多领域。

在实际工程使用过程中，罗茨鼓风机存在以下问题：齿轮传动时需要油润滑齿轮，齿轮传动噪声及空气脉动噪声是不可避免的最大噪声污染源，齿轮箱的泄漏同样会产生油的污染。

③ 鼓风机在环境工程中典型应用实例

a. 污水曝气处理 在废水的生物处理技术中，活性污泥法是较为常用的一种，它利用曝气池中的溶解氧培养出大量活性微生物，即活性污泥，借以吸附和氧化废水中的污染物，达到净化废水的目的。鼓风曝气系统用于向曝气池中供给氧并搅拌和混合，适用于大型曝气池的废水处理。曝气系统中的氧气便是通过鼓风机供给的，如图 9-15 所示。常用于鼓风曝气的鼓风机有罗茨鼓风机和回转式鼓风机，前者适用于中小型水厂，但需采取消声和隔声措施；后者噪声小、效率高，适用于大中型水厂。供应压缩气体的压力大小随曝气深浅而定。

b. 烟气脱硫 如图 9-16 所示，用喷嘴将石灰石浆液从脱硫塔上部喷入塔内，烟气中的 SO_2 在塔中遇水生成亚硫酸，落到塔底与石灰石浆液反应生成亚硫酸钙，脱硫后的烟气由塔顶排出。亚硫酸钙被鼓风机提供的空气氧化，形成稳定的二水硫酸钙（即石膏）。

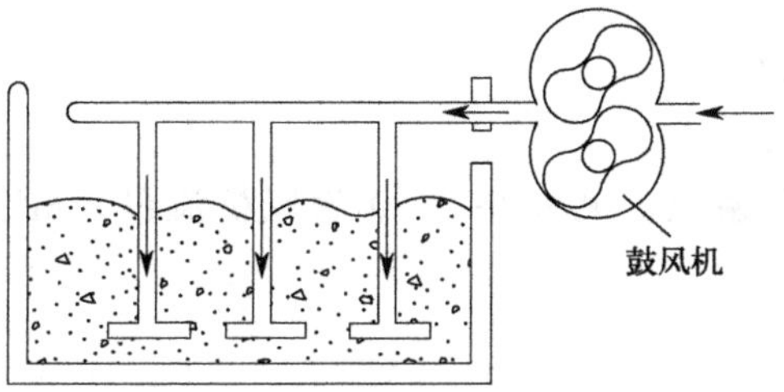

图 9-15　污水曝气处理示意图

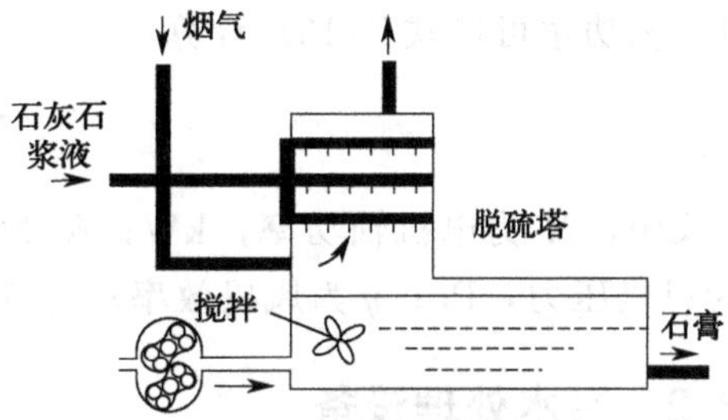

图 9-16　烟气脱硫示意图

c. 畜粪堆肥发酵　作为好氧发酵处理畜粪的一种现代方法，畜粪堆肥发酵使用鼓风机向发酵罐内通风供氧，可以为细菌的繁殖创造有利条件，从而促进畜粪的发酵、消化和稳定；将发酵产生的臭气排入锯末池，使之被湿锯末吸附和溶解，达到除臭的目的，如图 9-17 所示。

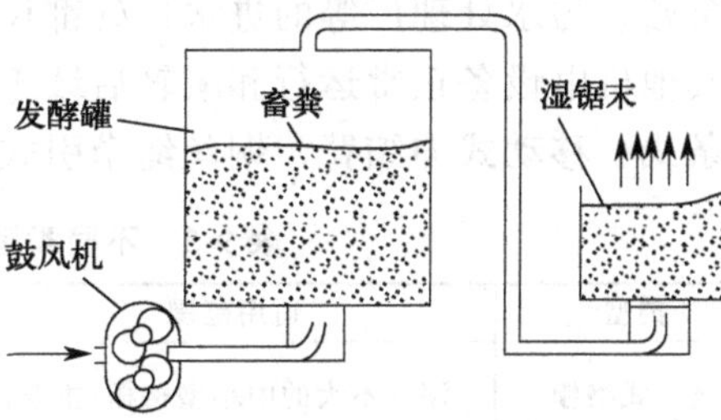

图 9-17　畜粪堆肥发酵示意图

(4) 风机的选择　风机的选择步骤与离心泵类似，在环境工程中，选择风机应注意以下三点。

① 注意风机的应用场合，以选择不同类型的风机。如应弄清待输送气体（如清洁空气、含尘空气或易燃易爆与腐蚀性气体）的性质，以便选择不同用途的风机。常用的各类风机性能及适用范围如表 9-3 所示。

表 9-3　常用风机性能及适用范围

型号	名称	全压范围 /Pa	风量范围 /(m^3/h)	功率范围 /kW	介质最高温度/℃	适用范围
4-68	离心通风机	170～3370	565～79000	0.55～50	80	一般厂房通风换气、空调
4-72-11	离心通风机	200～3240	991～227500	1.1～210	80	一般厂房通风换气
7-40-11	排尘离心通风机	500～3230	1310～20800	1.0～40	—	输送含尘量较多的空气
9-35	锅炉通风机	800～6000	2400～150000	2.8～570	—	锅炉送风助燃
Y-95	锅炉引风机	550～4540	4430～473000	4.5～1050	200	锅炉烟道排风
30K4-11	轴流风机	26～516	550～49500	0.09～10	45	一般工厂、车间办公室换气

② 注意风机性能参数的应用条件，必要时进行换算。风机性能一般是指在标准状态下的性能，这在风机铭牌上均有表示。如果在非标准状态下工作，其参数的变化情况按照表 9-4 求得。

表 9-4　风机性能参数关系式

改变转速 n、大气压力 p 和气体温度 t 时	改变密度 ρ 和转速 n
$\dfrac{Q_1}{Q_2}=\dfrac{n_1}{n_2}$	$\dfrac{Q_1}{Q_2}=\dfrac{n_1}{n_2}$
$\dfrac{H_1}{H_2}=\left(\dfrac{n_1}{n_2}\right)^2\left(\dfrac{p_1}{p_2}\right)\left(\dfrac{273+t_2}{273+t_1}\right)$	$\dfrac{H_1}{H_2}=\left(\dfrac{n_1}{n_2}\right)^2\left(\dfrac{\rho_1}{\rho_2}\right)$
$\dfrac{N_1}{N_2}=\left(\dfrac{n_1}{n_2}\right)^3\left(\dfrac{p_1}{p_2}\right)\left(\dfrac{273+t_2}{273+t_1}\right)$	$\dfrac{H_1}{H_2}=\left(\dfrac{n_1}{n_2}\right)^3\left(\dfrac{\rho_1}{\rho_2}\right)$
$\eta_1=\eta_2$	$\eta_1=\eta_2$

注：下角标 1、2 分别代表已知数和待求数。

③ 不论是由风机特性曲线选择风机还是由风机性能表格选择风机，都要考虑安全系数。风机的轴功率可按式(9-13) 计算：

$$N = K\frac{QH}{\eta_i \eta} \tag{9-13}$$

式中，N 为电机轴功率，kW；K 为电机安全系数，见表 9-2；Q 为风机流量，m^3/s；H 为风机压力，Pa；η 为风机效率；η_i 为传动效率。

9.2.2 污水处理设备

9.2.2.1 分离设备

(1) 格栅除污机 格栅除污机是给排水处理中不可缺少的设备，供水厂、污水及雨水提升泵站、污水处理厂等的进水口处都设有格栅除污机，可清除各种垃圾和悬浮物，已达到保护其他机电设备正常运行和减轻后续工序处理负荷的目的。常用的机械格栅除污机的类型有链条式、移动式伸缩臂、钢丝绳牵引式、回转式等，其适用范围及优缺点如表 9-5 所示。

表 9-5 不同类型格栅除污机的适用范围及优缺点

类型	适用范围	优点	缺点
链条式格栅除污机	深度不大的中小型格栅，主要清除长纤维及条状杂物	构造简单，制造方便 占地面积小	杂物有时会卡住链条和链轮 套筒滚子链造价更高，耐腐蚀性差
移动式伸缩臂除污机	中等深度的宽大格栅，现有耙斗适于污水除污	不清渣时设备全部在水面上，维护检修方便 钢丝绳在水面上运行，寿命长	需三套电机、减速器，构造较复杂 移动时耙齿与栅条间隙的对位较困难
圆周回转式格栅除污机	深度较浅的中小型格栅	构造简单，制造方便 动作可靠，容易检修	配置圆弧形格栅，制造较难 占地面积大
钢丝绳牵引式格栅除污机	固定式适用于中小型格栅，深度范围广，移动式适用于宽大格栅	适用范围广泛 无水下固定部件的设备，维护检修方便	绳易腐蚀，宜采用不锈钢丝绳 有水下固定部件的设备，维护、检修须停水
回转式固液分离机	深度较浅的中小型格栅，适用于二道格栅	安装方便，占地小 动作可靠，容易检修	不能承受大污染物的冲击

水泵前格栅间隙应根据水泵要求确定，当不分粗、细格栅时，可选用较小的栅条间隙，见表 9-6，栅条间隙不宜过小，否则耙齿易被卡住。

表 9-6 栅条的间隙

水泵口径/mm	格栅间隙/mm	水泵口径/mm	格栅间隙/mm
＜200	15～20	500～900	40～50
200～450	20～40	1000～3500	50～75

格栅除污机的格栅一般与水平面成 60°～75°角，有时成 90°安置。设计面积一般应不小于进水渠道有效面积的 1.2 倍。使用机械格栅时，一般应不少于 2 台。如设置 1 台，则应同时设置 1 台人工清理的格栅，以保证在机械格栅发生故障时泵站能正常工作。在给水工程中有时还将格栅除污机和滤网串联使用，前者去除大的杂质，后者去除较小的杂质。

格栅除污机传动系统有电力传动、液压传动及水力传动三种，我国多采用电力传动系统。机械格栅的动力装置（除水力传动外）一般应设在室内，或采用其他保护设施加以防护。

（2）沉砂池及除砂设备

a. 沉砂池　作为废水处理中的预处理设备，沉砂池通常设置在泵站、倒虹管、沉淀池之前，将进入沉砂池的污水流速控制在只能使密度大的无机颗粒（如泥砂、煤渣等）下沉，而有机悬浮物则随水流带走，以缩小污泥处理构筑物的容积，降低水泵和管道的磨损，提高污泥有机组分的含量。沉砂池的结构材料常用钢筋混凝土或钢板。考虑到污水的腐蚀性及设备的经济性，以钢筋混凝土材料居多。常用的沉砂池有平流式沉砂池、竖流式沉砂池、曝气沉砂池、多尔沉砂池及钟式沉砂池等类型。

b. 除砂设备　采用两种集砂方式，即刮砂型和吸砂型，相应的除砂设备有刮砂机和吸砂机。刮砂机的工作原理是将沉积在池底的砂粒刮到池心，再清洗提升，脱水后输送到池外盛砂容器内待外运处置。常见刮砂机类型有链板式刮砂机、链斗式刮砂机、行车式刮砂机、提耙式刮砂机、悬挂式中心传动刮砂机。吸砂机的工作原理是用砂泵将池底层的砂水混合液抽至池外，将脱水后的砂粒输送至盛砂容器内待外运处置。常用吸砂机类型有行车泵吸式除砂机、旋流式除砂机等。

（3）沉淀池　沉淀池是分离悬浮物的一种主要处理构筑物，用于水及废水的处理、生物处理及最终处理。根据水流方向，沉淀池可分为平流式、辐流式和竖流式三种，其特点及适用条件见表 9-7。

表 9-7　三种沉淀池的特点及适用范围

池型	优点	缺点	适用范围
平流式	沉淀效果好 对水量和温度的变化有较强的适应能力 处理流量大小不限 平面布置紧凑 施工简单，造价较低	占地面积大 配水不易均匀 采用多斗排泥时，每个泥斗需单独设排泥管，操作工作量大、管理复杂；采用链带式刮泥机刮泥时，机件浸入水中，易腐蚀	适用于地下水位高和地质条件差的地区 适用于大、中、小型水处理
辐流式	多为机械排泥，运行效果好，管理较简单 排泥设备已定型，运行效果好	水流不易均匀，沉淀效果较差 机械排泥设备复杂，对施工质量要求较高	适用于地下水位高的地区 适用于大、中型水处理厂
竖流式	排泥方便，管理简单 占地面积较小	池子深度大，施工困难 造价较高 对冲击负荷和温度变化的适应能力较差 池径不宜过大，否则布水不均匀	适用于中、小型水处理厂，给水厂多不用

（4）气浮装置　气浮装置是一类向水中加入空气，使空气以高速分散的微小气泡形式作为载体，将废水中的悬浮颗粒载浮于水面从而实现固-液和液-液分离的水处理设备。在水处理中，气浮法不宜用于高浊度原水的处理，主要应用于处理含有细小悬浮物、藻类及微絮体的废水、造纸废水和含油废水等场合。按水中产生气泡方式的不同，气浮装置可分为溶气气浮装置、布气气浮装置和电解气浮装置。

二维码 9-4：不同气浮装置的特点和应用场合

（5）过滤装置　过滤在给水处理中是一个重要的单元。在废水处理过程中，过滤既可用于活性炭吸附和离子交换等深度处理过程之前的预处理，也可用于化学混凝和生物处理后的最终处理。通常，过滤装置包括快滤池和慢滤池，两者的过滤机理是不同的。慢滤池也称表层过滤，主要利用顶部的滤膜截留悬浮固体，同时发挥微生物对水质的净化作用。慢滤池生产水量少、滤速慢、占地大、污泥产量大。目前慢滤池方式在水处理中应用较少。快滤池也称深层过滤，滤速较快。快滤池常用于污水的预处理和最终处理，是一种通过具有一定空隙率的粒状滤料床层进行接卸筛滤、沉淀、接触絮凝，从而分离水中污染物的水处理设备。

(6) 膜分离设备 膜分离最常用的是反渗透设备、超滤设备和电渗析设备。

a. 反渗透设备 反渗透是用足够的压力使溶液中的溶剂（一般指水）通过反渗透膜（或称半透膜）而分离出来的方法，因为它和自然渗透的方向相反，故称反渗透。反渗透用于处理溶解性有机物如葡萄糖、蔗糖、染料、可溶性淀粉、蛋白质、细菌与病毒等，可获得100%的分离效率，从而达到净化水质与回收有用物质的双重目的。近年来，其已开始用于废水的三级处理和废水中有用物质的回收，离子去除率可达96%以上。反渗透法由于分离过程不需加热，没有相的变化，具有耗能较少、设备体积小、操作简单、适应性强、应用范围广等优点。其主要缺点是设备费用较高，膜清洗效果较差。

b. 超滤设备 超滤法与反渗透法相似，也是依靠膜和压力来完成分离任务的。但是，其作用的实质与反渗透法并不相同，超滤法是利用机械过滤的原理，比孔隙粗的分子或粒子就不能透过薄膜。超滤所用的膜为非对称性膜，膜孔径为1～20nm，能够截留分子量500以上的大分子和胶体微粒，操作压力一般为0.1～0.5MPa。目前，常用的膜材料有醋酸纤维、聚丙烯腈、聚酰胺、聚偏氟乙烯等。在废水处理中，超滤法目前主要用于分离有机物，如淀粉、蛋白质、树胶、油漆等。

c. 电渗析设备 利用在直流电场作用下阴、阳离子交换膜对溶液中阴、阳离子的选择透过性，使溶液中的阴、阳离子在隔室中发生离子迁移，并分别通过阴、阳离子交换膜而达到除盐或浓缩的目的。在水处理工程中，电渗析器主要用于水的除盐、淡化、纯化，亦已用于饮用水除氟和工业废水处理。

9.2.2.2 曝气设备

曝气是将空气中的氧用强制方法溶解到废水与活性污泥混合液中的过程。曝气设备是好氧生物处理的关键性设备，其主要作用是充氧、搅拌、混合。曝气设备的选型不仅影响污水生化处理效果，而且影响污水处理厂占地、投资及运行费用。

(1) 鼓风曝气设备 鼓风曝气设备由空气加压设备、空气扩散装置和空气输配管系统组成。其中，空气加压设备包括空气净化器、鼓风机或空气压缩机，其风量要满足生化反应所需的氧量和能保持混合液悬浮物呈悬浮状态。空气扩散装置是好氧生物处理中与鼓风机配套的关键设备，它使空气形成不同尺寸的气泡，增大空气与混合液之间的接触界面，把空气中的氧溶解于水中。扩散性能的好坏直接影响好氧生物处理的效果以及氧利用效率和动力效率等关键参数。常见的空气扩散装置有穿孔管、竖管曝气装置、水力剪切扩散装置及微孔曝气器等。

(2) 机械曝气设备 常见的机械曝气设备分为两大类型，即机械表面曝气机和水下曝气机。

① 机械表面曝气机 一般由电机、机械传动部分和曝气部分组成。与鼓风曝气相比，机械表面曝气机不需要修建鼓风机房及设置大量布气管道和曝气器，设施简单、集中。实践证明，表面曝气机适用于中、小规模的污水处理厂。它不太适用于曝气过程中产生大量泡沫的污水，其原因是产生的泡沫会阻碍曝气池液面吸氧，使溶氧效率急剧下降，处理效率降低。

表面曝气机按传动轴的安装方向可以分为水平推流型和垂直提升型两大类。水平推流型表面曝气机包括转刷曝气机、转盘曝气机，两种设备主要用于氧化沟工艺系统。垂直提升型表面曝气机又有多种形式，主要区别在于曝气叶轮的结构形式。常用泵（E）型、倒伞型、

K 型、平板型等几种叶轮，其中泵型叶轮效果更好，应用广泛。

② 水下曝气机　水下曝气机由潜污泵、混合式、底座、进气管以及消音器等组成。与表面曝气方式相比，水下曝气机性能具有如下特点：吸入空气多，产生气泡多而细，溶氧率高；结构紧凑、占地面积小、安装方便；由于底边流速快，在较大范围内可以防止污泥沉淀；除吸气口外，其余部分潜在水中运行，因此无泡沫飞溅，产生噪声小；采用潜污泵技术，叶轮采用无堵塞式，运行安全可靠。

水下曝气机发展较快，种类颇多。其按进气方式可分为压缩空气供气式与自吸空气式两类。压缩空气供气式一般采用鼓风机或空气压缩机送气。自吸空气式靠叶轮离心力或射流技术产生负压区，外接进气管吸入空气。目前常用的有潜水离心式曝气机、自吸式射流曝气机、供气式射流曝气机和自吸式螺旋曝气机。其中，潜水离心式曝气机主要用于各种污水处理工程中生化处理工艺的曝气池、曝气沉砂池、预曝气池，它作为曝气兼搅拌的专用设备得到了广泛应用。自吸式射流曝气机适用于建筑的中水处理以及工业废水处理的预曝气，通常处理水量不大。在进气管上一般装有消音器与调节阀，用于降低噪声与调节进气量。供气式射流曝气机一般由单一的射流器构成，设置在曝气池或氧化沟底部，外接加压水管、压缩空气管与射流器构成曝气系统。由于射流带在水平及垂直两个方向的混合作用，氧转移率较高，但需要外设加压水管及压缩空气系统，系统较复杂。自吸式螺旋曝气机一般用于小型曝气系统，或者作为大中型氧化沟增强推流与曝气效果而增添的附加设施。这种类型曝气机的优点是安装容易、运行费用低、噪声小，操作也较简单。

9.2.2.3　污泥机械脱水设备

(1) 板框压滤机　如图 9-18 所示，板框压滤机由滤板和滤框相间排列而成，滤板两面覆有滤布。滤板和滤框共同支承在两侧的架上，并可在架上滑动，用压紧装置把板和框压紧，可使板与框之间构成滤室。在滤板和滤框上端的相同部位开有小孔，压紧后各孔连成通道，污泥通过该通道进入滤室。被加压的污泥进入后，滤液在压力作用下通过滤布，并由孔道从压滤机排出，达到脱水的目的。板框压滤机的滤板、滤框可用铸铁、碳钢、不锈钢、铝、塑料、木材等制造，操作压力一般为 0.3～0.5MPa，最高可达 1.5MPa。

二维码 9-5：脱水机的工作原理

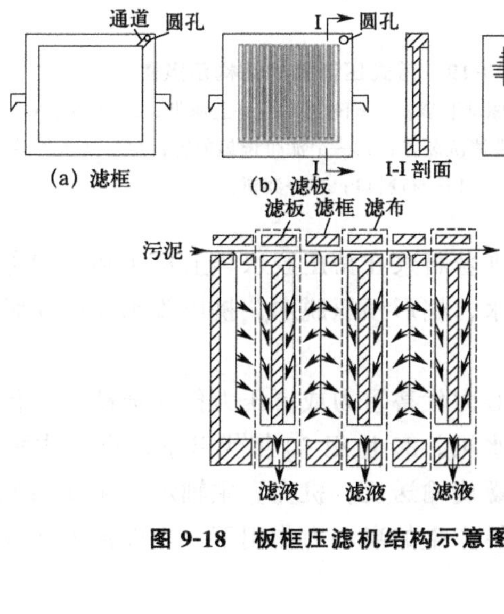

图 9-18　板框压滤机结构示意图

板框压滤机属于间歇操作，每个操作循环由组装、过滤、洗涤、卸渣、整理五个阶段组成，一般过滤周期1.5～4.5h。压滤机的产率为2～4kg/（m^2·h），主要适用于中小型污泥处理场合。

板框压滤机按操作方式分为人工型和自动型两种。人工型板框压滤机在卸料时和卸料结束后滤板和滤框的装卸都需人工进行，劳动强度大，效率较低。自动型板框压滤机的滤板和滤框可由液压装置自动压紧或拉开，全部滤布连成传送带式，运转时可将滤饼从框中带出使之受重力而自行落下。自动板框压滤机有水平式和垂直式两种。

板框压滤机优点有：结构较简单，操作容易且稳定，故障少，机器使用寿命长，过滤推动力大，所得滤饼的含水率低；过滤面积的选择范围较宽，单位过滤面积占地较少；对物料的适应性强。缺点是不能连续运行，处理量小，滤布消耗大。

（2）带式压滤机 目前带式压滤机是我国城市污水处理厂和工业废水处理厂污泥脱水的主流。该设备脱水效率较高，设备简单，无须设置高压泵或空压机，占地面积较小，耗电量在各种形式的脱水机中最低。其一般是连续运行，当进泥需进行前处理时，也可能是间歇运行。

带式压滤机的种类很多，但其主机结构基本相同，主要由若干个不同直径的混轴、滤带、滤带张紧装置、滤带调偏装置、滤带清洗装置、滤带调速装置、絮凝反应器、排水装置、主传动装置以及安全保护装置等组成，如图9-19所示。

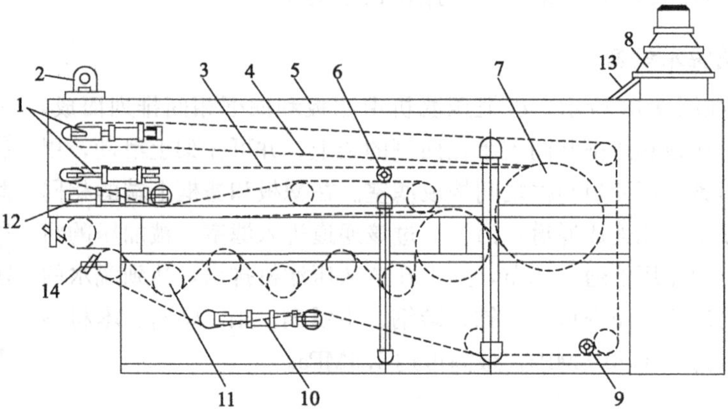

图9-19 带式压滤机的结构示意图

1—上下滤带启动张紧装置；2—驱动装置；3—下滤带；4—上滤带；5—机架；6—下滤带清洗装置；7—顶压装置；8—絮凝反应器；9—上滤带清洗装置；10—上滤带调偏装置；11—高压辊系统；12—下滤带调偏装置；13—布料口；14—滤饼出口

带式压滤机是利用双层网带夹着料浆在挤压脱水辊上挤压和剪切进行固液分离的。带式压滤机脱水分为预处理、重力脱水、楔形预压脱水、挤压脱水和压榨脱水五个主要阶段，其脱水工艺系统如图9-20所示。

（3）离心式脱水机 利用离心力代替重力或者压力作为推动力进行污泥脱水的操作称为离心脱水，其设备即为离心式脱水机。20世纪60年代以来，离心式脱水机开始得到广泛应用。离心式脱水机主要由转鼓、螺旋输送机、机壳、主轴承、驱动系统、底座组成。污泥由空心转轴送入转筒后，在高速旋转产生的离心力作用下，立即被甩至鼓腔内。污泥颗粒由于

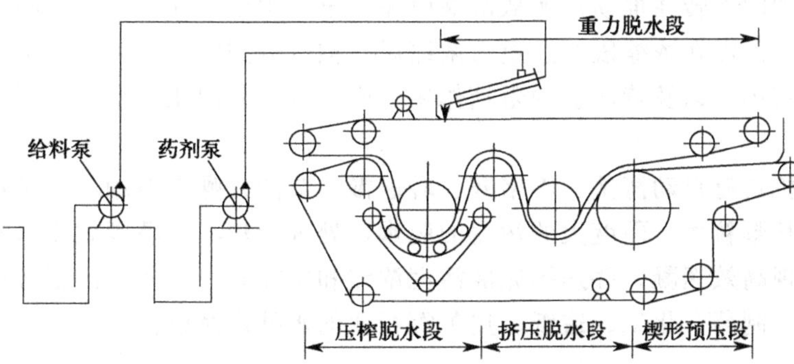

图 9-20　带式压滤机脱水工艺系统

密度较大，离心力也大，被甩后贴在转鼓内壁上，形成固体层；水分密度小，离心力小，在固体层内侧形成液体层。固体层在螺旋输送器的缓慢推动下，被输送到转鼓的锥端，经转鼓周围的出口连续排出，液体层则由堰口连续溢流排至转鼓外，形成分离液排出。

离心式脱水机进泥含水率要求一般为 95%～95.5%，出泥含水率一般可达 75%～80%。与带式压滤机相比，离心式脱水机用于污泥脱水时絮凝剂的投加量较少。

离心式脱水机的优点：进料、分离、排出滤液和泥饼的工作过程是连续的，能每天 24h 运行，具有较高的工作效率；结构紧凑，占地面积小；自动化程度高；工作时为全封闭式，污泥、水、臭味不会从机内溢（逸）出而污染操作环境；配套有自动清洗装置，在每次停机时都能够自动对转鼓进行清洗；单机处理污泥量较大，较适用于大型污水处理厂。

离心式脱水机的缺点：耗电高，噪声大，振动剧烈，维修管理困难，不适用于污泥固液密度相近的污泥脱水。

(4) 叠螺式脱水机　叠螺式脱水机遵循了力水同向、薄层脱水、适当施压及延长脱水路径等原则，解决了前几代污泥脱水设备易堵塞、无法处理低浓度污泥及含油污泥、能耗高、操作复杂等技术难题，实现了高效节能的脱水目标。

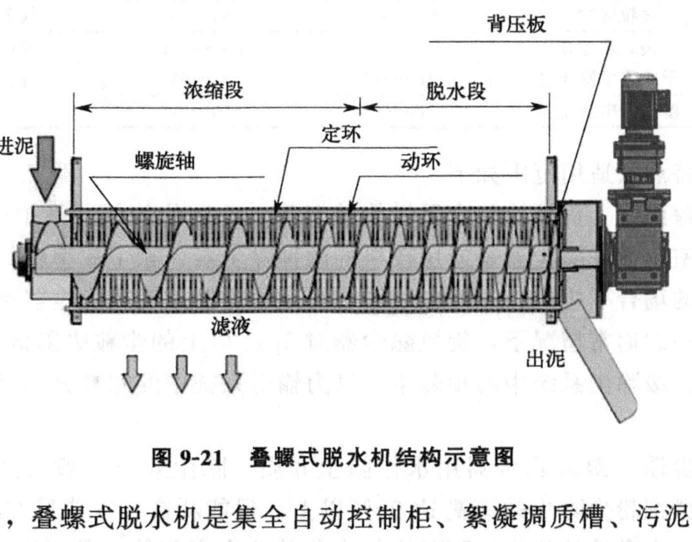

图 9-21　叠螺式脱水机结构示意图

如图 9-21 所示，叠螺式脱水机是集全自动控制柜、絮凝调质槽、污泥浓缩脱水本体及集液槽于一体，主体固定环和游动环相互层叠，螺旋轴贯穿其中形成的过滤装置。前段为浓缩段，后段为脱水段。固定环和游动环之间形成的滤缝以及螺旋轴的螺距从浓缩段到脱水段逐渐变小，螺旋轴的旋转在推动污泥从浓缩段输送至脱水段的同时，也不断带动游动环清扫滤缝，防止堵塞。污泥在浓缩段经过重力浓缩后，被运输到脱水段，在前进的过程中随着滤缝及螺距的逐渐变小，以及背压板的阻挡作用，产生极大的内压，容积不断缩小，达到充分脱水的目的。

叠螺式脱水机具有自动清洗、不堵塞、转速慢、节能、噪声振动小、重量轻、操作简单等优点，但不擅长颗粒大、硬度大的污泥的脱水，处理量较小。叠螺式脱水机可在全自动运行的条件下，实现高效絮凝，并连续完成污泥浓缩和压榨脱水工作，广泛应用于市政污水处理工程以及食品、制药、化工、造纸、皮革等行业的水处理系统。

9.2.3 大气污染控制设备

9.2.3.1 除尘设备

从气体中去除或捕集固态、液态微粒的设备称为除尘装置或除尘器。按捕集分离尘粒的机理可将各种除尘器分为机械式除尘器、湿式除尘器、过滤式除尘器和电除尘器四大类。除尘器性能指标包括技术性能指标和经济性能指标，其中前者包括含尘气体处理量、除尘效率、阻力损失，后者包括总费用（含投资费用和运转费用）、占地面积、使用寿命。上述各项指标是除尘设备选用及研发的依据，常用各种除尘设备的基本性能见表 9-8。目前，袋式除尘器、电除尘器与部分湿式除尘器是国内外应用较为广泛的三种高效除尘器。

表 9-8 除尘设备的分类及基本性能

类别	除尘设备型式	阻力/Pa	除尘效率/%	投资费用	运行费用
机械式除尘器	重力沉降室	50～150	40～60	少	少
	惯性除尘器	100～500	50～70	少	少
	旋风除尘器	400～1300	70～92	少	中
	多管旋风除尘器	80～15000	80～95	中	中
湿式除尘器	喷淋洗涤器	100～300	75～95	中	中
	文丘里除尘器	5000～20000	90～98	少	高
	自激式除尘器	800～2000	85～98	中	较高
	水膜式除尘器	500～1500	85～98	中	较高
过滤式除尘器	颗粒除尘器	800～2000	85～99	较高	较高
	袋式除尘器	800～2000	85～99.9	较高	较高
电除尘器	干式静电除尘器	100～200	85～99	高	少
	湿式静电除尘器	125～500	90～99	高	少

各类除尘器特点及适用范围如下：

(1) 机械式除尘器 机械式除尘器结构装置简单，造价较低，维护较简便，可耐高温。其中，重力沉降室及惯性除尘器是应用较早的两种除尘器，除尘效率较低，一般在一些对除尘效率要求不高的场合下应用，有时也用作前级预除尘器。旋风除尘器是工业中应用较为广泛的除尘设备之一。通常情况下，旋风除尘器对 5μm 以上的尘粒去除效率最高可达 95%左右，因此常用于二级除尘系统中的预除尘、气力输送系统中的卸料分离器和小型工业锅炉的除尘。

(2) 湿式除尘器 湿式除尘器用水作除尘介质，除尘效率一般可达 95%以上。其中，文丘里除尘器对微细粉尘除尘效率高达 99%以上，但能耗高。这类除尘器可处理高温、高湿的烟气及带有一定黏性的粉尘，同时也能净化某些有害气体。其主要缺点是会产生污水，必须配备水处理设施，以消除二次污染；还要注意设备的腐蚀问题，在寒冷地区要采取防冻措施；处理高温烟气时，会形成白雾，不利于扩散。

(3) 袋式除尘器　采用纤维织物作滤料的袋式除尘器，主要用于工业尾气的除尘方面，除尘效率可达 98%以上，能满足环保要求；能较好地适应排风量的波动；可回收有价值的细粒物料，这使它更具有经济价值，但初投资较高。在不断开拓新的滤料品种的情况下，它在高温、高湿、高含尘浓度领域的应用还会进一步扩展。

(4) 颗粒层（床）除尘器　采用廉价的砂、砾、焦炭等颗粒物作为滤料的颗粒层（床）除尘器具有耐腐蚀、耐磨损的特点，能适应排风量和湿度变化的场合，除尘效率比较高，但设备体积大，清灰装置复杂，阻力也较大，当前主要用来处理高温含尘气体。

(5) 静电除尘器　静电除尘器已被广泛用作各种工业炉窑和火力发电站大型锅炉的除尘设备，能处理高温、高湿烟气。它的除尘效率高，可达 98%以上，能满足环保要求的排放浓度；处理风量大，可达每小时数千至一两百万立方米；阻力较低，仅 100～500Pa，且运行能耗低。但静电除尘器结构复杂，初投资高，占地面积大，对操作、运行、维护管理要求高。

9.2.3.2　气体污染物净化设备

(1) 吸收净化设备　吸收净化法是利用各种气体在液体中的溶解度不同，使污染物组分被吸收剂选择性吸收，从而使废气得以净化的方法。能够用吸收法净化的气态污染物主要包括 SO_2、H_2S、HF、NO_x、CO、碳氢化合物及挥发性有机物（volatile organic compounds，VOCs）等。气态污染物吸收净化过程中，由于气体量大而浓度低，因而常选用气相为连续相、湍流程度较高、相界面大的吸收设备，最常用的是填料塔，其次是板式塔，此外还有喷淋塔等。

① 填料塔　填料塔是以填料作为气液接触的基本构件。填料塔结构如图 9-22 所示，塔体为直立圆筒，筒内充填一定高度的填料，下方有支承板，上方为填料压板及液体分布装置。气体在压强差的推动下，从塔底送入，经过填料间的空隙上升。吸收剂自塔顶经喷淋装置均匀喷洒，沿填料表面下流。填料的湿润表面就成为气液连续接触的传质表面，净化气体最后从塔顶排出。

填料塔的气液接触时间、液气比均可在较大范围内调节，还具有结构简单、压力降小、操作稳定、适用范围广、便于用耐腐蚀材料制造、直径可较小等优点。塔径在 800mm 以下时，其较板式塔造价低、安装检修容易。但直径过大时，则存在效率低、重量大、造价高以及清理检修麻烦等缺点。近年来，由于填料结构的改进，新型高效、高负荷填料的开发，既提高了塔的通过能力和分离能力，又保持了压力降小及性能稳定的优点，因此填料塔已被推广到所有大型气液操作系统中，在 VOCs 污染控制工程中得到广泛应用。

② 板式塔　板式塔通常由一个呈圆柱形的壳体及沿塔高按一定的间距水平设置的若干层塔板所组成（图 9-23）。在操作时，吸收剂从塔顶进入，依靠重力作用由顶部逐板流向塔底排出，并在各层塔板的板面上形成流动的液层；气体由塔底进入，在压力差的推动下，由塔底向上经过均布在塔板上的开孔，以气泡的形式分散在液层中，形成气液接触界面很大的泡沫层。气相中部分有害气体被吸收，未被吸收的气体通过泡沫层后进入上一层塔板，气体逐板上升与板上液体接触，被净化的气体最后由塔顶排出。

与填料塔相比，板式塔的空塔速度高，因而生产能力大，但压力降较高。直径较大的板式塔，检修清理较容易，造价较低。

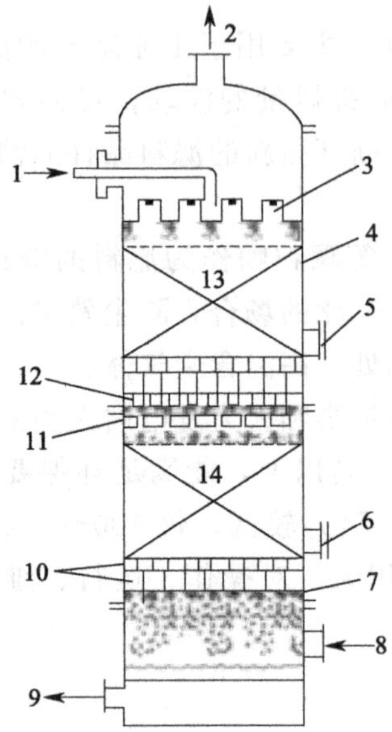

图 9-22 填料塔结构示意图

1—液体入口；2—气体入口；3—液体分布器；4—外壳；5—填料卸出口；6—人孔；7，12—填料支承；8—气体入口；9—液体出口；10—防止支承板堵塞的大填料和中等填料层；11—液体再分布器；13，14—填料示意图

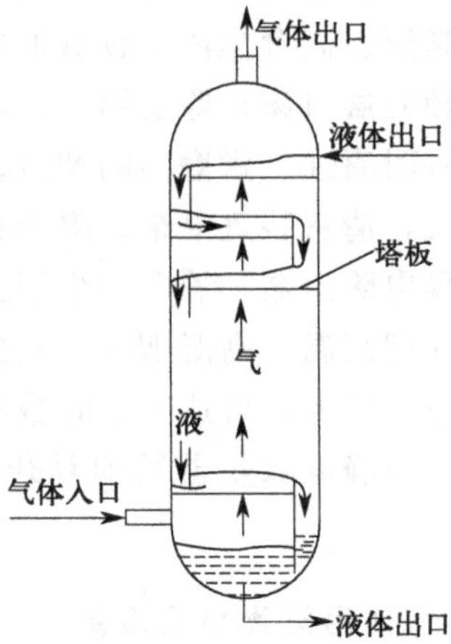

图 9-23 板式塔结构示意图

(2) 吸附净化设备 吸附净化是用多孔固体吸附剂将气体（或液体）混合物中的一种或数种组分聚积或凝缩在其表面，从而达到分离净化目的的过程。由于吸附作用可以进行得相当完全，因此能有效地清除用一般手段难以处理的气体或液体中的低浓度污染物。吸附净化法通常用来回收废气中的有机污染物及去除恶臭。如在人造纤维工业中回收丙酮、二氧化碳，在油漆工业中回收甲苯、二甲苯、酯类等。此外，还可用于治理烟道气中的硫氧化物、氮氧化物、汽车排出的CO、硝酸车间尾气等。

在气态污染物的吸附净化过程中，根据操作的连续性，可以将吸附工艺分为间歇式流程、半连续式流程和连续式流程。根据吸附剂运动状态的不同，吸附设备可分为固定床吸附器、移动床吸附器、流化床吸附器等类型。

① 固定床吸附器 固定床吸附器是最古老的一种吸附装置，但目前仍然是应用最广的吸附装置。在固定床吸附器内，吸附剂颗粒均匀、固定不动地堆放在多孔支撑板上，成为固定吸附剂床层，仅是气体流经吸附床。固定床吸附器由于结构简单、工艺成熟、制作容易，所以特别适合于小型、分散、间歇性的污染源治理。固定床吸附器的缺点是间歇性操作，因此在设计流程时根据其特点设计多台吸附器互相切换，以保证操作正常运行。

② 移动床吸附器 在移动床吸附器内，固体吸附剂在吸附层中不断移动，一般固体吸附剂由上向下移动，而气体则由下向上流动，形成逆流操作。移动床吸附器吸附过程可实现连续化，克服了固定床间歇操作带来的弊病，适用于稳定、连续、量大的气体净化。缺点是动力和热量消耗较大，吸附剂磨损严重。

③ 流化床吸附器 在流化床吸附器中，吸附层内的固体吸附剂呈悬浮、沸腾状态。进入锥体的待净化气体以一定速度通过筛板向上流动，进入吸附段后，将吸附剂吹起，在吸附

段内完成吸附过程。净化后的气体进入扩大段后，由于气体速度降低，气体中夹带的固体吸附剂再回到吸附段，而气体则从出口管排出。流化床吸附器的特点是气固逆流操作，气体与固体接触相当充分，气流速度比固定床的气速大 3～4 倍以上，吸附快，处理气量大，吸附剂可循环使用。所以该工艺强化了生产能力，对于连续性、大气量的污染源治理非常适合。其缺点是动力和热量消耗较大，吸附剂强度要求高。

④ 旋转床吸附器　旋转床吸附器在转筒按径向以放射状分出若干个吸附室，各室均装满吸附剂。操作时，需净化的空气从转筒外环室进入各吸附室，净化后不含溶剂的空气从鼓芯引出。再生时，吹扫蒸汽自鼓芯引入吸附室，将吸附的溶剂吹扫出去。经收集、冷凝、油水分离后，有机溶剂可回收利用。为了保证空气净化达到要求的程度，吸附操作在吸附剂未饱和前就应进入再生。旋转床吸附器的优点有：解决了移动床移动时吸附剂的磨损问题；能实现连续操作，处理气量大，易于实现自动控制；气流压力损失小；设备紧凑。缺点有：动力损耗大；需要一套减速传动机构，转筒与接管的密封也比较复杂；由于蒸汽吹扫之后吸附剂没有冷却时间，因而温度可能较高，吸附程度可能受一定影响。

选择吸附器应注意以下几点。

a. 气体污染物连续排出时应采用连续式或半连续式的吸附流程，可选用移动床吸附器或流化床吸附器；间歇排出时采用间歇式吸附流程，可选用固定床吸附器。

b. 排气连续且气量大时，可采用流化床或移动床吸附器。排气连续但气量较小时，则考虑使用旋转床吸附器。

c. 固定床吸附器可用于各种场合，特别适合于小型、分散、间歇性的污染源治理。

d. 根据流动阻力、吸附剂利用率酌情选用不同型式的吸附器。

e. 处理的废气流中含有粉尘时，应先用除尘器除去粉尘。

f. 处理的废气流中含有水滴或水雾时，应先用除雾器除去水滴或水雾。对气体中水蒸气含量的要求随吸附系统的不同而不同。

(3) 冷凝净化回收设备　冷凝净化法是利用同一物质在不同温度下具有不同饱和蒸气压，或不同物质在同样温度下有不同饱和蒸气压这一性质，采用降低系统温度或提高系统压力，将蒸气状态的污染物冷却凝结成液体并加以回收利用的方法。冷凝回收所需设备和操作条件比较简单，回收物质的纯度比较高，但单独使用冷凝方法不易达到污染物排放标准，而且净化程度越高操作费用越高。因此，冷凝法一般不单独使用，常作为吸收、吸附、燃烧等净化方法的前置处理，以减轻后续处理负荷，并可在低成本下回收高纯度物质。

冷凝净化工艺适用于回收低风量、高浓度有害物质，例如高浓度有机溶剂蒸气、高浓度 HCl 废气、氯碱工业中的高浓度含汞蒸气等。浓度越高越有利于废气冷凝，所以很多企业将冷凝回收工艺作为废气治理中的预处理模块。冷凝回收与活性炭吸附脱附搭配使用，目前已广泛应用在加油站及储油罐区，不但可以降低废气中有机物质的挥发量，还可以将这部分挥发的有机物回收，如汽油、乙酸乙酯、乙醇等，既达到国家地区环保的排放要求，又取得一定的经济效益。

冷凝回收设备按冷却介质与废气是否直接接触，可分为接触冷凝器和表面冷凝器两类。

① 接触冷凝器　在接触冷凝器（又称混合冷凝器）里，冷却介质（通常为水）与废气直接接触进行热交换，废气中的气态污染物冷凝，冷凝液与冷却介质以废液的形式排出冷凝器。接触冷凝器的主要类型有喷射式、喷淋式、填料式和塔板式。

接触冷凝器的优点有：利于传热和解决防腐问题，冷却效果好，设备简单，但要求废气中的组分不会与冷却介质发生化学反应，也不能互溶，否则难以分离回收。油类物质可以按密度不同加以分离回收。为防止二次污染，冷凝液需要进一步处理。

② 表面冷凝器　又称为间壁式冷凝器。它是使用间壁把废气与冷却介质分开，使其不互相接触，通过间壁将废气中的热量移除，使其冷却。因而冷凝下来的液体很纯，可以直接回收利用。表面冷凝器冷却介质用量大，要求被冷却污染物中不含有微粒物或黏性物，以免在器壁上沉积而影响换热。

间壁式冷凝器有列管式冷凝器、翅片管式冷凝器、螺旋式冷凝器、喷洒式冷凝器四种型式。其中，列管式冷凝器是一种传统的标准设备，其结构简单、坚固，处理能力大，适应性较强，操作弹性较大。翅片管式冷凝器具有节水的优点，但设备体积庞大，占用空间大，动力消耗大，适用于缺水地区。螺旋式冷凝器结构紧凑，传热性能好，传热效率高，比列管式冷凝器高1～3倍，不易堵塞，但操作压力和温度不能太高。喷洒式冷凝器结构简单，传热效果好，便于检修和清洗，但占地面积较大，水滴易溅洒到周围环境，且喷淋不易均匀。

(4) 气固催化反应设备　气固接触催化反应是将反应原料的气态混合物在一定的温度、压力下通过固体催化剂的催化作用，将废气中的有害气体转化为无害物质或转化成易于处理的物质。例如，将氮氧化物转化成氮气，二氧化硫转化成三氧化硫，碳氢化合物转化成二氧化碳和水。这类反应方式在工业上有广泛的应用。催化法对不同浓度的废气均有较高的转化率，但催化剂价格较高，还要消耗热能源，故适用于处理连续排放的高浓度废气。催化净化气体污染物的主要设备是气-固相催化反应器，分为固定床反应器和流化床反应器两大类。目前，主要采用中小型固定床反应器，且多为间歇式操作，而大型设备多为流化床反应器。

① 固定床催化反应器　固定床催化反应器的特点是反应器内填充有固定不动的固体催化剂。该反应器结构简单，体积小，催化剂用量少，且在反应器内磨损少，气体与反应剂接触紧密，催化效率高，气体在反应器内的停留时间容易控制。其缺点是催化剂层的温度不均匀，当床层较厚或气体穿过速度较高时，动力消耗大，不能采用细粒催化剂，以免被气流带走，催化剂更换或再生也不方便。根据换热要求和方式的不同，固定床催化反应器可分为绝热式和换热式两种。用于气态污染物净化的反应器通常为绝热式反应器，该反应器又可分为单段式、多段式、列管式等类型。

② 流化床催化反应器　流化床催化反应器的原理与流化床吸附器类似，广泛用于空气氧化、催化裂化等反应过程。流化床催化反应器的主要优点有：采用细颗粒催化剂，有利于反应气体在催化剂微孔中的内扩散，催化剂表面的利用率高；加强床层的传热，床层温度均匀，可控制在1～3℃的温度差范围内；便于催化剂的再生和更换；制造费用比列管式固定床反应器低得多。其主要缺点有：由于返混作用，对于某些反应转化率和选择性不如固定床催化反应器；由于操作过程中催化剂在激烈运动中相互碰撞，所以催化剂容易磨损流失；不能使用表面型颗粒状催化剂。

由于废气中的污染物含量低、反应热比较低，而废气量又很大，因此需要反应设备具有很高的催化效果才能达到排放标准。目前，NO_x 催化、有机废气催化燃烧及汽车尾气净化大多采用单段式绝热反应器。

(5) 燃烧净化设备　废气燃烧净化法是将废气中有害的可燃组分经过高温氧化分解生成 CO_2、H_2O、NO_x 等产物的方法。废气燃烧工艺一般分为直接燃烧（简称 TO）、蓄热式燃烧（简称 RTO）、催化燃烧（简称 CO）、蓄热式催化燃烧（简称 RCO）4 种，只是燃烧方式和换热方式的两两不同组合，主要可以用于处理吸附浓缩气，也可以用于直接处理废气浓度大于 3.5g/m^3 的中高浓度废气。

① 直接燃烧（TO）　它是将高浓度废气送入燃烧室直接燃烧（燃烧室内一般有一股长明火），废气中有机物在 750℃以上燃烧生成 CO_2 和 H_2O，高温燃烧气通过换热器与新进废气间接换热后排掉，换热效率一般小于等于 60%，这导致运行成本很高，只能在少数能有效利用排放余热或有副产燃气的企业中应用。

② 蓄热式燃烧（RTO）　它的燃烧方式与 TO 相同，只是将换热器改为蓄热陶瓷，高温燃烧气与新进废气交替进入蓄热陶瓷直接换热，热量利用率可提高至 90%以上，运行成本较低，是目前国家主推的废气治理工艺。

③ 催化燃烧（CO）　它是采用贵重金属催化剂降低废气中有机物与氧气的反应活化能，使得有机物在 250～350℃较低的温度就能充分氧化生成 CO_2 和 H_2O，属无焰燃烧，高温氧化气通过换热器与新进废气间接换热后排掉，热量利用率一般小于等于 75%，常用于处理吸附剂再生脱附出来的高浓度废气。

④ 蓄热式催化燃烧（RCO）　它的燃烧方式与 CO 相同，换热方式与 RTO 相同，具有 RTO 高效回收能量的特点和催化反应低温工作的优点，其热回收率高达 95%以上。RCO 处理技术特别适用于热回收率要求高的场合，也适用于同一生产线上因产品不同、废气成分经常发生变化或废气浓度波动较大的场合。

【例 9-1】 某印染厂主要生产工艺为涤纶线染色、纯棉染色、人造纱染色以及牛仔成衣砂洗，该生产废水要求处理达到《污水综合排放标准》（GB 8978—1996）中的一级标准，以下是该厂废水处理工程的基本概况和工程所需的主要设备材料。该工程设计水量 1500m^3/d，进出水水质见表 9-9。处理工艺流程见图 9-24。各处理单元的预期处理效果见表 9-10。主要污水处理设备见表 9-11。

表 9-9　某印染废水处理工艺设计进出水水质表

指标	pH	COD_{Cr}/(mg/L)	BOD_5/(mg/L)	色度/倍	SS/(mg/L)
进水	5.7	1000	350	600	200
出水	6～9	100	20	40	70

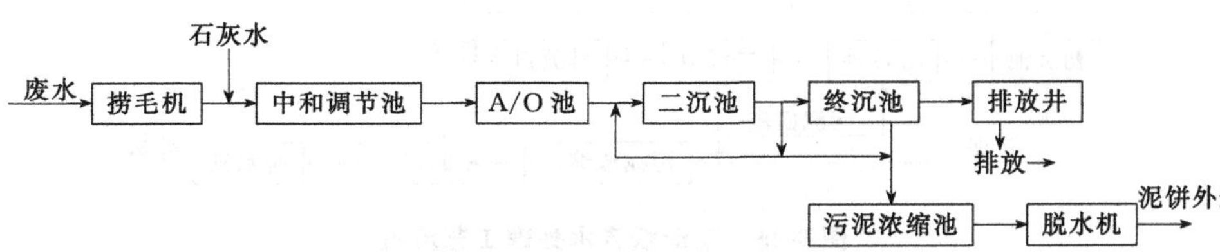

图 9-24　某印染废水处理工艺流程

表 9-10　某印染废水处理工艺各单元预期处理效果

名称	pH	COD_{Cr}		BOD_5		色度	
		出水浓度/(mg/L)	去除效率 η/%	出水浓度/(mg/L)	去除效率 η/%	出水浓度/倍	去除效率 η/%
废水	5～7	1000	—	350	—	600	—
调节池	7～8	1000	—	350	—	600	—

续表

名称	pH	COD_{Cr}		BOD_5		色度	
		出水浓度/(mg/L)	去除效率 η/%	出水浓度/(mg/L)	去除效率 η/%	出水浓度/倍	去除效率 η/%
A/O 池、二沉池	7～8	150	85	18	95	300	50
终沉池	6～7	98	35	16	11	36	88

表 9-11　主要设备和材料

序号	名称	数量	序号	名称	数量
1	捞毛机	1 台	9	排泥泵	1 台
2	液下搅拌器	1 台	10	板框压滤机	1 套
3	提升泵	2 台	11	搅拌机	2 台
4	搅拌器	3 台	12	加药泵	2 套
5	微孔曝气器	540 只	13	流量计	1 台
6	鼓风机	4 台	14	管件	若干
7	中心传动刮泥机	2 台	15	电控	1 套
8	回流泵	2 台			

【例 9-2】 某纸业集团为解决废水的污染问题，对制浆生产过程中排出的洗、选、漂混合废水及脱墨车间排出的废水进行处理，其处理的废水以生产废水为主，设计处理能力为 $12000m^3/d$，该工艺进水水质见表 9-12。根据当地环保部门的意见，该工艺出水水质应达到：pH=6～9，COD_{Cr} 浓度小于等于 100mg/L，BOD_5 浓度小于等于 60mg/L，SS 浓度小于等于 100mg/L。

表 9-12　某造纸废水处理工艺进水水质

进水物质浓度	COD_{Cr} 浓度/(mg/L)	BOD_5 浓度/(mg/L)	pH	SS 浓度/(mg/L)
数量	≤1200	≤200	6.0～9.0	≤1100

该处理工艺流程见图 9-25。预期处理效果见表 9-13。工程主要设备材料见表 9-14。

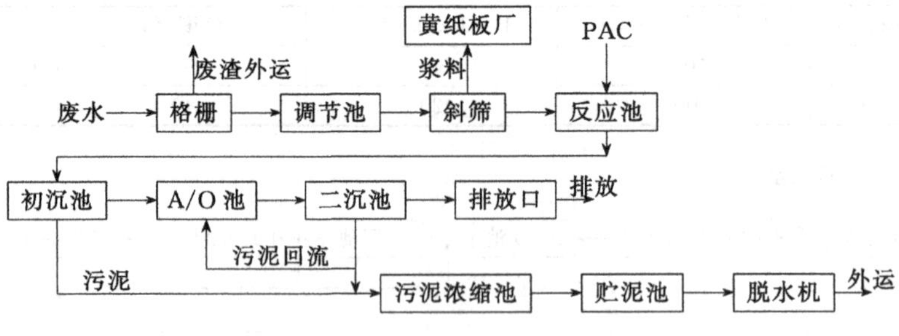

图 9-25　某造纸废水处理工艺流程

表 9-13　某造纸废水处理工艺流程预期处理效果

名称	COD_{Cr} 浓度/(mg/L)	COD_{Cr} 去除效率/%	BOD_5 浓度/(mg/L)	BOD_5 去除效率/%	SS 浓度/(mg/L)	SS 去除效率/%
废水	1200	—	200	—	1100	—
斜筛	1080	10	200	—	550	50
初沉池	378	65	120	40	170	70
A/O 池	91	76	12	90	33	81
标准	≤100	—	≤60	—	≤100	—

表 9-14　某造纸废水处理主要设备清单

序号	名称	数量	序号	名称	数量
1	风机	6 台	6	刮泥机	2 台
2	污水泵	2 台	7	斜网	$156m^2$
3	压滤系统	1 套	8	搅拌机	4 台
4	微孔曝气器	2880 只	9	管件、管套	若干
5	污泥泵	4 台	10	电控	4 套

练习与思考

1. 某生化池净水系统需要选型一台污泥回流泵，该系统每日需处理污泥量约为 $1000m^3$，污泥回流泵需将污泥从深度为 5m 的生化池提升至高度为 10m 的初沉池进行再次净化。请考虑泵的流量、扬程、功率、材质及运行环境等因素，为该系统选型合适的污泥回流泵。

2. 某印染厂每日产生大量生化污泥，该污泥含水率高，处理难度大。为了有效降低污泥含水率，减少污泥体积，便于后续运输和处置，该厂计划选购适合的污泥脱水机。请结合印染废水生化污泥的特点，分析并选择合适的污泥脱水机型，并简要说明理由。

3. 某制革厂主要从事山羊皮及绵羊皮的生产。针对该厂的生产废水，设计了废水处理工程。现将该工程的主要内容介绍如下。工程设计水量 $1200m^3/d$，进水水质：pH＝8～11，COD_{Cr}≤3000mg/L，BOD_5≤1500mg/L，SS≤2000mg/L，S^{2-} 含量≤50mg/L，总铬含量≤5mg/L。设计出水水质：pH＝6～9，COD_{Cr}≤100mg/L，BOD_5≤30mg/L，SS≤70mg/L，S^{2-} 含量≤1.0mg/L，总铬含量≤1.5mg/L。

废水处理工艺流程如图 9-26。预期处理效果见表 9-15。请为该制革废水处理工艺配置主要设备清单。

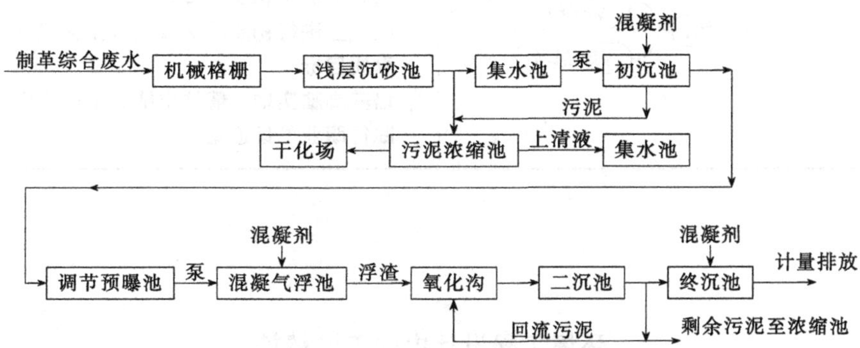

图 9-26　某制革厂废水处理工艺流程

表 9-15　某制革厂废水处理工艺预期处理效果

名称	pH	COD_{Cr} 出水浓度/(mg/L)	COD_{Cr} 去除效率 η/%	BOD_5 出水浓度/(mg/L)	BOD_5 去除效率 η/%	SS 出水浓度/(mg/L)	SS 去除效率 η/%	S^{2-} 出水浓度/(mg/L)	总铬 出水浓度/(mg/L)
进水	8～11	3000	—	1500	—	2000	—	50	5
集水池	8～11	2700	10	1350	10	1200	40	50	5
初沉池	8～11	1890	30	1013	25	780	35	50	5
调节预曝池	8～11	1663	12	810	20	780	—	20	5
混凝气浮池	8～11	1080	35	445.5	45	117	85	3.0	2
氧化沟、二沉池	6～9	216	80	45	90	75	36	<1	<1.5
终沉池	6～9	<100	—	<30	—	<70	—	<1	<1.5

第10章

环境工程设计基本内容及结构

内容提要

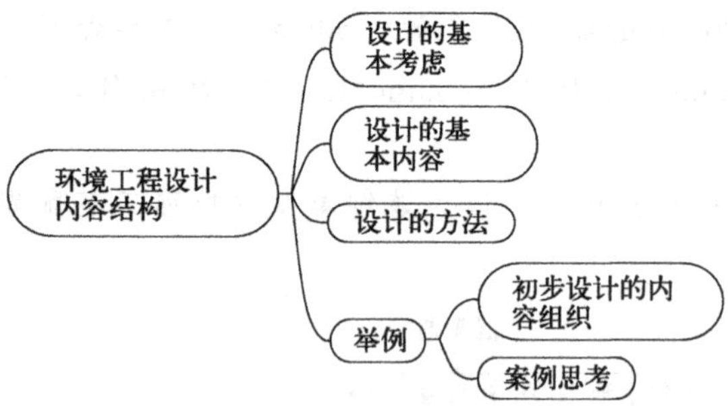

学习目标

知识目标

掌握环境工程设计过程中需要考虑的关键问题；

深入理解和掌握如何循序渐进地解决环境工程中涉及的关键问题；

掌握如何组织环境工程的设计内容。

能力目标

能进行复杂环境问题的分析，在综合考虑各因素的基础上提出解决方案；

能独立进行初步的环境工程工艺设计。

素质目标

培养脚踏实地、精益求精的工作作风，并在设计中践行职业伦理道德。

导读

环境工程设计中的工匠精神

工匠精神是一种对工作或产品精雕细琢、精益求精的态度，它体现在敬岗爱业、踏实严谨、一丝不苟、潜心钻研、淡泊名利、专注坚持等素质要求中。这种精神不仅是对技术的精湛追求，更是对职业的尊重和对社会责任的担当。

鲁班是中国古代著名的工匠，以其精湛的技艺和创新精神闻名于世。他发明了许多实用的工具和机械，为后世的建筑和木工行业奠定了基础。鲁班的故事体现了工匠精神中的专注执着、精益求精和创新进取。他不仅注重技术的精湛，还注重对社会的实际贡献，这种精神激励了无数工匠追求卓越。

在现代，中国航天工程师团队在航天器研发中展现了工匠精神。面对技术难题，他们日夜奋战，不断突破技术瓶颈，最终成功实现了航天器的发射和运行。这种对技术的执着和对完美的追求，正是工匠精神的现代体现。航天工程师们不仅追求技术的先进性，还注重对国家和社会的责任，体现了工匠精神的高尚品质。

在环境工程领域，工匠精神不仅是对技术的精湛追求，更是对环境保护事业的责任与担当。通过弘扬工匠精神，培养脚踏实地、精益求精的工作作风，并在设计中践行职业伦理道德，能够为环境工程行业输送既有专业技能又具备高尚品德的复合型人才。

一、工匠精神在环境工程行业的体现

(1) 专注执着　环境工程师在处理复杂的环境问题时，需要长期专注于某一领域，深入研究，不断探索解决方案。例如，在污水处理技术研发中，工程师们可能需要花费数年时间进行实验和改进，以达到更高的处理效率和更低的能耗。

(2) 精益求精　在环境工程设计和施工中，每一个环节都要求做到极致。从工艺设计的优化到设备选型的精准，从施工过程的严格把控到后期运营的精细管理，都体现了工匠精神对质量的严格要求。

(3) 创新进取　面对日益复杂的环境问题，环境工程师需要不断创新，开发新的技术和方法。例如，利用生物技术处理难降解有机物、采用智能化监测系统提升环境管理效率等，都是工匠精神在创新方面的体现。

二、培养工匠精神的重要性

(1) 提升专业技能　通过培养工匠精神，能够更加专注地学习专业知识，提升解决实际问题的能力，为职业生涯打下坚实的基础。

(2) 增强职业素养　工匠精神强调的职业道德和责任感，能够帮助树立正确的价值观，增强对环境保护事业的使命感。

(3) 推动行业发展　具备工匠精神的环境工程师能够以更高的标准要求自己，推动环境工程技术的创新和发展，为解决全球环境问题贡献力量。

10.1　环境工程设计中需考虑的关键问题

工程设计不同于工艺设计或流程设计，是在工程项目各个阶段为项目建设提供技术、经济的规划与指导，虽然项目不同的建设阶段需要提供设计文件的范围和深度不同，但工程设计关键部分需要考虑的问题却有相同的基本内容和工作过程，以环境工程领域发展最为成熟的污(废)水处理工程为例，在设计时需要考虑的最关键的基本因素主要有：①服务年限、服务对象、排放标准变化的预测及处理规模的确定；②服务区和处理厂选址；③法规要求和排放指标；④物流的特性及处理程度；⑤处理工艺、工艺设计和工艺设备的选择(须考虑未来对环境条件变化的适应)；⑥工程的建筑及结构设计考虑；⑦处理设施的总平面布置(须考虑未来对环境条件变化的适应)；⑧系统的供配电、运行控制方式的设计；⑨能源和资源需求以及项目经济(包括温室气体、噪声等排放对公共环境的影响)；⑩节能与资源回收设计。

上述问题是在设计过程中需要循序渐进地考虑和解决的设计内容，不同的设计阶段需要突出的方面和深度不同，但问题基本不变。环境工程专业本科课程体系的安排针对上述内容的各个方面，所以设计过程是对专业课程的综合应用，本章所涉及的设计方法是解决如何综合运用各专业课程知识的问题，不以解决具体的计算和细节设计为主要目的。

10.2 环境工程设计的基本内容与方法

环境工程设计的基本内容可以归纳为上述10项，在设计过程中通过递进的设计方法由粗到细、不断优化，形成工程设计的基本骨架，在此以水污染治理项目为例，简要阐述每项的主要内容和目前思考、解决这些问题的主要方式。

10.2.1 服务年限、服务对象、排放标准变化的预测及处理规模的确定

考虑项目设计寿命时，必须在当地的产业规划布局(涉及可能的工业区和住宅区时尤其要注意)、社会发展规划的基础上，合理确定处理设施的服务年限，尤其是建设规模较大、服务年限较长的处理厂时，需要仔细核算服务对象的发展变化情况(特别是输入型、输出型城市)，如：①人口的发展变化(结合历史资料、相似城市，需要多种预测模型互相验证)；②污染物排放的发展变化和变化系数的确定；③当地的水文地质条件；④当地的降水预测(结合历史资料，需要多种预测模型互相验证)；⑤污染物收集系统的内渗量；⑥污染物排放相关法规、标准等的变化趋势等。设备与设施的设计寿命差别较大，一般设备为10～20年，构筑物等设施为20～40年。当设计寿命低于20年时，需要适当考虑后续再利用措施；当设计寿命较长时，需要仔细考虑考虑预留发展用地或成本问题。

处理规模在明确处理需求变化的基础上，应进行适当分期，以节约投资和适当减小风险。

10.2.2 服务区和处理厂选址

本书第2章已有详细阐述。对污染物处理厂来说，如何减少其对公共环境的影响已经变得越来越重要，实际上，当信息公开时，可供选择的常规解决方案选项已经很有限了，这需要创新的污染物处理模式。

10.2.3 法规要求和排放指标的确定

法规要求的重点可包含两部分的内容。一是对目前标准中包含的监管成分的全面分析和预测，主要是未来要求提高的预测；二是对目前标准中未包含的监管成分的预测，如新出现的污染物、污(废)水处理厂对废气排放的控制要求等等，都需要合理地确定与预测，这直接影响后续处理工艺的选择和建造费用。

刚开始从事工程设计工作的新手可能容易忽视标准选择的正确性，如在设计城市污水处理厂时，有的工程师选择《污水综合排放标准》(GB 8978—1996)，有的选择《城镇污水处理厂污染物排放标准》(GB 18918—2002)，而且只关注标准中所列的第二类污染物质，不关注第一类污染物质。排放标准必须符合当地的、对应行业的环境标准与法规，如《城镇污水处理厂污染物排放标准》中涉及对污水处理厂边界废气排放浓度的约束，但部分区域有专门的针对废气排放的标准，如北京地区的《城镇污水处理厂大气污染物排放标准》(DB11/2007—2022)。此时，必须以当地的排放法规为准。事实上，不同的排放标准对同一污染物的要求差异比较明显，甚至超过了处理单元的弹性，通过项目后期的调试很难达到。以排水与受纳水体为例，不同标准的对照如下表10-1(注意标准的时效)。

表 10-1　几个不同排放标准的排放要求对比　　单位：mg/L

污染物指标	排水			受纳水体				
	《城镇污水处理厂污染物排放标准》(GB 18918—2002)	《农田灌溉水质标准》(GB 5084—2021)	《水污染物综合排放标准》(DB11/307—2013)/《污水综合排放标准》(DB12/356—2018)	《地表水环境质量标准》(GB 3838—2002)				
	一级 A	蔬菜	A(新扩)	Ⅰ	Ⅱ	Ⅲ	Ⅳ	Ⅴ
化学需氧量 COD_{Cr}	50	60	20/30	15	15	20	30	40
生化需氧量 BOD_5	10	15	4/6	3	3	4	6	10
悬浮物 SS	10	15	5/5					
动植物油	1	5	0.1/1					
石油类	1		0.05/0.5	0.05	0.05	0.05	0.5	1.0
阴离子表面活性剂	0.5		0.2/0.3	0.2	0.2	0.2	0.3	0.3
总氮	15		10/10	0.2	0.5	1.0	1.5	2.0
氨氮	5		1/1.5	0.15	0.5	1.0	1.5	2.0
总磷	0.5		0.2/0.3	0.02	0.1	0.2	0.3	0.4
色度(倍数)	30		10/15					
pH	6～9	5.5～8.5	6～9/6～9	6～9	6～9	6～9	6～9	6～9
粪大肠菌群数/(个/L)	1000	1000	500/1000	200	2000	10000	20000	40000
总汞	0.001	0.001	0.001/0.001	0.00005	0.00005	0.0001	0.001	0.001
烷基汞	不得检出		不得检出					
总镉	0.01	0.01	0.005/0.005					
总铬	0.1		0.1/0.1	0.001	0.005	0.005	0.005	0.01
六价铬	0.05	0.1	0.05/0.05	0.01	0.05	0.05	0.05	0.1
总砷	0.1	0.05	0.05/0.05	0.05	0.05	0.05	0.1	0.1
总铅	0.1	0.2	0.05/0.05	0.01	0.01	0.05	0.05	0.1

10.2.4　物流的特性及处理程度

在污染源强未明确给出的情况下(大多数情况)，必须通过项目现场探勘、取样及理论分析确定污染源的种类、污染源源强，重点是合理预测其日、季节或年变化规律。尤其是工业废水，由于工序的衔接，其水质水量日变化一般较大，而且由于产品的更换，其季节或年变化可能更大。虽然项目的环境影响评价报告书提供了全面的企业生产工艺和物料衡算信息，但仍然需要进行现场踏勘、取样和物料与能量平衡的核算才能确定物流的特性。污染源的确定十分重要，最好能获得雇主的确认，以减少项目纠纷。污染源的识别与源强的确定在本书之前的章节已有论述，必须对其给予足够的重视，这是设计成败的关键。

在污染源及源强确定的基础上，通过合理的不确定性预测分析，确定设计的输入值，如进水污染物浓度指标，再结合污染物排放法规等的要求，确定设计输出指标。

应该注意的是，工程设计的输出指标不是污染物排放法规等所列的指标浓度数值，在确定时须充分考虑工艺性能的概率问题。如采用活性污泥法处理生活污水时，设计手册所列经验去除效果的出水保证率在50%左右(图 10-1)，当设计要求更高的出水保证率时，须按经验数据大幅降低设计值才行。以图 10-1 为例，若要求采用活性污泥法的污水处理厂的 BOD_5 出水指标在 90%的概率下保证 10mg/L 时(10 天中只有 1 天不合格)，其设计指标应选取 7 mg/L 左右，这样可认为是较为可靠的设计取值。

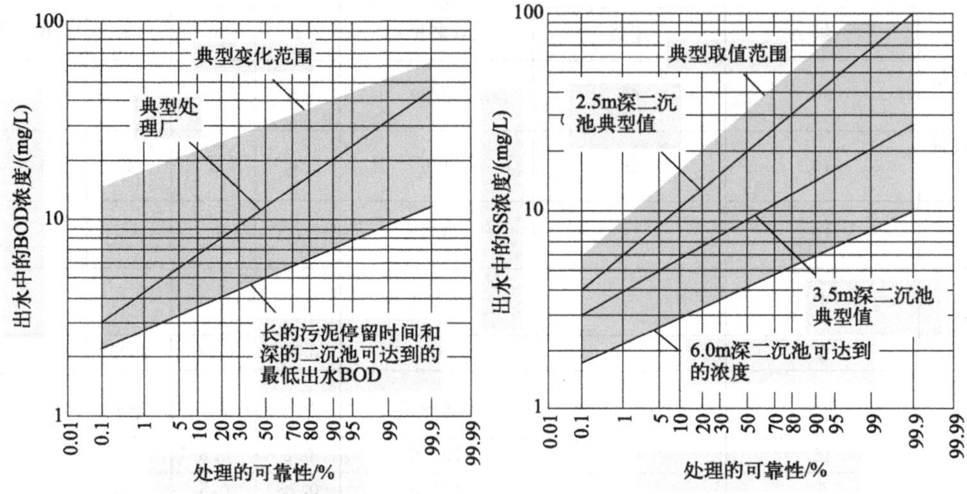

图 10-1　活性污泥法工艺在不同概率下可达到的污染物出水浓度

在确定了工艺的污染源输入、输出设计值后，可通过如等标污染负荷法、比值法等分析物流的特性，如可生化性、关键污染物等，以明确工艺的选择方向和重点。

工业行业污染物的处理设施需要特别关注的是：由于其污染负荷日变化较大，需要在详细分析其物流特性后才能对治理设施的处理模式进行规划和设计，主要考虑是否需要分流处理、调节池容量、回用的比例、每日运行的时长。

10.2.5　处理工艺、工艺设计和工艺设备的选择

处理工艺的选择是在物流污染特性分析的基础上有针对性地进行的，需要综合考虑技术、经济和社会等方面的因素，这些内容已在第 6 章进行了详细的论述。一般需要对整个流程进行分段综合对比选优，如在水处理工艺选择时常将流程分为预处理段、主体生化段、污泥处理段、深化处理段、消毒杀菌段和高级处理段以进行比选或设计。

工艺的比选或设计是一个渐进的、逐步细化的过程，以偏理论的定性选择开始，形成用于工艺初步规划的典型流程框图的初步结果(如图 10-2)，然后在此基础上，参考每个单元的平均去除率(典型单元典型污染物的平均去除率可参考设计手册或专项设计资料)，增加主要污染物的物料衡算数据，绘制用于物料衡算的典型的流程框图(如图 10-3) 或制作处理效果预测表(表 10-2)，进而检查工艺系统最后的输出是否符合设计指标。若不满足，则需要增加处理单元或调整处理工艺，直到满足负荷设计指标为止。需要注意的是，单元处理能力是一个相对固定的数值，不能根据设计要求进行无根据的调整，如为满足设计指标，把部分单元的处理效率提升至 90%以上(常常是 99%)，这显然会带来较大的风险。

此时，处理工艺每个单元的设计指标(输入与输出指标) 已经确定，可根据这些指标进行每个单元的工艺设计对应专业课程的内容。同工艺设备需要冗余设计一样，重要的单元尽

可能设计 2 个或 2 个以上的数量，同时考虑并联、串联运行的负荷裕量，并在此基础上绘制工艺流程图(如图 10-4)。

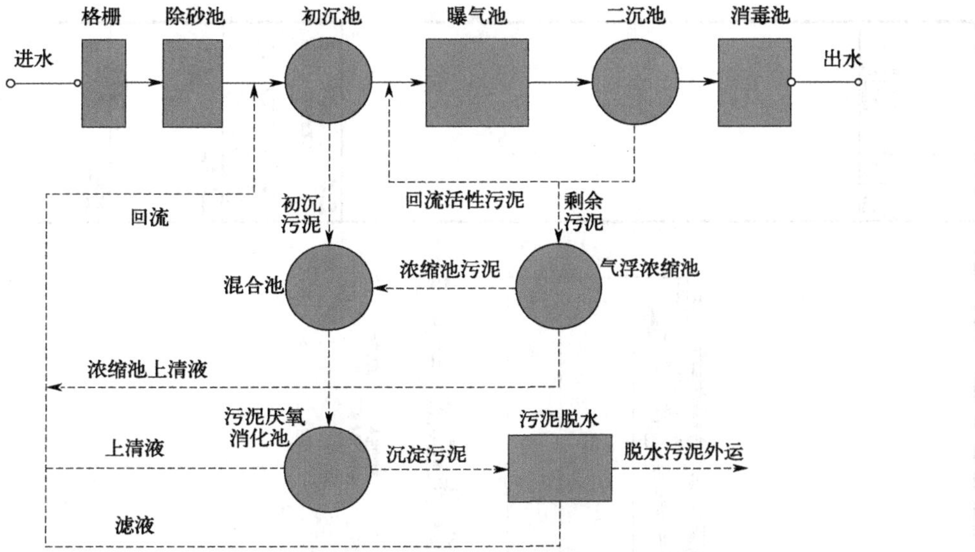

图 10-2　用于工艺初步规划的典型的流程框图

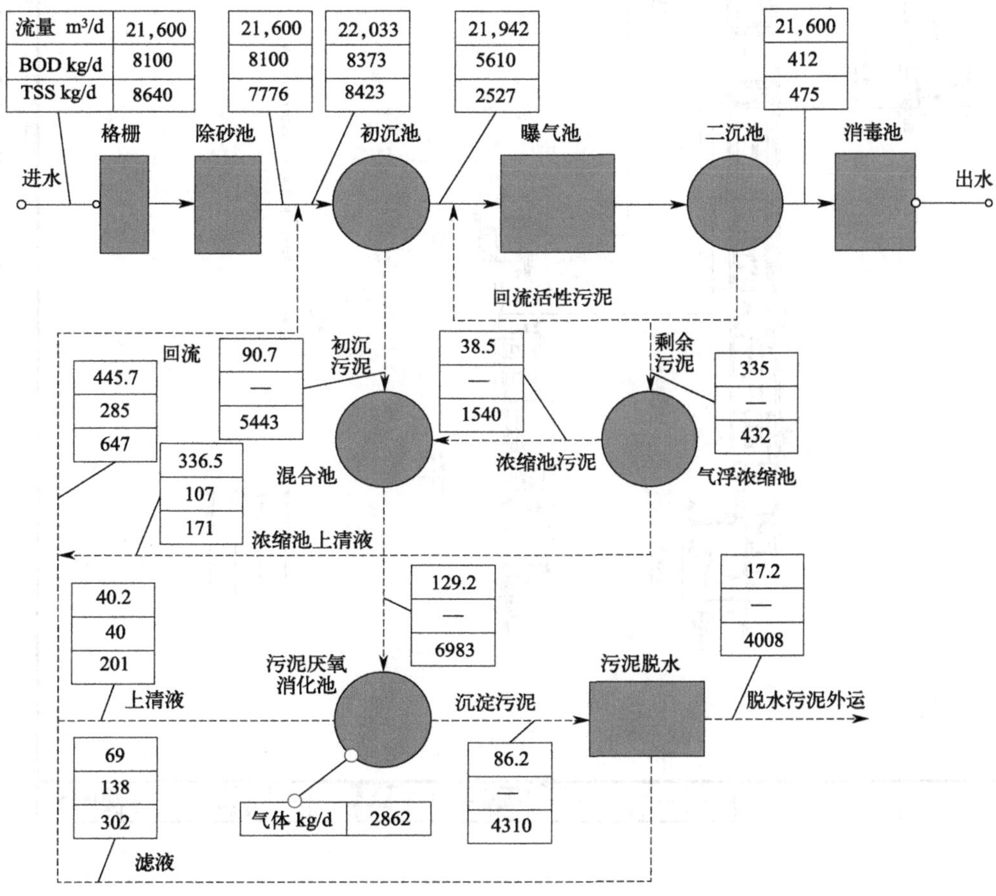

图 10-3　用于物料衡算的典型的流程框图

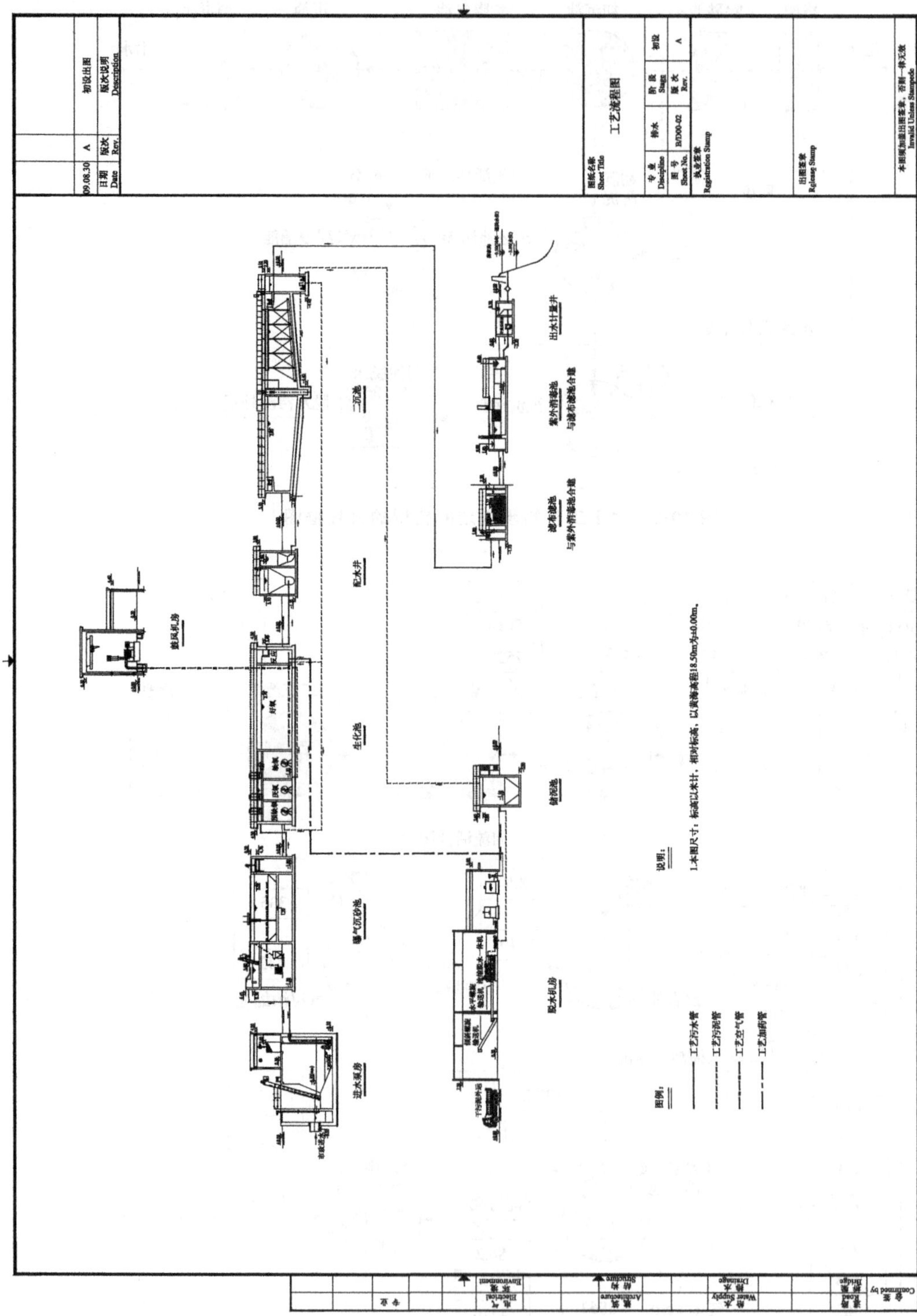

图 10-4 典型的生活污水处理工艺流程图

表 10-2　处理效果预测表（水部分示例）

处理单元		水量/(m^3/d)	COD/(mg/L)	BOD/(mg/L)	NH_3-N/(mg/L)	TP/(mg/L)	SS/(mg/L)	pH
格栅及除砂池	进入							
	流出							
	去除率/%							
初沉池	进入							
	流出							
	去除率/%							
活性污泥单元	进入							
	流出							
	去除率/%							
消毒池	进入							
	流出							
	去除率/%							
出水								
排放标准								
总去除率/%								

10.2.6　工程的建筑及结构设计考虑

工业企业的建筑设计以功能、装修和防火、抗震、劳动卫生等的安全为主，较少考虑如何营造协调、舒适的工作环境，尤其是生态设计观点与原有建筑的协调较少考虑。生态设计观要求在分析现有地形地貌的基础上，在自然中寻找逻辑性，设计出简洁的、具有时代精神的建筑形式；充分考虑周围的地形环境和天然地貌，创造出满足生态需求的可持续发展的高品位环境，营建“绿色生态厂区”。

结构设计主要以功能设计为主，其形状、尺寸和内部结构一般需要工艺设计工程师确定，结构工程师在此基础上主要考虑其强度、抗震、耐久、防火、抗浮、防不均匀沉降、抗冻等内容。

10.2.7　处理设施的总平面布置

总平面布置包括平面布置和竖向设计，按专业划分归类于建筑专业，但在环境工程领域，其主要工作由环境工艺工程师完成，包括平面布置和竖向设计，需要综合考虑土地使用效率、交通运输效率、物料输送效率、人员操作效率和安全、资金使用效率等因素，其主要手段为按功能分区的设计思路进行设计。需要特别注意的是，厂区标高的确定需要综合考虑地表水水位和工程造价。除效率因素外，在平面布置时，需要想象建成后所能达到的效果（如图 10-5）。

在竖向设计时，需先进行主要物料的输送效率核算，如污(废）水处理厂的水力学核算，根据工艺流程图，计算每个单元的水力坡降，按提升次数最少、充分利用重力流的原则，设置构筑物的竖向相对高度。水力计算的结果以水力坡降图的形式表现，其设计草稿如图 10-6 所示。竖向设计时，计算起点为处理厂的排放点，根据“X 年一遇”确定排放点的标高，然后根据各个单元的水力损失倒算到处理厂的输入点。

10.2.8　系统的供配电、运行控制方式的设计

在对整个系统内的用电设备进行统计后（如表 10-3），可确定系统的装机容量、负荷和电耗，结合处理厂的规模和重要性，确定其用电等级，设计变配电方案。

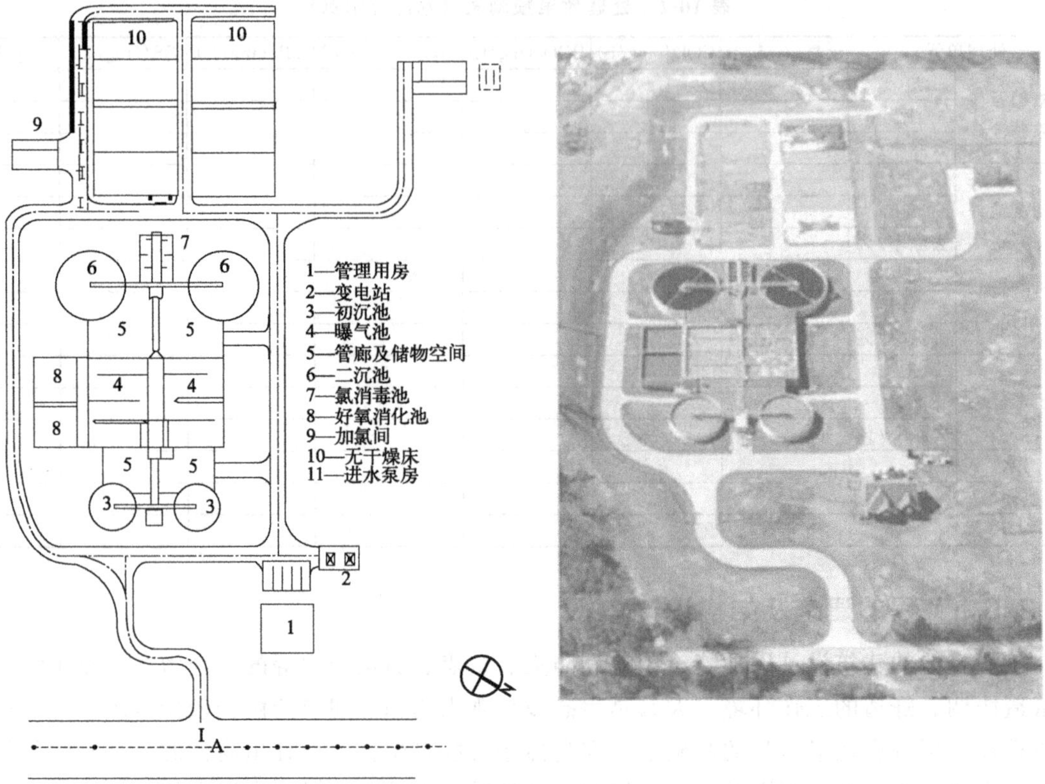

(a) 总平面布置图　　(b) 建成后的效果

图 10-5　平面布置时要考虑建成后的效果

表 10-3　典型用电设备容量统计计算表

子项	序号	设备名称	电压/V	台数			单台功率/kW	工作功率/kW	COS	TAN	计算负荷				
				安装	工作	备用					kx	P_{js}/kW	Q_{js}/kvar	S_{js}/kVA	I_{js}/A
预处理间	1	回转式固液分离机	380	2	2		1.5	3	0.75	0.88	0.95	2.85	2.51		
	2	皮带输送机	380	1	1		1.1	1.1	0.75	0.88	0.9	0.99	0.87		
	3	潜水离心泵	380	4	3	1	80	240	0.85	0.62	0.95	228	141.30		
	4	内进流式孔板格栅	380	3	2	0.75	3	6	0.85	0.62	0.9	5.4	3.35		
	5	高排水压榨机	380	1	1		2.2	2.2	0.75	0.88	0.9	1.98	1.75		
	6	冲洗泵	380	3	2	1	11	22	0.75	0.88	0.8	17.6	15.52		
	7	电动渠道闸门	380	6	6		1.5	9	0.82	0.70	0.2	1.8	1.26		
	8	电动方闸门	380	7	7		2.2	15.4	0.82	0.70	0.2	3.08	2.15		
	9	手电动闸门	380	8	8		2.2	17.6	0.82	0.70	0.2	3.52	2.46		
	10	罗茨鼓风机	380	6	4		4	16	0.82	0.70	0.85	13.6	9.49		
	11	曝气除油内装	380	18	16	2	0.75	12	0.82	0.70	0.9	10.8	7.54		
	12	排砂泵	380	8	4	4	4	16	0.82	0.70	0.9	14.4	10.05		
	13	电动除油撇渣器	380	8	8		0.75	6	0.82	0.70	0.9	5.4	3.77		
	14	螺旋渣水分离器	380	2	2		0.75	1.5	0.82	0.70	0.9	1.35	0.94		
	15	砂水分离器	380	2	2		2	4	0.82	0.70	0.9	3.6	2.51		
	16	排浮渣泵	380	8	4	4	5	20	0.82	0.70	0.9	18	12.56		
	17	排泥泵	380	8	4	4	6.6	26.4	0.82	0.70	0.9	23.76	16.58		

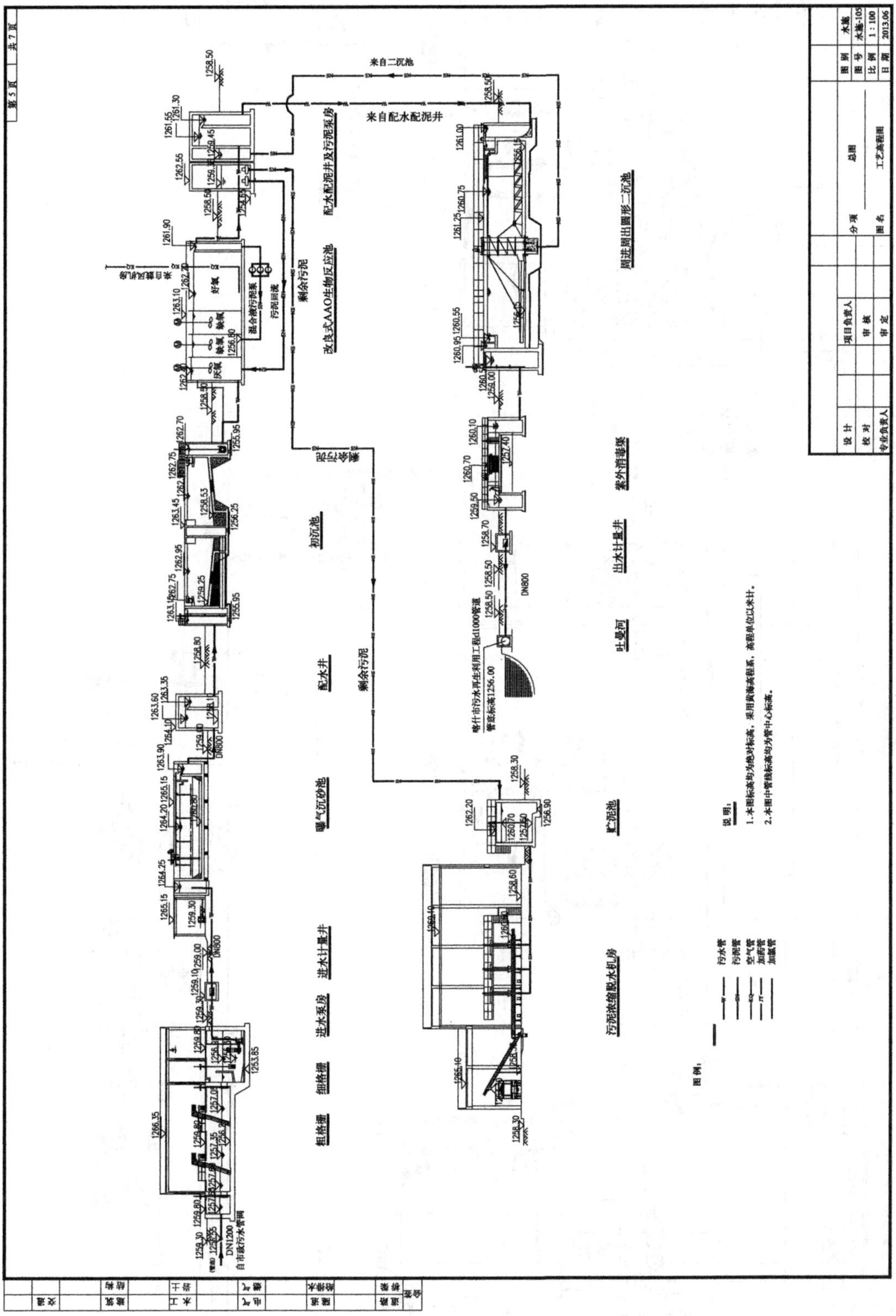

图 10-6　平面竖向设计中水力计算典型高程图

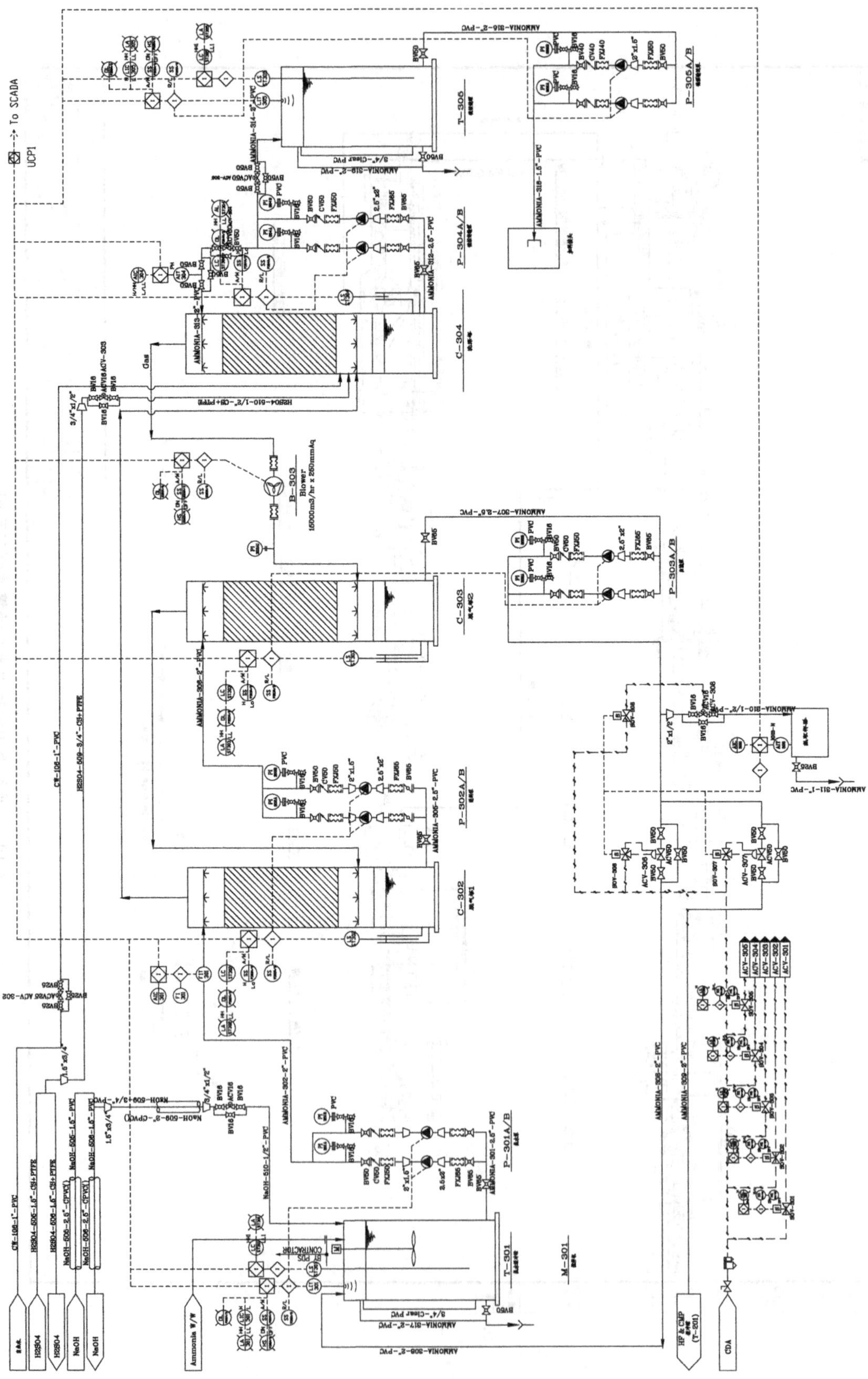

图 10-7 污水处理流程典型 PID

运行控制方式的设计是工艺设计的关键，包括信息采集，控制模式等的设计。运行控制要求由环境工艺设计工程师提出 PID（如图 10-7）和控制要求说明，由控制工程师实施。除大型污染物处理厂外，设计很少采用工业上广泛应用的集散控制系统（DCS），小型处理设施多采用以 PLC 为主的结合手动控制的信息显示、控制模式。

10.2.9 能源和资源需求以及项目经济

能源和资源需求以及项目经济包括项目经营成本和项目投资、经济指标等内容，需在各个阶段进行计算。经营成本是为保证项目正常运行需要的投入，而项目投资则包含项目从建设到运行的所有规定费用。经营成本主要包括(以年费用和处理单位污染物的费用表示)：①人工费；②药剂费；③电费；④水费；⑤其他公用工程如蒸汽、煤或其他燃料费；⑥固废处置费；⑦设备修理费及备品备件更换；⑧日常办公等管理费。

项目经济一般在工程造价的基础上通过动态的和静态的指标对其进行财务评价。工程造价在项目的不同阶段有不同的深度要求，一般按照建安工程类别进行计价。项目经济分析的财务评价以评价指标计算和不确定性分析(敏感分析和盈亏平衡分析）为主，常用的财务评价指标有：①项目投资财务内部收益率；②项目投资财务净现值；③项目投资回收期；④项目资本金财务内部收益率；⑤包括温室气体、噪声等排放等对公共环境的影响。

随着公众环境保护意识的提升，越来越多的因素在设计时需要考虑，这包括处于科学研究领域的温室气体排放问题。关于污染物处理设施，特别是废水处理厂关于碳中和的研究已经深入开展，环境工程师有义务和责任积极应用这些研究成果，将碳中和科学应用于工程中。

10.2.10 节能与资源回收设计

在可持续理念的影响下，污染物处理工艺需要从设计工艺选择开始就规划如何进行能源和资源的回收，而不是仅仅局限于节能设备的应用和变频控制技术的使用，这方面需要与科学家密切合作。

10.3 环境工程初步设计方案内容的组织

在对上节 10 个问题进行深入思考和设计的基础上，结合建设项目的各阶段，工艺工程师可带领项目组组织工程设计文件，完成工程对应阶段的设计服务。下面以环境工程的初步设计文件《环境工程设计文件编制指南》（HJ 2050—2015）为例，简要说明初步设计阶段的设计文件内容和深度要求。

环境工程初步设计的重点是解决环境工程功能、工艺系统及工程设施、设备、材料等工程技术方面的问题，整个项目的占地、工艺、设施、功能、布置等此时已经基本确定。其编制依据为该项目已批准的环境工程可行性研究报告(项目申请书)、环境影响评价报告、安全评估报告、自然灾害评估报告、节能评估报告及其批准、核准、批复意见等。根据环境工程初步设计文件，应能确定环境工程采用的工艺技术、处理能力、设施设备(功能、种类、数量、结构)、空间布置及利用、土地征用范围、编制施工图、采购主要设备及控制工程建设投资。

初步设计文件应包括初步设计说明书(含附件)、初步设计图纸和初步设计概算书三部分，每一部分应单独成册。

10.3.1 初步设计说明书

（1）工程概况 包括：①工程设计范围；②工程基本情况；③工程建设内容；建设厂（场）址；④工艺技术方案；⑤污染物排放（控制）标准；⑥主要技术经济指标。

（2）设计依据 包括：①法律及法规依据；②设计标准及规范；③立项及批复文件；④许可及协议；⑤地形地质资料；⑥设计委托书。

（3）设计基础资料 包括：①气象；②水文；③地貌；④地质；⑤地震；⑥雷电；⑦原有设施。

（4）主要污染负荷 包括：①污染物来源；②污染物性质；③污染物产量。

（5）污染物收集及转输工程 包括：①污染物收集及转输设施；②污染物收集及转输设备；③污染物收集及转输工程量。

（6）污染物处理(处置）工程 包括：①工艺流程设计，有时需包含流程的比选；②工艺技术说明；③工艺技术参数；④平面布置；⑤竖向布置；⑥工艺设施配置；⑦工艺设备选型；⑧二次污染防治；⑨资源化利用。

（7）总图工程 包括：①主要设计依据；②总图工程设计。

（8）建筑工程 包括：①主要设计依据；②建筑工程设计。

（9）结构工程 包括：①主要设计依据；②结构工程设计。

（10）电气工程 包括：①主要设计依据；②电气工程设计。

（11）自动化工程 包括：①主要设计依据；②自动化工程设计。

（12）给排水工程 包括：①主要设计依据；②给排水工程设计。

（13）采暖通风工程 包括：①主要设计依据；②采暖通风工程设计。

（14）维修工程 包括：①主要设计依据；②维修工程设计。

（15）通信工程 包括：①主要设计依据；②通信工程设计。

（16）环境保护 包括：①自然环境状况；②建设期环境保护；③运行期环境保护；④环境影响分析；⑤污染物减排量核算；⑥规范化排放；⑦环境检测及监测；⑧环境管理机构及职责；⑨污染事故及处理。

（17）劳动安全及卫生 包括：①劳动安全；②职业卫生；③伤害事故及处理。

（18）自然灾害及防范 包括：①自然灾害分析；②自然灾害防范；③自然灾害应对。

（19）火灾及消防 包括：①火灾隐患分析；②火灾防范；③消防系统；④突发火灾应对。

（20）能耗及节能 包括：①能耗构成；②耗能总量；③节能措施。

（21）工程占地及节约用地 包括：①工程占地面积；②节约用地措施。

（22）场地水土保持 包括：①水土保持现状；②水土流失因素；③水土保持措施。

（23）文物及矿产保护 包括：①文物保护；②矿产保护；③其他公共设施保护。

（24）工程建设管理 包括：①建设管理机构；②建设管理职责；③建设进度计划。

（25）工程运行管理 包括：①运行管理机构；②运行管理职责；③企业劳动定员；④运行管理制度。

（26）附表 包括：①工程设施一览表；②工程设备一览表；③主要材料一览表。

（27）附件 初步设计说明书附件通常包括：工程可行性研究报告批复意见；环境影响评价报告批复意见；安全评价报告批复意见；节能评估报告批复意见；许可及协议，包括用地许可或协议、用电许可或协议、用水许可或协议、资源利用许可或协议、二次污染物处理（处置）许可或协议等。

10.3.2　初步设计图纸

初步设计图纸是初步设计文件的重要组成部分，初步设计图纸通常由以下专业图纸组成，可根据工程特点合理增减。

(1) 工艺专业　包括：①收集设施布置图；②工艺流程图（包括工艺流程图、高程图，如图 10-8）；③总平面布置图；④工艺设施、设备布置图（包括主要工艺设施图，设备的平面图、立面图）；⑤工艺管道布置图（包括平面图、剖面图或系统图）。

二维码 10-1：某城市污水处理厂工艺流程图 1

(2) 总图专业（总平面布置、管网等由工艺专业提出条件）　包括：①总平面布置图（含标高，如图 10-9）；②综合管网图（包括平面图、高度或埋深）；③道路布置图（包括平面图、剖面图）；④围墙大门图；⑤绿化布置图；⑥挡土墙布置图（包括平面图、剖面图）；⑦截洪及排洪沟布置图（包括平面图、剖面图）；⑧土方平衡图。

二维码 10-2：某城市污水处理厂工艺流程图 2

(3) 建筑专业　主要建筑物配置（包括平面图、立面图）。

(4) 结构专业　主要建、构筑物配置图（包括基础及剖面图、模板）。

(5) 电气专业　包括：①变配电系统图；②电气控制原理图；③接地及等电位联结系统图。

(6) 自动化专业　包括：①自动化检测系统图；②自动化控制原理图；③数据及通信系统图；④影像监控系统图。

二维码 10-3：某城市污水处理厂工艺总平面布置

(7) 给排水专业　包括：①给排水及消防设施布置图；②给排水及消防管道布置图。

(8) 采暖通风专业　包括：①采暖及空调设施布置图；②采暖及空调管道布置图；③通风及消防排烟设施布置图。

10.3.3　初步设计概算书

(1) 初步设计概算书组成　包括：①编制说明；②编制依据；③工程总概算表；④单项工程概算表；⑤其他费用概算表。

二维码 10-4：某城市污水处理厂工艺及管道平面布置

(2) 初步设计概算书编制

① 编制说明　简明列示工程的名称、规模、标准。简要叙述工程建设内容。说明工程建设场地的自然状态、交通、运输条件。说明工程施工条件。说明工程概算编制范围。

② 编制依据　简明列示工程概算书编制依据，包括：国家、地方相关工程建设和造价管理的法律、法规、政策、文件、规范、规定；国家、地方相关造价定额、工程费用定额和其他费用、费率规定；工程概算采用的主要设备、材料价格；工程其他费用计费规则、取费及费率标准。

③ 工程总概算表　工程总概算表由各单项工程概算表和其他费用概算表汇总编制。

二维码 10-5：某城市污水处理厂氧化沟工艺图

④ 单项工程概算表　根据初步设计说明书及初步设计图纸计算工程量。按建筑、设备、安装工程量及相应单价、取费标准计算建筑工程费、设备购置费、安装工程费及工器具购置费。

⑤ 其他费用概算表　按照国家、地方主管部门颁布的工程其他费用计费规则、取费及费率标准，编制工程其他费用概算表。其中征地及拆迁补偿费、项目前期工作费可据实计列。

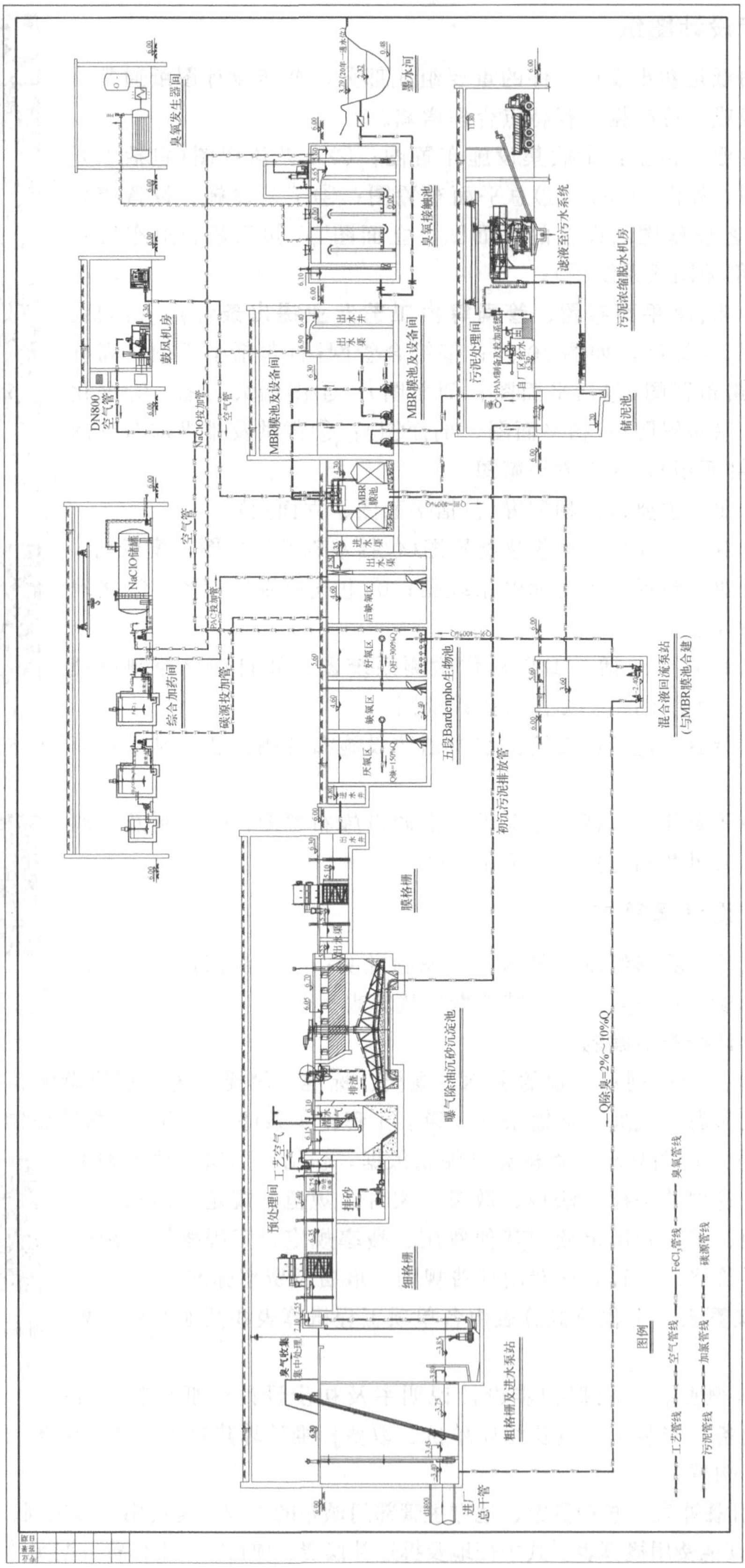

图 10-8 典型工艺流程图示例

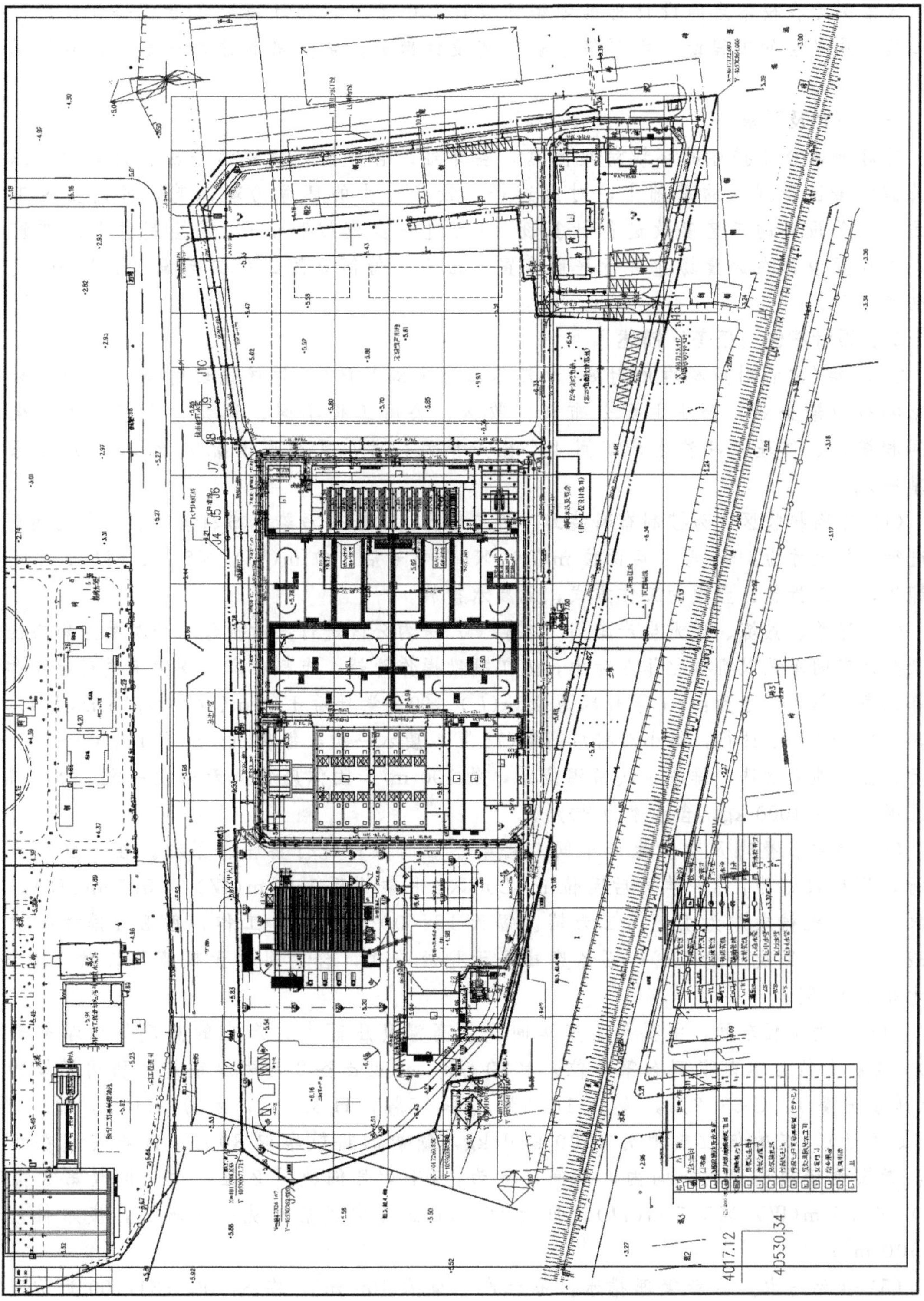

图 10-9　典型平面布置图示例

练习与思考

该案例为在校学生的设计思维训练而设计，由于工程设计需要多专业合作，所以环境工程专业学生的工程设计主要集中在工艺设计部分，重点培养分析和解决问题的思维方式。

一、内容及要求

针对下述企业描述的环境污染问题，在详细综合分析、确定污染源、计算污染源强及关键污染因子判别的基础上，对比选择、设计恰当的环境治理工艺，并对主要工艺单元、工艺设备的工艺参数进行计算设计(可进一步模拟验证)，并绘制主要工艺流程图，对处理设施在放置场地进行平面布置，形成一份简要的工程工艺设计说明书(简化的初步设计)。

二、设计案例（任务）描述

20xx年(注意对应标准的时效)，江苏省环太湖某区(注意该区域的排放标准）新建一家棉布印染企业，企业主要分布料接收区、公用工程车间、退浆、煮炼、丝光生产车间和漂白、整理及冲洗生产车间4个生产单元，各单元简要情况假设如下(污染源分析基础)。

(1) 布料接收区　为控制布料装卸、拆包时产生的粉尘污染，布料接收在独立封闭厂房内进行，其尺寸为：5+学号后两位 m(L) ×9+学号后1位 m(W) ×5.5 m(H)，采用铲车卸货，人工拆包、整理的工作方式，无废水排放。

(2) 退浆、煮炼、丝光生产车间　在独立厂房内分区进行，对拆包、分类的原料布匹进行染整，车间单元以机械化作业为主，人工辅助操作为辅，布料在高温条件下进行上色和定色等工序，单元尺寸为：2+学号后两位 m(L) ×9+学号后1位 m(W) ×5.5 m(H)。每天8：00～12：00进行，每小时排放高温(75 ℃) 废水一次，每次500 m^3，14：00～16：00进行设备和地面清洗，排放一次常温废水，约100 m^3。固体废物每天排放一次，含有机和无机废料，共1000 kg，含水率为80%。

(3) 漂白、整理及冲洗生产车间　将染整后的布料进行整理、漂洗。在独立厂房内进行，厂房尺寸为：3+学号后两位 m(L) ×8+学号后1位 m(W) ×5.5 m(H)，为防火车间，机械操作为主，人工为辅。每天12：00～16：00工作，每2 h排放一次常温酸性废水，每次1000 m^3；固体废物每天排放一次，含有机和无机废料，共100 kg，含水率为90%。

(4) 公用工程车间　主要为生产车间提供高温高压蒸汽，产生的蒸汽量为学号最后1位(最后1位为零时取倒数第2位) ×30 t/h。企业自备2台燃煤锅炉，所用燃煤的成分(质量分数)：C-63.2%，灰分-16.8%，S-5.5%，H-3.2%，水分-9.0%，O-2.3%(含氮不计)，煤的低位热值为4500 kcal/kg，锅炉的热效率取80%，锅炉安装在车间内，燃煤堆场也设置在车间内，车间尺寸为：1+学号倒数第2位+学号倒数第3位 m(L) ×6.5 m(W) ×5.5 m(H)。每天10：00工作完成后清洗一次车间，废水排放量为500 m^3；

(5) 生活污水　企业管理排水，每天产生量为100 m^3，在8：00～24：00近似连续排放。

(6) 工业废水　废水特性：如表10-4所示。

表 10-4　企业废水排放统计表

	COD_{Cr} /(mg/L)	BOD_5 /(mg/L)	TP /(mg/L)	NH_3-H /(mg/L)	TN /(mg/L)	SS /(mg/L)	色度/倍	pH
退浆、煮炼、丝光生产车间	20000	2000	30	650	900	500	4000 倍	11～13
漂白、整理及冲洗生产车间	2000	500	20	100	150	500	1000 倍	9～11
公用工程车间	500	20	10	10	20	3700	100	6～9
生活污水	250	200	15	25	35	100	100	6～9

废气及粉尘特性：自行根据各单元描述进行综合分析后设定(计算有依据、合理设定即可)。

固废：按各个单元描述设定。

处理后产物的排放（根据区域、类别、时间、可靠性确定排放标准）。

废水：排入当地地表水体或回用（根据工厂所处区域确定）。

废气：排入当地环境。

固废：按当地政策执行。

排放要求：根据工厂所处区域确定排放标准。

第11章

初学者在工程设计中的局限与易犯的错误

内容提要

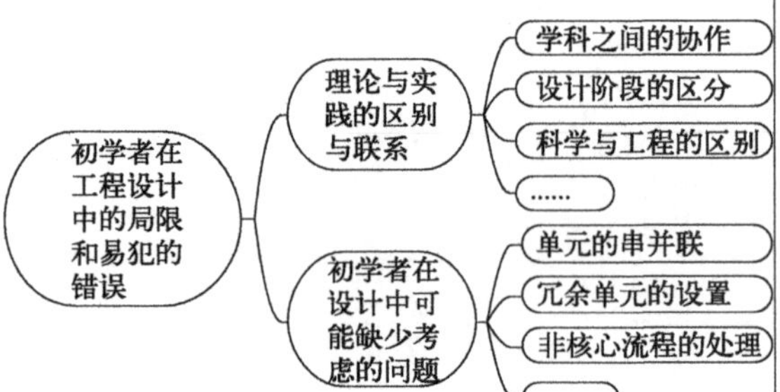

学习目标

知识目标

了解课程学习的不足，掌握环境工程设计知识学习的方法；

深入理解和掌握在工程设计中关于系统、流程、设备、阀门、管线布置时的易错环节。

能力目标

能举一反三地深入理解和掌握资深工程师的设计建议，能设计出切实可行的工程作品。

素质目标

培养善于观察学习、不怕困难、深入实际、团结协作的工作作风。

【导读】

在设计实践中成长

“人是一个初生的动物，他的力量就是成长的力量”。这句话深刻地揭示了成长的本质——成长本身就是一种力量，而这种力量来源于不断地学习、探索和实践。

在环境工程设计的道路上，失败是不可避免的。可能会遇到设计方案不符合实际需求、技术参数计算错误、项目实施过程中出现意外等问题。但每一次失败都是成长的机会，是了解自身不足、积累经验的重要途径。正视失败，分析原因，总结经验，才能在未来的项目中避免重蹈覆辙，逐步提升自己的专业能力。

环境工程设计是一个充满挑战和创新的领域。不能仅满足于书本上的知识，而应积极投身实际项目中，勇于实践探索。无论是参与实验室的小型实验，还是大型项目的现场调研和设计，都是积累经验、提升能力的重要机会。通过实践，可以将理论知识与实际问题相结合，发现新的解决方案，激发创新的活力。

脚踏实地是成长的基石。环境工程设计工作涉及大量的细节和烦琐的任务，从基础的数据收集、计算，到复杂的工艺设计、图纸绘制，每一个环节都需要认真对待。不能急于求成，而应一步一个脚印地积累经验。只有脚踏实地，才能在积累中厚积薄发，为未来承担更复杂的项目筑牢根基。

深入实践是理论与实际结合的关键。不仅要学习书本上的知识，更要将这些知识应用到实际工作中。多到施工现场去，看看实际的工程是如何操作的，了解施工过程中可能遇到的问题和解决方案。

不耻下问是一种谦逊的学习态度。在工作中，会遇到各种各样的问题，不要害怕向他人请教。无论是向经验丰富的前辈，还是向身边的同事，甚至是向现场的工人师傅，都可以虚心求教。他们丰富的经验和实用的技巧，对自身成长会有很大的帮助。

环境工程设计往往需要多个专业的人员共同参与，要学会与不同专业背景的人合作，发挥各自的优势，共同解决问题。例如，在设计一个大型工业园区的污水处理厂时，需要与给排水工程师、电气工程师、土建工程师等密切配合，齐心协力，才能确保项目的顺利进行。在团队合作中，不仅能学习到其他专业的知识与技能，还能培养沟通协调能力，为未来承担更大项目奠定基础。

生活中处处蕴含着学习的机会。保持敏锐的观察力，关注行业前沿动态，如新型节能设备的研发、先进处理工艺的应用等，思考其在环境工程设计中的可行性，探索创新设计思路。同时，留意身边的小发明、小创造，汲取灵感，将其融入设计实践，提升设计的创新性与实用性。例如，看到一种新型的节能设备，思考它是否可以应用到环境工程设计中，从而提高能源利用效率，降低运行成本。

成长的道路从来都不是一帆风顺的。在面对困难和挫折时，保持乐观的态度，不气馁，是继续前行的重要动力。每一次失败都是成长的一部分，每一次挫折都是前进的垫脚石。只有保持积极的心态，相信自己的能力，才能够克服困难，实现自己的职业目标。

11.1 理论与实践的区别与联系

设计工程师的工程设计能力与水平主要依靠设计实践的锻炼而不仅仅是课程学习，新进入行业的设计人员快速提高设计能力的捷径之一便是学习别人的设计作品，深入理解别人的设计，总结经验和方法。

（1）学科之间的协作 实际工程项目的工艺设计师需统筹考虑土木、机械、电气及自动化等多专业的协同与需求，其中土木、机械、电气和软件尤为重要。即使是管理现有设施的简单改造项目也几乎总是需要多学科的投入和专家评审才能取得进展。

（2）设计阶段的区分 虽然将初步设计和施工图设计两个设计阶段结合推进设计过程有时能达到预期效果，但在实际设计阶段缺失时，套用假设场景的解决方案往往难以奏效。

（3）科学与工程的区别 学术界通过创新保持进步，这对研究人员来说至关重要。研究人员的职业发展高度依赖科研成果的持续产出。尽管只有约 4% 的工科毕业生从事研究工作，但他们中的许多人也教导学生重视新创新。然而，对于专业环境设计工程师而言，能可靠实施比技术创新更为关键，创新并非是最重要的。借鉴已有成功案例进行改良设计（尤其在风险可控的单元操作中），往往能取得更优的工程效益。在升级现有设施的过程中，采用最有效、可靠的工艺技术是最接近创新的方式，但需证明所提出的工艺已在商业环境中经过尝试和测试，并且在其他地方存在类似工艺和条件。对工程设计而言，生产率、可靠性和安全性是专业工程设计中的首要任务，真正的新技术往往有一定风险。

（4）设计细节 流程框图在大学的课程中较为常见，而工艺流程图（PFD）通常是工厂物料连接的设计。在工程实践中，通常直接采用管道仪表流程图（PID）作为核心设计文件，流程框图的应用场景相对有限。若需用 PFD 设计质量流量，则只能将其作为工程图纸绘制，这体现了专业人士与科学家关注对象的不同。对于部分人而言，他们错误地认为不涉及数学理论计算的设计问题似乎微不足道，而只有设计水平相对较低者才会投入精力去了解细节。

（5）各种因素的综合 新人的设计往往局限于稳态工况下的理想化状态，即使是完成复杂任务的“高级工程”模拟模块，其在模拟程序中也仅使用非常简单的模型。这种设计方法最多只适用于理论教学，而不能用于实际设计。

必须将设计置于复杂的环境背景中考虑，需综合考虑特定拟建工厂和现场的所有相关方面，以确定最佳方法。例如监管环境、气候、土地价格、运营商、建筑公司技能、电力供应可靠性、自然灾害风险以及人员接近程度等因素，这些因素通常与处理工艺的选择、设计同等重要。

任何设计均无“标准”的正确答案。一个地区的合理设计未必适用于另一个地区。对于具有大量特定流程经验的客户而言，他们所要求的设计与其他客户很可能会有所不同。

选择“足够正确”的设计需综合考虑成本、风险、工艺过程设计、可操作性、可维护性及可靠性等因素。然而，许多新工艺工程师仅关注“技术”（即工艺设计），却忽略了成本、风险、可操作性、可维护性及可靠性等关键方面。

（6）工程的生命周期 若设备可在工艺稳定的状态下工作，但在调试和维护期间无法按设定期望工作，甚至完全无法工作，则在设计时需充分考虑工程生命周期各个阶段的工况。

设计阶段须考虑的主要维护活动包括隔离、释放压力、排水以及通过吹扫或通风确保符合安全相关要求。同时，还须考虑公用设施的隔离。隔离阀、隔断阀、双隔断阀及放气阀均可用于此目的，并辅以物料管道上设置的滑板和盲板等隔离结构。理想情况下，所有吹扫管线应为可隔离或临时性的，以防止回流的物料污染储罐。

若需进行在线维护（即在工厂其他部分正常工作时进行），则设施布局和工艺管道布置必须适应这种需求。维护时所用容器的隔离结构不应与整个系统的泄压系统隔离，同时需考虑通过该路线意外连接正常工作的可能性。

在工厂检修后的启动和关闭期间，最易发生工艺安全事件。与这些条件相关的瞬态、不稳定状态可能导致工艺设备无法按设计要求运行。为解决此类问题，需了解不同类型的吹扫和保护制度，如稀释、压力循环和真空吹扫，并明确哪种情况最为适用。

同理，隔离方案的选择（如单隔离、双阻断、泄放或眼镜盲板）取决于工艺流体的性质及工艺条件，如压力和温度。

11.2 初学者在设计中可能欠考虑的问题

（1）单元串联和并联的选择 初学者通常对设备在并联和串联安装之间的差异缺乏清晰

认识，且常常认为每种设置方式均适当。例如，许多人可能误以为并联单元的水头损失是累加的，然而事实并非如此。实际情况是串联单元会增加水头损失，而并联单元则会增加处理能力。

(2) 冗余单元的设置　备用设计对于初入行者而言可能经常被忽视。通常情况下，若某台仪器或旋转机械对流程的运行至关重要，则至少需配备一台在线备用机组。基于经济或其他实际原因，可选择使用 3 个 50%设计产量的设备，而非 2 个 100%设计产量的设备（即采用工作/辅助/备用模式，而非工作/备用模式）。

若项目极为重要，还须确保单元不会发生整体故障。因此，可至少为用电设施设计一条单独配电电缆，直至电机控制中心（MCC）。

有时需要进行冗余的不仅是某一单元，如有时公用设施故障也可能导致危险情况。因此，需评估所需公用动力设施（如电源）的可靠性，并尽早提供备用动力源。关键项目的电力供应通常需采用双路供电或配备发电机/电池的备用方式。需注意，发电机/电池的可靠性和无故障运行时长与其成本成正比，且发电机提供的电力可靠性不如民用供电。所以在电量不足时，可切断非关键过程的供电，以确保关键过程的稳定供电。

这些情况对于经过多层保护（LOPA）分析的工厂中关键安全仪表系统（SIS）的控制至关重要。尽管 SIS 阀门可能分布于不同的控制回路（如液位变送器和高液位开关），但若阀门结构和类型相似，则在受类似工艺条件或流体影响时，可能具有相似的故障模式。

(3) 非核心流程的处理　在大学学习期间，非核心过程大多以理想状态供应，如水、空气、电力、污水的进水流量和成分、气味控制等均简单易得，且适合工艺需求，只需在流程图上标记接口位置即可。然而在现实情况中，原料、公用工程、中间体和产品的储存通常比主要物流处理设施占用更多空间，而且会带来更多危害。须注意，一个大型储罐虽比多个小型储罐便宜（等容积），但单个储罐发生故障的后果更为严重。

同时，设计人员需考虑工厂物料的故障紧急释放系统，设置围栏分隔火炬和通风口的无菌区域，并为有毒物质配备足够的洗涤器。同时，须确保排水系统设计合理。若系统泄漏可能产生易燃蒸气，则需避免在低洼地带收集比空气重的易燃蒸气的设计方案，除非这些低洼地带专门设计为蓄水池，以便在不损坏其他设备的情况下燃烧易燃蒸气泄漏。

储罐应置于堤岸内，堤岸内容积的最小设计容量通常取最大储罐容积的 110%。设计堤岸时，需考虑降水及消防水排水要求，增加额外容量，同时需设计通往堤岸内任何设备的通道（不破坏堤岸）。

(4) 设计中成本的考虑　学术领域的理论成本远不及专业实践精准，许多在学术界看似可接受的设计方案，专业实践中在经济性方面往往存在不足之处。因此，最好在设计阶段就对技术和配置进行经济性评估。

(5) 网络资料的取舍　互联网拥有各种潜在、有用的资源（例如许多设备的价格来源于电商网站），还有各种在线计算工具可用于计算管道、设备等的尺寸。其中有些资源是可靠的，但有些则容易产生错误。专业的工程师不会用从互联网下载的资料代替自己基于可靠信息所做的计算。专业判断是工程师的核心竞争力，未经工程验证的设计方案须谨慎采用，不能依赖于检查人员发现错误。

(6) 非关键单元的考虑　大学教育往往专注于行业中非常重要的少数单元操作。例如，所有化学工程专业的学生在课程中多次接触洗涤、汽提、蒸馏和干燥等操作，而对其余的单元过程则接触较少。

(7) 工程材料和公用工程的设计考虑 刚毕业的学生通常只知道两种工程材料——碳钢和不锈钢（且往往不确定具体等级），而实际上还有更多工程材料可供选择的材料。须确保在设计早期阶段纳入所有必需的公用设施，如冷却水、氮气、制冷、蒸气、工艺用水、电力和压缩空气等。这些设施的质量和数量均需考虑，例如功率稳定性、压缩空气和蒸气的干燥度等。高等级的公用设施通常需要更大的投入。

若物料流中含有高度易燃成分，确保其安全的一种方法是用惰性气体排除容器顶部空间中的氧气。通常氮气是最便宜的选择，尽管有时可能需要更多种类的特殊气体。

设计时须考虑气体输送管线中对水分的处理，如是否需要，以及设置适当的蒸气疏水阀、压缩空气干燥器等公用设备。

(8) 常用标准设备的使用

① 泵

a. 对泵的类型及特性认识不足。旋转泵和正排量泵是两种主要的泵类型。工艺设计师在选择泵类型时，需考虑泵的控制和保护方式、泵送精度、对特定流体黏度和固体含量的适用性、功率利用率以及维护要求等。常见错误是对泵轴密封布置及更复杂的泵送情况（如低NPSH，特别是热水泵或从真空容器排出的泵）缺乏关注。

b. 对离心泵的工作特性了解不够深入。一方面，当对离心泵进行流量、压力调节时，其相关参数会发生变化。例如，若泵被节流，其功耗会降低；若提高泵的叶轮旋转速度，则会增加排放压力。另一方面，离心泵问题的故障排除对调试至关重要。试图用阀门控制容积泵的输出是一大错误，也是缺乏设计经验者最常犯的错误之一。同样，不应试图用节流阀控制正排量泵的输出，否则会损坏泵。

c. 泵的串联。将多个泵并联作为辅助或备用布置并无不当，但串联泵通常是错误的。特别是多个正排量泵的串联并非专业设计的特征。专业人士清楚，若需更高的输送压头，可在一台机组中安装多级离心泵。若无法使用指定的泵类型完成任务，可能是选择了错误的泵的类型。此外，多个串联的正排量泵往往无法正常工作，因为泵不同步时，会吸入或输送节流。

d. 在泵的吸入口进行节流控制。不应试图通过吸入节流来控制泵的输出，以免引发气穴现象等。

② 阀门

a. 对阀门的种类和特性缺乏了解。按功能划分，阀门可分为三大类：隔离阀、开/关阀和调节控制阀。不同行业使用不同类型的阀门完成任务，这要求设计工程师必须深入了解阀门的特性。应将使用执行机构的阀门也视为旋转机械，若其可靠操作对工艺至关重要，则需设置冗余操作机构。

b. 缺乏对阀门执行机构（执行器）的了解。回转执行机构主要有两种类型：四分之一转（圈）和多转（圈）。蝶阀、旋塞阀和球阀使用四分之一转（圈）执行器，截止阀和针阀采用多圈执行器，还有用于特殊类型的线性执行器，尤其是用于紧急关闭任务的执行器。这些执行机构可以采用电动、液压或气动驱动。需注意，气动和液压驱动的执行机构需要可靠的动力流体供应以及额外的控制设备（如电磁阀）才能正常工作。

c. 使用旁通管路。在大学时期，用旁通阀控制泵的输出是一种较为普遍的做法。旁通阀连接泵的排放口和吸入口。对于正排量泵来说，这种方法至少能起到一定作用，但随着技术的发展，现在更倾向于使用变频器。

d. 慎用控制阀。变频流量控制可实现输入功率的高效利用，对于小型泵而言，通常比控制阀更为经济。

e. 阀门的串联。学习理论知识时，有一种在同一条管线上使用多个阀门的方法，这些阀门具有不同程度的控制回路滞后性，用于基于多个变量的流量控制。然而，除非没有其他方法可实现目标，否则不建议在设计实践中采用这种方法，应尽量只控制一次线路中的流量。

f. 缺少隔离阀。每个机组操作的每个入口和出口至少需要一个隔离阀。

g. 缺少安全阀。安全阀是指止回阀、泄压阀、压力维持阀等。若未将这些阀门纳入设计，就不能真正应对工厂可能发生的所有情况。

h. 关键阀门缺乏冗余设置。关键调节阀通常需要备用阀，非完全相同的装置上的所有调节阀可能都需要一个带隔离的旁通阀和一个手动备用控制阀，以便维护运行。

i. 缺乏对排水系统细节的考虑。设计不当的排水系统可能导致严重问题。例如，排水系统尺寸过小或缺乏清除固体堆积的措施，可能导致泄漏设备中的有害物质积聚、不相容材料混合，甚至将有毒气体泄漏、火灾或爆炸从工厂的一个部分带到另一个部分，从而引发严重事故。因此设计适当的通风孔和排水管对于系统维护是必不可少的。

(9) 设计对系统调试阶段的考虑

① 缺少调试所需的排水管和通风口/其他阀门　调试（操作）工程师希望能够在合理的时间内（例如半小时）将油箱排空。这些需求应在设计前充分考虑。在考虑调试操作时，可能需要额外的阀门单独调试机组操作，或在调试期间添加所需的设备。如果不确定调试工程师需要或想要什么，则需要主动询问。在了解需求后，应进行专业判断并做好准备，向调试工程师提供真正需要的内容，而非仅仅满足所提出的表面要求。

② 缺少取样口　调试工程师可能会因调试时缺少取样阀门和管线而抱怨设计人员。同样，操作人员也需要在此处取样以测试单元操作是否正常。因此，应在相应位置安装取样阀。

③ 缺少用于设备调试和维护的空间和设备　这是稳态设计短视的布局问题。设计人员须详细考虑在调试和维护期间如何进入工厂的问题。由于这对安全有重大影响，因此其应成为高度优先事项。

(10) 工厂布局时的问题　在进行工厂布局时，新人往往无法从三维角度思考，而是将管道和设备简单地放置在平面上，从而可能造成一系列问题。与之相对应的是，资深的工程师会将管线固定在墙上或分配在管架和桥上。

① 缺少控制室和用电设备控制中心　如前文所述，新入职的设计师可能不了解工厂应设置电机控制中心（MCC）以实现有效控制，且 MCC 通常应置于控制室内。控制室的尺寸应综合考虑操作面板的维护方便及电缆的进出方向后确定，同时控制室的空间应足够宽敞，以便在 MCC 柜门开启时人员能够安全进入。控制室内通常还应配备一张桌子，桌上放置一台电脑，用于系统控制和数据采集，此外还应设置一个文件柜，用于存放相关文书资料。

② 其他一些控制室内电机控制中心的注意事项　设计人员应充分了解高压与中压接线的相对成本，据此合理布局电机控制中心（MCC），使其尽可能靠近大型电机，以优化电气连接和降低能耗。同时，应充分考虑设计决策对保险成本的影响。高规格的电气设计在满足安全要求的前提下，可有效降低保险费用（在未被强制要求的情况下）。此外，应明确某些

区域可能不允许MCC和控制室的主机托管，即使允许托管，不同区域的消防要求也可能存在差异。尤为重要的是，这些关键区域应始终保持清洁、无腐蚀性气体或物质，并严格控制温度，以确保设备的稳定运行和人员的安全。

③ 缺乏对公用设施的考虑　公用设施的生产，产品的储存、搬运、仓储以及运输设施均存在潜在的安全风险。因此，在规划工厂布局时，必须充分考虑人口密集区域如办公室、实验室、食堂和车间等的位置安排，确保其远离危险源，保障人员安全。

(11) 过程控制设计时需考虑的问题

① 仪器位置设计不足　在反应器及其他容器的设计中，应充分考虑死区可能带来的潜在滞后时间的影响，以确保过程控制的准确性和及时性。同时，关键仪器和安全开关应有冗余设置，以提高系统的可靠性和安全性。

② 仪表隔离设计不足　仪器在使用过程中需要定期进行维护、校准和更换，因此建议在装置运行时考虑到能够方便地拆除和更换隔离阀及其他相关装置。应避免设置无法调节的监测参数，因为这不仅会增加成本和工作量，还可能降低系统的灵活性和可靠性。此外，应避免测量非关键参数。例如，虽然可以测量进入换热器中水的pH值并对其进行控制，但这并非关键过程参数，因此需明确测量目的。在这种情况下，测量水的入口和出口温度可能更具实际意义。

③ 警报过载　在设计警报系统时，应合理控制警报数量，避免因警报过多（过载）导致操作员应接不暇，从而无法有效处理重要警报，增加工厂的安全风险。对于在调试期间安装的额外警报器，应在调试完成后根据实际需要进行评估，若无必要则应及时拆除。

(12) 管道与仪表图符号　当前，工厂主要采用可编程逻辑控制器（PLC）或分布式控制系统，因此在管道和仪表流程图（PID）中通常不显示控制回路，其与传统的壁装式控制设备常采用的比例、积分、微分控制器的显示方式有所不同。

工厂设计工程师应具备与操作员、商务人员等多部门人员协同工作的意识。对于运营团队成员而言，与操作人员保持有效的沟通和合作的能力是完成工作的关键。

设计工程师不应仅依赖理论推演来判断流程问题，而应积极深入现场进行实地踏勘，尤其是面对首次出现的问题症状时。第三方提供的信息虽有参考价值，但可能夹杂着一些不准确或有误导性的内容。若不进行现场检查，很难准确了解问题的真实情况。

练习与思考

1. 在实际工程设计中，为什么多学科协作至关重要？请结合文中提到的土木、机械、电气及自动化等专业，阐述其在工程项目中的协同作用。

2. 对于专业设计工程师而言，在工程实践中，能可靠实施的设计比技术创新更为关键。请解释原因并举例说明。

3. 设计阶段为什么需要考虑工程的生命周期？请结合文中提到的调试、维护和启动/关闭期间的工艺安全控制事件，阐述其重要性。

4. 新人可能在设计中会忽略成本、风险、可操作性、可维护性和可靠性等关键方面。请解释为什么这些方面在工程设计中同样重要，并举例说明。

5. 互联网的资料需要谨慎使用。请解释为什么专业工程师不会完全依赖互联网资料，并举例说明如何在设计中正确使用互联网资源。

参考文献

[1] 金毓峑，李坚，孙治荣．环境工程设计基础［M］．2 版．北京：化学工业出版社，2023.

[2] 陈杰瑢，周琪，蒋文举．环境工程设计基础［M］．北京：高等教育出版社，2007.

[3] 王社平，高俊发．污水处理厂工艺设计手册［M］．3 版．北京：化学工业出版社，

[4] 郝飞麟，陈雪松．环境工程专项设计案例分析［M］．杭州：浙江大学出版社，2016.

[5] 黄建洪，田森林，赵群，等．环境工程设计［M］．北京：中国环境出版集团，2023.

[6] 邱贤华，杨莉．环境工程设计基础［M］．北京：机械工业出版社，2022.

[7] 孔繁鑫，陈进富，赵立军．环境工程设计［M］．2 版．北京：中国石化出版社，2023.

[8] 童华．环境工程设计［M］．北京：化学工业出版社，2015.

[9] 魏先勋．环境工程设计手册［M］．长沙：湖南科学技术出版社，2002.

[10] 蒋展鹏，杨宏伟．环境工程学［M］．4 版．北京：高等教育出版社，2024.

[11] 高廷耀，顾国维，周琪．水污染控制工程［M］．5 版．北京：高等教育出版社，2023.

[12] 郝吉明，马广大，王书肖．大气污染控制工程［M］．4 版．北京：高等教育出版社，2021.

[13] 张蕾．固体废弃物处理与资源化利用［M］．北京：中国矿业大学出版社，2017.

[14] S MORAN. Process Plant Layout［M］. 2nd ed. Oxford：Butterworth-Heinemann，2016.

[15] L. D. MACKENZIE，D. PH，P. E.，BCEE. Water and Wastewater Engineering：Design Principles and Practice［M］. 2nd ed. New York，NY：McGraw-Hill，2020.

[16] S. R. QASIM，ZHU G. Wastewater Treatment and Reuse，Theory and Design Examples：Volume 1：Principles and Basic Treatment［M］. New York：CRC Press，2017.

[17] S. R. QASIM，ZHU G. Wastewater Treatment and Reuse，Theory and Design Examples：Volume 2：Post-Treatment，Reuse，and Disposal［M］. New York：CRC Press，2018.

[18] S. VERMA. Water and Wastewater Engineering Technology［M］. New York：CRC Press，2024.

[19] S. RAY，G. DAS. Process Equipment and Plant Design：Principles and Practices［M］. Netherlands：Elsevier，2020.

[20] S. MUKHERJEE. Process Engineering and Plant Design：The Complete Industrial Picture［M］. New York：CRC Press，2022.

[21] N. NEVERS. Air Pollution Control Engineering［M］. 3rs ed. Long Grove：Waveland Press Inc.，2017.

[22] F. J. AGARDY，P. SULLIVAN. Environmental Engineering. Water，Wastewater，Soil，and Groundwater Treatment and Remediation［M］. 6th ed. Hoboken：John Wiley & Sons，Inc.，2009.

[23] G. TCHOBANOGLOUS，H. D. STENSEL，R. TSUCHIHASHI，et al. Wastewater Engineering：Treatment and Resource Recovery［M］. 5th ed. New York：McGraw-Hill Education，2014.

[24] W. A. WORRELL，P. V. VESILIND. Solid Waste Engineering［M］. 2nd ed. Stamford：Cengage Learning，2014.

[25] SCHNELLE K. B.，DUNN R. F.，TERNES M. E. Air Pollution Control Technology Handbook［M］. 2nd ed. New York：CRC Press，2016.

[26] K. C. SCHIFFTNER. Air Pollution Control Equipment Selection Guide［M］. 3rd ed. New York：CRC Press，2021.